清华大学建筑 规划 景观设计教学丛书

Selected Works of Design Studios: Architecture, Urban Planning, Landscape

Tsinghua University

SITE·BEHAVIOR·SPACE AND ORDER

场地 行为 空间与秩序

王毅 庄惟敏 王丽方 编著

中国建筑工业出版社

图书在版编目（CIP）数据

场地 行为 空间与秩序 / 王毅，庄惟敏，王丽方编著. —北京：中国建筑工业出版社，2016.8（2023.4 重印）
（清华大学建筑 规划 景观设计教学丛书）
ISBN 978-7-112-19765-1

Ⅰ. ① 场… Ⅱ. ① 王… ② 庄… ③ 王… Ⅲ. ① 建筑设计－高等学校－教材 Ⅳ. ① TU2

中国版本图书馆CIP数据核字（2016）第213445号

“建筑设计”作为建筑学专业的主干课程，贯穿建筑学教育的始终。清华大学建筑设计系列课程从本科生到硕士研究生分为3个阶段：基础阶段、专业阶段和提高阶段。“建筑设计3”和“建筑设计4”是面向大学二年级本科生开设的设计基础阶段课程。《场地 行为 空间与秩序》收录了近10年来这两门设计课程的教学成果。本书分为两部分，第一部分通过两篇文章分别介绍了国际建筑学教育的最新发展以及清华“建筑设计3”和“建筑设计4”两门课程所进行的教学改革；第二部分通过场地、行为、空间和秩序4个模块，介绍了这两门设计课的优秀学生设计作品，每个作品附有辅导教师的精彩点评。

本书适合于大学建筑学专业学生以及教师阅读，也可以为从事建筑设计的专业人员提供参考。

责任编辑：吴宇江
责任校对：王宇枢　李欣慰

清华大学建筑 规划 景观设计教学丛书
场地 行为 空间与秩序
王毅　庄惟敏　王丽方　编著
*
中国建筑工业出版社出版、发行（北京西郊百万庄）
各地新华书店、建筑书店经销
北京锋尚制版有限公司制版
北京中科印刷有限公司印刷
*
开本：787×960毫米　1/16　印张：12¼　字数：326千字
2016年9月第一版　2023年4月第三次印刷
定价：**88.00**元
ISBN 978-7-112-19765-1
（29269）

自序

建筑设计作为建筑学专业的主干课程，贯穿建筑学教育的始终。传统上，建筑设计的传授一直以口传心授、师徒承袭的模式进行，发展到近现代，才出现了设计课堂教学的方式。建筑设计课程教学通过对真实设计实践的模拟，对学生进行设计能力的训练，同时将建筑设计相关的原理和方法传授给学生。这样的教学方式构成建筑学教育的独特之处。

进入新世纪以来，以气候变暖、全球一体化、新技术涌现、快速城市化为代表的世界性潮流，构成当今社会发展的新背景。建筑学教育惯用的教学方法也面临着诸多新的挑战，也需要转型，需要以更理性、更有效、更系统的方式适应建筑学科发展背景的新变化。

清华大学建筑设计系列课程从本科生到硕士研究生分为3个阶段：基础阶段、专业阶段和提高阶段。“建筑设计3”和“建筑设计4”作为面向大学二年级本科生开设的课程，被定位为设计系列课程的基础阶段，同时为跨入专业阶段做好准备。几年来，顺应新的实践要求、新的技术手段和新的教育理念，“建筑设计3”和“建筑设计4”在教学上进行了一系列的改革、调整和完善，并逐渐稳定在4个基本训练模块：场地、行为、空间和秩序。每个训练模块下设置2个直至多个题目，每个题目下提供多个不同地段。这样就形成了训练模块相对固定、具体设计题目可以适当灵活多样的教学框架。

由于建筑设计课程的综合性与复杂性，其他相关基础课程或专业技术课程在为学生提供建筑设计辅助知识方面，难免有一定缺位或不协调。这就要求建筑设计基础课程教学，除了自身建立一个完善的教学框架外，还要适当延伸和补位，具有一定的灵活性。在每一个教学环节中综合考虑，统筹布局，有针对性地计划好每一次教学活动。

作为建筑学专业的基础课程，“建筑设计3”和“建筑设计4”一直是清华大学建筑学院教学的重中之重，得到了许多教师的参与和支持。这里特别对以下常年多次参与本课程教学的老师表示感谢：庄惟敏、王丽方、柯瑞（Terrence Curry，美籍）、周燕珉、吕富珣、程晓青、袁铁声、夏晓国、邹欢、周榕、王辉、程晓喜、青锋、范路、王南、胡林。另外，还要对为本书的排版付出了大量工作的本院研究生熊哲昆同学表示感谢。

王毅

2016年6月于清华园

国际建筑学教育研究初探
——以剑桥大学、哈佛大学、麻省理工学院、罗马大学为例

王毅　王辉

· 建筑学教育的新背景

随着时代的快速发展，建筑学在发生着巨大的变化，与之相关的学科以及影响因素都在不断变化与拓展。为应对这种形势，建筑学教育也在不断发展。在建筑学领域视野不断拓展的前提下，当前国际建筑学教育也在积极拓展建筑教学的内容，不断从各个方向寻求突破，这也可以成为当前国际建筑学教育发展与变化的基本背景。具体来说，当前建筑教学发展背景可以从这4个方向进行概括：建筑与环境；建筑与文化；建筑与技术以及建筑与城市。通过对这些方面课题的关注与研究，各建筑院校在面向未来积极探索新的建筑教育方式，形成新的建筑教学原理与内容。

1. 建筑与环境——气候变暖

以气候变暖为主要特征的全球环境问题，对人类的未来发展提出了挑战，建筑与环境成为建筑学必须面对的问题。尽管现代主义建筑也强调建筑与环境相协调的理念，但这里的协调理念多是从物理环境，或者说物质形态角度出发的。在当前自然条件与气候变化，如极端天气、自然灾害不断发生的背景之下，如何应对地理、气候、生态等自然条件的要求，已成为建筑学未来发展的重要议题。与之相适应，处理建筑与地理环境以及气候条件的关系也已成为国际间建筑教学的一项重要内容。在这一过程之中，各建筑院校在教学中大力引入生态、节能、低碳等可持续发展理念，尝试从生态的角度展开建筑学教育。

2. 建筑与文化——全球化

全球化是当今社会发展的又一特征。全球化不仅是区域间经济上的互利，也是文化上的渗透和交融，使区域间的文化出现匀质化倾向。建筑作为意识观念与文化背景的产物，不同时代、民族、地域的建筑往往有着不同的风貌特征。因此，在全球化背景之下，建筑与文化这一传统课题愈发显得重要和迫切。如何避免匀质化，甚至进一步保护与发扬各地域传统建筑文化，已成为当前建筑学发展中的又一重要方向。很多国际建筑院校都关注到了这一趋势，纷纷在建筑教学中强调对于多元建筑文化的比较和研究。在这一趋势之下，地域建筑文化特色的传承与保护愈发受到关注，地域化也成为建筑教育的一项重要内容。同时，国际间建筑院校跨地域的交流更加频繁，建筑学教育日趋国际化，建筑教学内容与方法越加多元与丰富。

3. 建筑与技术——新技术

20世纪以来的大量新的科学发现以及计算机技术的蓬勃发展，让人们看到了科学研究对于建筑学发展的启发性。各领域的新发现、新观念与新方法，都极大地影响了当代建筑学发展。从现代主义重视研究新的建造技术，到后来的高技派建筑，以及生态与节能技术在建筑中的运用，再到信息技术在建筑设计与建造中的使用，新的科学技术对于

建筑学产生的影响从未中断，并且愈来愈深入。当代建筑设计的发展与新技术密不可分，当前建筑创作追求科学技术化趋势越来越明显。与之相适应，国际建筑院校都注重对新技术的研究与应用，强调建筑知识体系的整体性、时效性与创新性。可以预见，为了应对能源危机、气候变化等重大问题，可持续、低碳等新理念的影响必将越发深远，未来建筑教学也必将从更广的背景中开展，注重新技术对于建筑学发展的能动作用，在研究和教学中加强与其他学科的交叉和联系。

4. 建筑与城市——城市化

城市化是现代主义建筑发展的重要驱动力之一。随着人口的不断聚集，城市的数量与规模的快速增长，城市问题成为建筑学研究的重要领域。需要注意的是，在大量发展中国家正处在快速城市化的进程中，并且这一趋势在短期内还将保持的情况下，西方一些发达国家的城市化进程已经结束，甚至出现了逆城市化的现象，人们对快速城市化所引发的问题开始反思。无论是城市化还是逆城市化问题，当前国际建筑院校在建筑教学中均给予了充分的关注。这些建筑院校在课程设置与教学内容方面均加入了城市问题的设计和研究，希望以此培养学生的城市意识，训练学生在城市整体空间环境中发现、分析与解决建筑和城市问题的能力。

· 国际建筑院校教学案例分析

本文选取了笔者亲身经历过的剑桥大学、哈佛大学、麻省理工学院（MIT）、罗马大学等4所国际知名的建筑院校作为研究对象，通过分析这些院校建筑学教育的基本情况，尝试总结出当今国际建筑院校建筑学教育的特点与趋势。

1. 专业兼复合的培养目标

这几所建筑院校的建筑学教育在以建筑设计专题为核心的基础之上，均强调对于学生综合素质的培养与整体知识架构的训练，并以此为目标来组织教学，希望学生可以汲取各种新鲜知识以适应现代世界的不断变化，并对新出现的需求与趋势做出回应。实际上，在当今学科划分越来越细化的情况下，对建筑学专业所有知识的全面了解变得很困难，甚至是不可能的。这些建筑院校均教育学生熟悉建筑学科的基本内容，并通过研究性与专门化的设计训练，培养学生成为兼具设计、研究和管理等多种知识与技能的建筑从业者。

麻省理工学院一直把培养适应工业发展需要的高级人才作为目标。麻省理工学院建筑与规划学院除建筑系之外，还设有城市研究与规划系、媒体实验室、房地产中心以及艺术文化与技术部等部门。借助于各个部门之间的合作交流，建筑系教学呈现出了鲜明的跨专业综合与交流的特点。建筑教学能利用多学科优势，从不同学科吸取经验，并能关注当前建筑与城市发展中的热点问题。学院内部的媒体实验室等部门的跨学科研究为建筑教学提供了种种具有创新精神的理论与方法，比如感知城市研究、数字建筑建造等研究。在本科教育阶段，建筑系希望能为学生提供深入又广博的建筑教育，帮助学生建立建筑是受社会、经济、文化等诸多因素影响的基本观念。教学计划强调各专业之间的联系，同时还提供了学科交叉的课程计划，强化社会、经济、文化与技术方面的教学内容。

哈佛大学设计研究生院（GSD，Graduate School of Design）建筑系强调国际化的教育理念，在对学生进行针对性的建筑形式训练基础上，希望进一步拓宽学生视野。建筑教学与研究除设计理论外，还包括视觉研究、历史、技术以及职业实践。建筑教学强调学科交叉，通过多门课程学习补充各种需要的知识。这种交叉不仅体现在学院内部建筑、景观、城市规划等相关专业的紧密联系，同时还体现在哈佛与麻省理工学院两校间各种资源的互补与利用，比如学生跨学校选修课程等。

剑桥大学建筑系将人才培养目标与建筑师职业教育相结合。根据英国的建筑教育规定，执业建筑师的资格必须要经过3部分教育考核，建筑院校必须要由ARB (Architect's Registration Board，建筑师注册委员会) 和RIBA（The Royal Institute of British Architects，英国皇家建筑师协会）认可，这样才能保证建筑教育符合建筑师职业标准要求。剑桥建筑系按照这一规定组织建筑教学，学生可以在剑桥完成执业建筑师需要的教育资格（ARB/RIBA第1、第2和第3部分）。剑桥在研究生教育阶段呈现出更多的跨学科特点，比如与环境学科的联系，对媒体实验室的利用等等。同时，剑桥与麻省理工学院合作成立了Cambridge-MIT Institute，为两校的跨校教学和学生培养提供了一个平台。

2. 形式多样的学制设置

在快速发展的背景之下，为了应对社会与时代变化所形成的多样需求，这4所建筑院校均向学生们提供了多样丰富的学制安排。

哈佛大学设计研究生院设置了建筑学、景观建筑学和城市规划设计3系，建筑系提供研究生阶段的硕士和博士教育，其中硕士学位包括4个方向；博士学位则包括设计学博士（DDes，Doctor of Design）和博士（PhD）两种。美国的建筑学硕士学制种类包括有一年制、二年制以及三年制等类型，已获得建筑学专业学士学位的可通过1年或1年半学习获建筑学硕士学位；已经过建筑学相关专业学习但未获得建筑学专业学士学位，而获得工学学士或艺术学学士学位的，可经过2年或2年半学习获建筑学硕士学位；而未经过建筑学相关专业学习，只取得其他专业学士学位的需要经过3年或3年半学习才能获建筑学硕士学位。哈佛设计研究生院为不同学历和专业背景的学生提供了2种模式，分别是“4+3.5”（MArch 1）和“5+1.5”（MArch 2）。

在学位设置方面，麻省理工学院建筑系提供了极为多样的学位类型，包括有学士、硕士、博士学位。本科学士学位包括了5个方向：建筑设计、建筑技术、计算、建筑与艺术历史理论及评论、艺术文化与技术；硕士学位除了建筑学硕士学位（M.Arch）之外，还设置了其他多种类型的硕士学位（表1）。

麻省理工学院建筑与规划学院建筑系学位设置情况　　表1

学科方向 Discipline	博士 Doctor's	硕士 Master's		学士 Bachelor's
建筑设计 Architectural Design		建筑学硕士 MArch	建筑研究科学硕士SMArchS	BSA
艺术文化与技术 Art Culture and Technology		艺术文化与技术科学硕士SMACT		BSA
建筑技术 Building Technology	博士 PhD	建筑技术科学硕士 SMBT	建筑研究科学硕士SMArchS	BSA
计算 Computation	博士 PhD		建筑研究科学硕士SMArchS	BSA
历史理论与批评 History Theory and Criticism	博士 PhD		建筑研究科学硕士SMArchS	BSA

剑桥大学建筑系学士学位课程相当于ARB和RIBA认证的第1部分教育资格，通过考核的学生可以获第1部分（part 1）职业教育认证。为期两年的硕士（二）相当于ARB和RIBA认证的第2部分（part 2）教育资格，其中一年为全日制学习，另外一年为专业实践，通过后获第2部分职业教育认证；第3部分（part 3）的教育认证必须具有一定的工作经验后才有资格申请。剑桥大学的博士学制不得少于3年，研究方向具有较高的理论与学术性要求，一般与导师的研究方向和当时进行的重点研究项目密切相关。

罗马大学建筑学院提供3年制基础教育课程与2年制专业培训课程、欧洲标准建筑学课程、硕士课程以及博士研究生课程。3年制基础教育课程包括建筑科学、工业设计、园林景观设计与城市设计、国土规划4个方向。完成3年基础教育课程并通过毕业考试之后，建筑科学专业的学生可以选择建筑工程、建筑室内设计、建筑设计与城市设计、建筑保护等4个方向的专业培训课程。学生还可选择国际标准硕士课程，包括展陈设计以及园林设计，并能通过考试获得专业硕士学位。另外，学院还有8个单独的硕士学位课程供完成5年制教育的学生选择，包括城市历史中心评价与管理、建筑生态与环境可持续发展技术、考古与建筑设计、建筑工程管理、光环境设计、体育建筑设计、历史建筑与公共环境更新设计以及规划管理学—城市与土地管理等。另外，为了执行欧盟统一标准，罗马大学还设立了为期5年的欧盟标准建筑学教育课程。学生完成课程通过毕业综合设计考试后，可获得等同于欧洲其他国家硕士学位的毕业证书，并可以参加在欧盟地区有效的建筑学职业资格考试。

3. 丰富多元的教学内容

当前国际建筑院校建筑学教育涵盖的方面越加丰富，建筑教学内容已经从原先“学院派”占主导的教学模式逐渐拓展到越来越多元的局面。

剑桥大学建筑系在前3年的第一部分学习中，教学内容不只是涉及建筑学，而是给学生提供相对宽泛的选择，培养学生一系列技能。第一年建筑学课程包括建筑史导论、建筑理论导论、建构基础原理、结构设计基础原理、环境设计基础原理以及设计专题；第二年建筑学课程包括建筑与城市历史及理论研究（1）与（2）、建构原理、结构设计原理、环境设计原理以及设计专题；第三年课程包括建筑与城市理论及历史高等研究、管理实践与法规、建构基础原理、结构设计基础原理、环境设计基础原理以及设计专题。剑桥大学建筑系课程设置偏重研究性，学生在掌握技术课题的同时，需要对建筑理论、历史及建筑的文化内涵有更深的了解。

除了建筑学专业自身主要相关课程外，麻省理工学院建筑系还为学生提供了其他领域的各种课程，包括计算机技术利用、文物保护、社会学等方面内容，所有建筑专业的学生都需要完成一些基础课程。如大学二年级结束，学生将完成6个科目：建筑与环境设计导论、建筑设计基础（1）、视觉艺术与设计基础、建筑物体系、建筑计算导论（或其他）、建筑历史与理论导论（选择视觉艺术与设计的学生将上艺术史导论）。大学三年级开始，学生们则可以选择一个专门化的学科方向，包括建筑设计、建筑技术、计算与艺术文化与技术。本科设计专题是本科建筑学教育的核心，建筑系提供了范围很广的设计选题，随年级增长，选题也能体现设计问题不断增长的复杂性。

哈佛大学设计研究生院第一种硕士学位（MArch 1）（表2）主要面向获得其他专业学士学位或完成相关专业本科职业前教育的学生。这一学位的教学内容较为全面，希望能给学生提供全方位的职业教育内容，具体包括历史、理论、技术、社会环境以及职业实践，其中的重点内容还是通过一系列的建筑设计专题来强化设计技能。在进入职业实践之前，学生们还必须完成一篇设计论文。为取得职业实践注册资格，一些学生还往往在暑假中前往事务所实践。

哈佛大学设计研究生院硕士学位（MArch 1）课程计划　　表2

	课程名	学分		课程名	学分
第一学期	核心设计专题	8	第二学期	核心设计专题	8
	视觉研究	2		建筑、文本与文脉	4
	建筑、文本与文脉	4		材料、构造、进程：木之城	2
	材料与构造	2		材料、构造、进程：钢之城	2
	能源、技术与建筑	2		建筑中的环境技术	4
第三学期	核心设计专题	8	第四学期	核心设计专题	8
	数码媒体（1）	2		建筑结构分析与设计（2）	4
	数码媒体（2）	2		建筑实践与道德	4
	建筑、文本与文脉	4		选修课程	4
	建筑结构分析与设计（1）	4			
第五学期	设计专题选项	8	第六学期	设计专题选项	8
	建筑技术	4		论文写作选修课	4
	选修课程	8		选修课程	8
第七学期	独立设计论文	12			
	选修课程	8			

罗马大学建筑学院前3年以基础教育为主，后2年的课程则给学生以更大的自由度。前3年课程大多由学院制定，学生的专业选修课程比较少，但设计课有比较大的选择余地，学生可以选择由不同教授主持的方向相近但不同设计题目的课程。以三年级的学生为例，在一年中学生需要完成：建造与结构科学、现代建筑史、建筑技术概论、城市规划概论、建筑制图学、建筑设计、环境科学以及与本年课程相关的讨论课、设计专题以及建筑游历报告。其中设计类课程就包含建筑命题设计、景观建筑设计和实施技术与城市与土地规划分析等3个子课题。

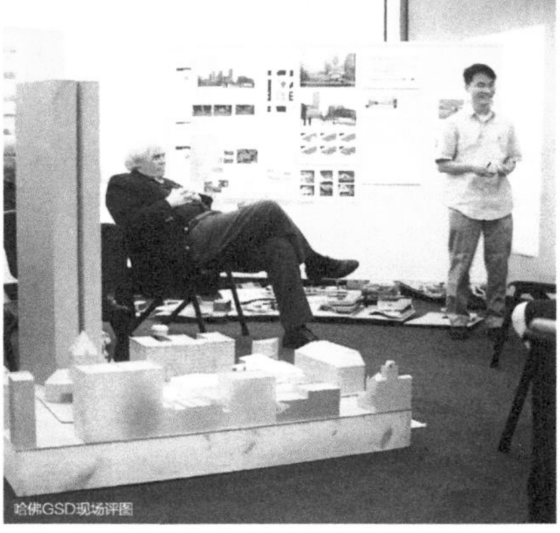

哈佛GSD现场评图

· 教学经验与启示

1. 以设计专题为教学核心

建筑设计专题一直是国际建筑院校建筑学教育的核心，学生从教学中获得建筑设计、建筑材料与建造等较为系统的建筑知识。在以设计工作室（Design Studio）的形式组织设计专题教学的基础上，各院校强化以建筑设计专题为核心的教学体系，将与建筑设计相关的其他课程如历史、理论和技术类课程融入进来，并形成系统性的建筑教学系列课程。

这一尝试在努力培养学生基本建筑设计能力的基础上，还强化了对学生综合能力以及应对实际情况的创新能力的训练。与传统的重视学习建筑形式与空间原理不同的是，这一教学模式以更为宽泛的视角切入，在强调建筑学基本原理教学的同时，更是以问题为导向、以现实为依据，将具象的各种建筑现象与问题融入抽象的建筑设计的学习之中。通过建筑设计的教学过程，学生们将能更为熟练使用各种先进的技术手段，同时将视野拓展到新材料使用、计算机造型，理解应对气候变化、地域文化等问题的重要性。

2. 与多种学科进行交叉

在教授基本建筑技能的同时，当前国际建筑教学关注到目前建筑在城市化、生态化、地域化及技术化发展中面临问题的复杂性与系统性。各个建筑院校注重将一些新兴学科以及与建筑学相关的交叉内容引入教学，结合时代需要开设与举办新的课程和学术讲座，为学生提供多方面的知识和选择，拓宽了学生思路，同时提升了他们设计创新的能力。

通过引入新的教学内容，建筑教学得以不断变革发展，同时还构建了多学科相互交叉、融合的建筑学教学与研究体系。建筑学的快速变化需要有更广阔的视野与不同的视角，要能有益于时代特征的表达与建构。与之相适应，建筑教学的发展要在当今时代发展的大背景之下考察，这就需要不断借鉴其他学科新的研究方法与成果，这也是不断变化发展的社会需求对于建筑教学所提出的要求。

3. 与职业培养相接轨

这些国际建筑院校在教学过程中将学校教育与职业培养相结合，一些建筑院校将本科阶段的培养目标定位为职业建筑师，并对学生进行较为全面的职业性训练。对应着职业建筑师的培养目标，各院校在教学中加入职业教育的内容，强调建筑师规范、道德与从业能力，加强沟通、决策与管理等方面的训练。

国际建筑院校不仅在教学内容方面融入职业教育的内容，各国也从相关制度上予以保证。目前国际上许多国家均制定了建筑教育的认证与评估标准，建筑学专业与学位的认证都要由专门的委员会来评审。与此同时，建筑教育评估基本都和执业建筑师认证相联系。通过这些制度保证，建筑教学质量、学位认证与职业建筑师的需要密切接轨，为规范建筑教学的职业特征奠定了良好的基础。

4. 教学与科研一体化

这几所国际建筑院校都坚持教学和科研密切结合，面向社会需要进行教学和科研工作，使人才培养、科学研究以及社会服务融为一体。教学与科研的一体化使得建筑院校在培养高端建筑人才的同时，创造出了众多建筑学方面的科学技术成果。

建筑技术日新月异，建筑学面临的新背景与需要解决的问题也越来越繁杂，这也丰富了建筑学自身的内容，势必深刻地影响建筑学未来的发展。比如计算机等信息技术进入建筑学领域引发了设计方法和建造技术的变革。因此，建筑学必须认真从建筑科研中寻求结合点，研究建筑与环境、建筑与城市、建筑与技术、建筑与文化这些课题，并逐渐形成新的建筑学原理、理论和方法，以指导建筑学教育的未来方向。

5. 教学方式不断创新

这几所国际建筑院校建筑学教育，在教学方法上努力寻求创新，并且形成了一些个性鲜明的教学方式。

在建筑设计专题教学中，一些建筑院系采用开放式的教学模式，这种方式打破了传统的较封闭的班级教学模式，学生可以自由成组、自由选择设计题目与教师，部分院系甚至允许学生跨年级成组。在每个设计专题开始前，教师会对设计专题进行简短介绍，所有学生在了解各个专题的基础上做出自己的选择。建筑教学中学生自由度的增加不仅仅体现在设计专题方面。意大利建筑学院所使用的学分标准由意大利建筑学院联盟委员会、意大利建筑师联合会以及意大利教育部联合制定，学生取得的学分可以在意大利教育部核定的学院联盟内的学院通行使用，这为学生转院创造了便利条件。并且，根据意大利大学的规定，5年制的课程学生可以在10年之内完成相对应的考试以及获取相应的学分。学生在校注册期间可以参加海外交流学习和休学实习，进一步丰富视野、明确职业方向。

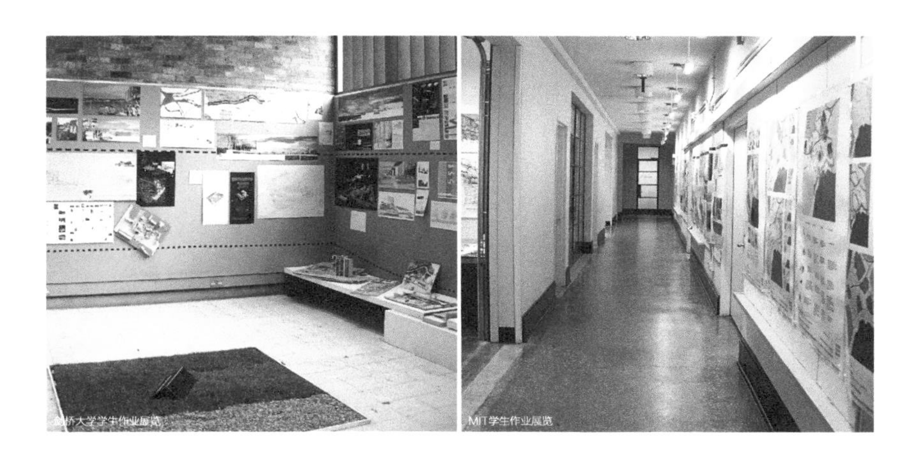

剑桥大学学生作业展览　　MIT学生作业展览

· 结语

本文简要介绍了国际建筑教学中的一些基本情况，当前国际建筑学教育面临的形势复杂而多元，为了应对建筑与环境、建筑与文化、建筑与技术以及建筑与城市诸多方面的问题，国际间的建筑院校都在不断作着调整，不断完善丰富建筑教学中的培养目标、学制设置与教学内容。在操作层面，这些建筑院校则在注重交流与融合的基础上，不断强化自身特色，将教学、科研与人才培养紧密结合，坚持以设计专题作为核心，同时注重学科交叉，不断完善整合建筑教学体系。

在与国际建筑教育情况比较中可以看出，当前我国的建筑教育还存在不少调整和完善的空间。本文希望通过国际建筑院校建筑学教育的研究，为我国建筑学教育的发展提供有益借鉴和帮助。

· 原文曾发表于《世界建筑》杂志2012年第2期，本次出版内容略有改动
· 感谢翟飞博士后为本研究提供了意大利文翻译工作

转型中的建筑设计教学思考与实践
——兼谈清华大学建筑设计基础课教学

王毅 王辉

·传统建筑设计教学模式及其缺陷

在人类历史的长河中，建筑是最古老的行业之一。建筑学作为一门综合性很强的学科，涉及文史理工多个领域，是工程和艺术、传统文化与地域环境相交融的结果。建筑设计课是建筑学专业的主干课程，贯穿建筑学教育的始终。

英语“design”一词的词源可追溯到拉丁语的“designare”，其基本含义是“画上记号”，并进一步引申为“绘制略图”、“构思筹划”等意思。由此可以看出设计的基本概念是“人为了实现意图的创造性活动”，它有两个基本要素：一是人的目的性；二是活动的创造性。建筑设计正是这样一个创造性解决问题的过程。

传统上，建筑设计的传授一直以口传心授、师徒承袭的模式进行，发展到近现代，才出现了设计课堂教学的方式。建筑设计课程教学通过对真实设计实践的模拟，对学生进行设计能力的培训，同时将建筑设计相关的原理和方法传授给学生。这样的教学方式构成建筑学教育的独特之处。虽然我们已经习惯地在实践中运用，但从严谨的学术角度来看，我们对它的研究还很不够。

这种建筑设计教学方式是建立在“设计练习”基础之上的。这种“通过练习学习设计”（learning by doing）的方法虽然行之有效，但也有明显的缺陷。首先，设计课往往要求大量的学时，需要教师和学生高密集时间的投入，而且容易产生大量重复工作。从投入和成效角度看，这种方式的教学非常低效。[①]

另外，这种教学方式的过程易受诸多非理性因素的影响。由于建筑设计教学往往是基于发现问题再解决问题的程式进行的，以建筑类型为框架的课程题目的设置对教学的目标、设计的手段以及题目之间的逻辑关系往往不够理性清晰，学生到底学到什么也不太清晰，所以对是否达到教学目标也很难评判。

再有，这种教学方式会因为教师的不同而产生较大的随机性。设计课中，学生通过与教师的交流增长经验。教师与学生的交流对培养学生捕捉那些典型却极易忽视的设计要点特别有效。但这也在本质上反映出，由于教师的设计理念可能彼此差异，甚至截然不同，建筑设计可能意味着不同的事情，学生所得到的理念、知识和方法，可能因为老师的不同而不同。

设计课程以口传心授的方式存在很多年，设计方法作为一门独立学科的研究并不长，仅仅50年的时间。回顾历史可以看到，传统设计课教学方式的缺陷，正是多年来设计方法研究所关注和探索的问题。1962年伦敦举办的“设计方法会议”（Conference on Design Methods）标志着设计方法论（design methodology）作为一个学科或领域的出现。这一学科的出现得益于20世纪50年代第二次世界大战后创意技术（creativity techniques）的发展，以及20世纪60年代开始的计算机应用。这一时期的设计方法研究专注于系统的、理性的、科学的方法的应用。到了20世纪70年代，研究开始转向对满意的或恰当的解决方法的关注。设计者与甲方、消费者、使用者和社区成为合作者，参与到项目当中。这种方法尤其在建筑和规划领域得到大量应用。20世纪80年代，设计研究得到实质性的强化，成为一个完整的学科，20世纪90年代相关研究及图书大量出现。2006年设计研究协会（Design Research Society）在葡萄牙里斯本庆祝成立40周年，之后，设计方法研究开始渗透到更多领域。[②]

建筑学本身就具备多学科交叉的特点，建筑设计课意在整合所有其他相关课程和知识于一身。因此，在建筑设计教学中，挖掘和遵循其客观存在的规律和程序，以科学合理的方法运行这些规律，会使设计教学更具有合理性及可操作性。

· 转型中的建筑设计教学的思考

进入21世纪以来，以气候变化、全球一体化、新技术涌现、快速城市化为代表的世界性问题，从环境、文化、技术及城市不同角度对建筑学提出挑战。建筑学的发展要在当今时代发展的大背景之下考察，建筑学教育需要有益于时代特征的表达与构建。

首先，处理建筑与环境的关系一直是建筑学科的重要内容。在当前，自然条件与气候变化如极端天气、自然灾害不断发生的情况之下，可持续发展已经成为当今建筑学发展的重要方向。建筑设计教学也需要不断引进生态、节能、低碳等可持续发展的理念和技术。其次，建筑是一定意识观念与文化背景的产物，不同时代、民族、地域的建筑往往有着不同的地域文化特征。在全球愈发一体化的趋势下，如何通过建筑设计延续地域建筑文化成为建筑学发展的又一重要课题。再次，21世纪以来各领域的新发现、新技术与新方法，都极大地影响了当代建筑学发展。从生态节能到信息科技，新的科学技术对建筑学产生的影响愈来愈深入，当前建筑设计追求科学技术化趋势越来越明显。再有，在新世纪里大批发展中国家开始快速城市化进程的时候，西方一些发达国家的城市化进程已经结束，甚至出现了逆城市化的现象。无论是城市化还是逆城市化，人们对快速城市化所引发的反思是建筑学教育必须思考的问题。[③]

为了应对这些广泛而深刻的变化，建筑设计教学需要探索新的教学方式，将新的理念引入到教学中，使之成为课程目的、内容设置和教学方法调整的依据。

在建筑设计课程里学生到底应该得到什么技能培训、学到什么设计能力？N.克罗斯（Nigel Cross）在“设计能力的特性及其培养”（The Nature and Nurture of Design Ability）一文中概括出设计能力的几个基本特征：（1）创造新颖的、出乎意料的（unexpected）解决方案；（2）容忍变化（uncertain），信息不完整情况下开展工作；（3）将想象力和建设性构思（forethought）运用到实际问题；（4）运用非语言的、形象的或空间的模拟媒介作为解决问题的工具；（5）解决定义不清晰（ill-defined）的问题；（6）运用聚焦答案（solution-focussing）的策略；（7）运用假设的、有成效的、同位的（appositional）思维。[④]

与通识教育不同，建筑学教育具有职业培训的特点。从生手到大师，德赖弗斯（Hubert Dreyfus）在他的以技能为基础的模型（skill-based model）中，将设计专业技能（expertise）划分为7个层级（表1）。[①]

设计专业技能层次　　表1

1	生手（novice）
2	高级初学者（advanced beginner）
3	称职的（competent）
4	高手（proficient）
5	专家（expert）
6	大师（master）
7	远见卓识的（visionary）

建筑设计教学面对的是生手和初学者。从事建筑设计教学的教师应该对学生必须掌握的能力有清晰的认知，保证学生完成学业之后可以顺利地进入职业领域。参照相关研究和国际建筑院校教学经验，建筑设计在课程体系设置中有以下几个方面应该考虑和借鉴。

首先，明确每个设计题目对学生设计能力的培养，使学生尽可能接触和熟悉那些在实际工程项目中会遇到的典型问题，而且一个设计题目中，突出强调一个难题。其次，为学生提供有利于方案推敲和表达的技术手段，尽可能将诸多学科的理论知识和现实发展整合到基本设计原理中去，将理论的原则和现状传达给学生，并鼓励他们有所突破和发展。再者，建筑设计问题往往是不合逻辑、“不守规矩的”（ill-behaved），不能详尽和明确地设想。尽管在教学中模拟现实项目的问题是很困难的，但建筑设计课程，特别是高端设计课程部分，还是要尽量以真正的设计问题代替模拟问题。同时要开阔眼界，关注文化、社会、经济和政治因素的影响，使这些因素服务于建筑设计。

· 清华建筑设计基础课程教学实践

近几年来，为适应建筑学教育的新发展，清华大学建筑设计基础课程进行了一系列教学调整和改革。以为二年级学生开设的“建筑设计3”与“建筑设计4”为例，课程从题目设置、踏勘调研，到讲座系列和评图方式各方面都进行了诸多调整，以此改变以往建筑设计教学重图面轻逻辑、重形式轻思考、重手法轻创新的状况，总结几年来的调整及改革措施，可以看到以下几个特点：

1. 课程体系模块化

改变以建筑类型划分课程单元的做法，代之以训练模块划分课程单元。“建筑设计3”与“建筑设计4”分为4个模块：场地、行为、空间与秩序（表2）。模块相对独立，一个模块强调一个训练重点；同时模块又前后呼应，构成课程整体。

4个模块的教学目的分别为：场地模块，培养学生协调解决建筑布局与建设基地的关系，综合满足建筑朝向、日照、通风以及对外交通、景观等各方面的要求；行为模块，使学生了解特殊人群对建筑使用功能的特殊要求，包括使用者的生活规律、行为特点、心理需求等；空间模块，培养学生处理较为复杂建筑空间造型的同时，充分考虑结构形式、构造做法、建筑规范等方面的要求；秩序模块，使学生了解和掌握在具有约束条件下进行建筑创造的方法，通过对旧有空间植入新的空间体系，使新旧之间无论在功能上还是形式上都能成为和谐统一的整体。

课程模块体系　　表2

课程	时间	模块	可选题目	可选地段
建筑设计3	1-8周	场地	游人驿站	10
			郊野别墅	
	9-16周	行为	青年旅社	5
			老人之家	
建筑设计4	1-8周	空间	建筑系馆	7
			美术系馆	
			大学生活动中心	
	9-16周	秩序	功能根据调研策划	曾用地段近20个

2. 题目设置关注热点

课程题目设置注重将一些与建筑和城市发展密切相关的热点研究引入教学之中。例如，建成环境（built environment）的可持续发展正在成为当今国内外建筑界普遍关注的课题，而在当前我国城市化进程高速推进的背景，旧建筑更新改造更是成了中国建筑与城市建设中的热点问题。课程以“建成环境再造”为题，开设历史建筑和工业厂房改造这一题目，帮助学生关注当下建筑与城市建设热点问题，使学生更早地接触建成环境这一概念，体会在严格的约束条件下进行设计的方法。

3. 专题讲座系列化

建筑设计课程根据模块训练的需要，开设了一系列专题讲座（表3）[⑤]。这些讲座以建筑设计为核心，将与建筑设计相关的知识，如历史、理论与技术等内容融入进来，串联整合知识体系，帮助学生结合设计学习相关知识，巩固掌握相关要点，完善学生的知识结构，培养学生应用各种新技术的意识，为学生打下一定的建筑理论基础。

专题系列讲座 表3

1	任务解读与地段调研
2	景观类建筑设计原理
3	Refining the Form: Developing the Design of the Whole Building（英文）
4	居住建筑的生态策略
5	Formative Ideas 形态构思（英文课件）
6	建筑美学与建筑表达
7	建筑适宜性再利用概论
8	Architectural Regeneration 建筑再生（英文课件）
9	Perception: Basic Concepts in Environmental Psychology and Perception Theory（英文）
10	Materiality: Choosing Material and Articulating the Form（英文）
11	老年之家建筑设计原理
12	青年旅社建筑设计原理
13	Architectural Diagrams 解析建筑（英文课件）
14	校园建筑设计原理
15	Making Space 场所营造-以校园建筑为例（英文课件）
16	艺术类系馆实例分析
17	New Environments for Learning and Teaching（英文）

4. 加强场地和案例调研环节

以往课程设计题目，不仅功能要求上，甚至地段上多为模拟假设。为了强调真实环境因素对建筑设计的影响，近几年，将过去设计题目中的模拟地段全部改为真实地段，同时要求学生进行场地调研。

真实地段的引入调动了学生的积极性，学生在每个题目设计之初都投入了大量精力开展实地调研，搜集资料、发现问题。调研后，学生须完成相关调查报告。强调对真实场地的调查研究，在一定程度上培养了学生处理实际问题的意识。

另外，每个题目设计之初，课程还要求学生进行案例调研。例如，针对别墅设计，组织学生参观“长城脚下公社”；针对老人院设计，组织学生参观老人院，并鼓励学生在老人院做一天义工，体验真实的老人院生活；针对旧建筑再利用设计，组织学生参观北京“798”艺术园区等等。案例调研环节训练学生在实际中发现问题、分析问题，并进一步归纳总结的工作方法，进而培养学生针对某一主题进行研究的能力，以及将理论联系实际的意识。

5. 方案推敲和表达多元化

随着近年来计算机辅助设计及建筑模型实验室条件的改善，课程鼓励学生在设计过程中制作工作模型，培养学生多方案比较和运用工作模型表达设计的能力，并且要求将方案推敲的过程体现在最终的设计成果当中。使用工作模型可以帮助学生更为直观地理解建筑空间，同时也在一定程度上强化了建筑设计思维与表达的一致性。

另外，课程允许图纸表达方式多元化。根据一些国际知名建筑院校的教学经验，手绘与电脑绘图相结合是设计表达的最好方式，在建筑设计基础课程教学中已经大量采用。清华大学二年级建筑设计课程除了在第一个训练模块强调手绘外，其他模块不作限制，学生可以根据自己的特点选择手绘、部分电脑绘图、全部电脑绘图、模型制作等多种方式进行设计成果表达。

6. 教学组织方式互动多样

调整课程阶段安排，改变过去按“一草”、“二草”、“上板”划分教学进度的做法，代之以“讲课及调研”、“概念设计”、“深化设计”和“上板及总评”4个阶段。各训练阶段的任务更加明确合理。

为了加强老师与学生以及学生与学生之间的交流，改变学生分组方式，在评图环节变换不同的评图组合。例如，打破班级界限进行学生分组；在概念设计阶段评图采用2组或3组联合评图方式；在深化阶段总结评图采用半个年级或全年级评图方式。参加评图学生名单则通过老师推荐、学生推荐和自荐等多种形式产生。这些尝试增加了设计教学的互动性，学生也有更多机会，在不同场合与不同的老师和同学交流。

近年来，清华大学建筑设计基础课程教学与国外建筑院校的教学交流不断加强。已经连续几年，有来自国外的教授直接参与二年级的设计课教学，与中国教师承担同样的工作，独立指导一组学生进行设计。课程中某些环节采用了全英语或英语课件的授课方式。这种国际化的授课方式不仅训练了学生的设计能力，也提高了学生的专业外语水平。另外，课程还与美国的建筑院校开展联合教学，共同制定教学计划，设计相同的题目。设计过程中，美国师生来访，与中方师生进行联合评图。国际交流为教学带来新鲜的思路，同时也可以帮助学生扩大视野，了解国际建筑学发展的前沿动态。近五年来分别有来自美国、澳大利亚、奥地利的教授和建筑师参与到建筑设计课的讲课和辅导中。

· 结语

新世纪里，人类面临着从环境到文化、从技术到社会等等诸多问题的挑战。建筑设计惯用的教学方法需要转型，需要以更理性、更有效、更系统的方式面对建筑学科发展背景的新变化。建筑设计课程的调整和改革需要对时代发展的把握，对专业热点的敏感，将各个教学环节加以梳理，使之形成理性逻辑的体系，并且也要帮助学生建立起这样的体系。

由于建筑设计课程的综合性与复杂性，其他相关基础课程或专业技术课程在为学生提供建筑设计辅助知识方面，难免有一定缺位或不协调。这就要求建筑设计基础课程教学，除了自身建立一个完善的教学体系外，还要适当延伸和补位，在每一个教学环节中综合考虑，统筹布局，有针对性地设计好每一次教学活动，为学生进一步的专业学习打好坚实的基础。

注：

①Dorst K., and Reymen I., Levels of Expertise in Design Education[C]// International Engineering and Product Education Conference, 2-3 September 2004, Delft, the Netherland.

②Editorial, Forty Years of Design Research[J]. Design Studies, 2007，28（1）

③王毅，王辉. 国际建筑院校建筑学教育研究初探——以剑桥、哈佛、麻省理工、罗马大学为例[J].世界建筑,2012(2).

④Cross N., The Nature and Nurture of Design Ability[J]. Design Studies, 1990, 11（3）.

⑤从2012年秋季学期起，针对“建筑设计3、4”新开设“建筑设计方法概论1、2”课程，表中所列部分讲座并入该课程。

· 原文曾发表于《世界建筑》2013年第3期，本次出版内容略有改动

目录

1

SITE
场地

场地 | SITE
——基于场地要素的设计训练

1. 课程目的

1）本设计专题是“建筑设计3”的第一个模块——基于场地要素的设计训练。建筑应与场地条件（地理的和气候的）相适应，是现代建筑设计的基本原则之一。本设计专题的目的在于使学生体会这一原则，并学习处理建筑与场地关系的基本手段。

2）本设计专题训练学生从场地入手的建筑设计方法，将对场地的理解与应对作为设计的首要条件，协调建筑布局与环境的关系，综合满足朝向、日照、通风以及交通、景观等方面对建筑的要求。

2. 设计要点

1）本设计专题选择山水间——郊野别墅或游人驿站为设计题目，设有10个地段，分布在北京西北郊稻香湖地区和西山国家森林公园。学生须在教师指导和协调下从10个地段中选1个进行设计。

2）10个地段的地形地貌特征、周边景观条件均不相同。学生应详细调研地段环境特点，合理布置建筑在地段中的位置，恰当处理建筑入口与外部道路的联系，协调好建筑物与周边景观的关系。

3）学生应了解北京地区气候特点，使主要空间具有良好的朝向、采光和通风条件。利用地形高差塑造建筑空间与形体，利用周围景观营造室内外空间氛围，使建筑与周围环境相互因借，形成舒适优美的环境。

◀ 地段实景

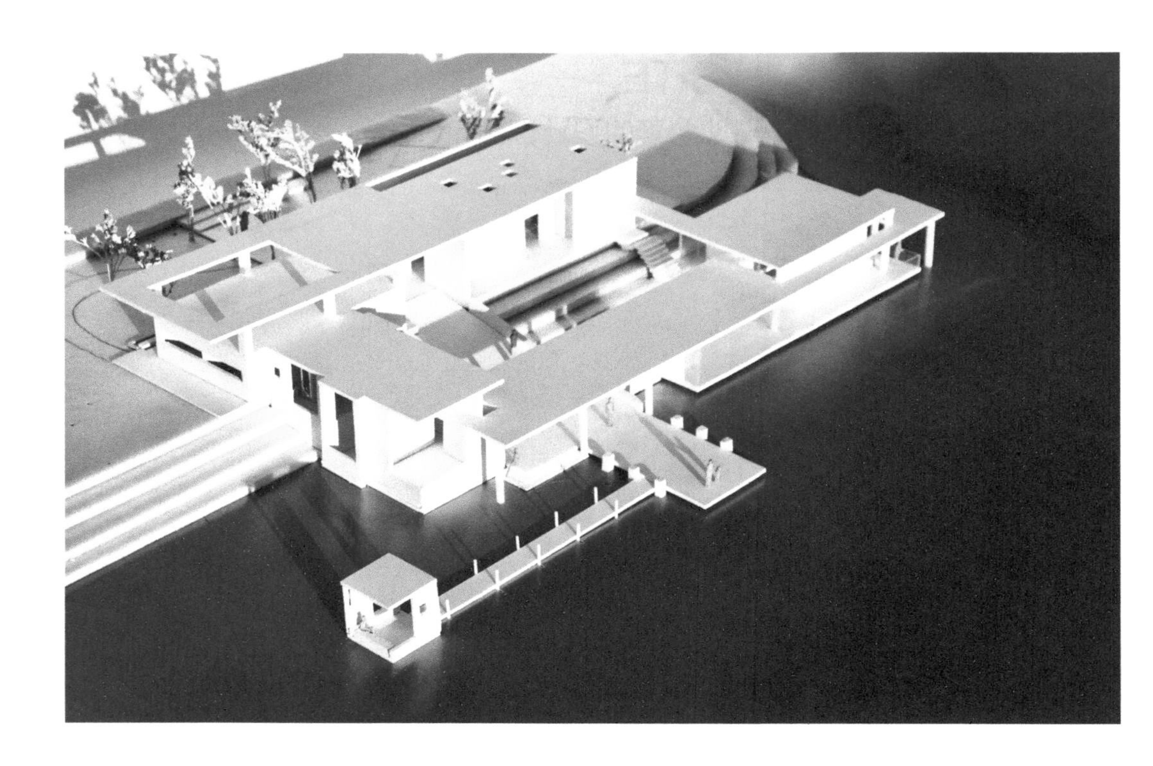

溯游
UPSTREAM

方案设计：沈一琛
指导教师：王毅
完成时间：2014年

[教师点评 COMMENT]

设计从场地特点出发，着力营造游人由岸边到水上的体验过程。跌落的建筑形态和围合的院落布局，丰富了游人近水过程的空间体验。轴线的递进、院落的收放、廊道的展开、墙体的围合，体现出设计者对场地及周边景观的精心布局和巧妙利用。

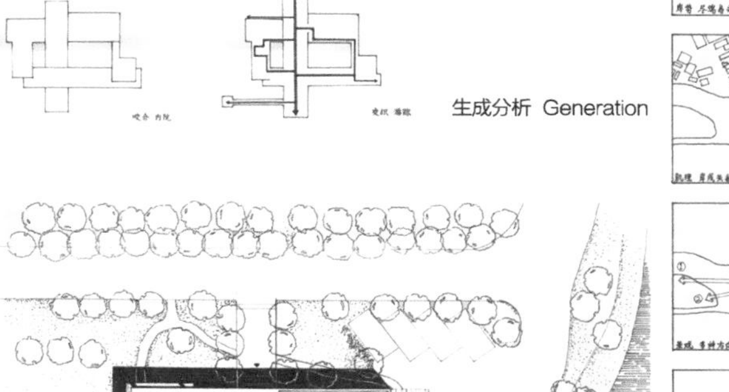

生成分析 Generation

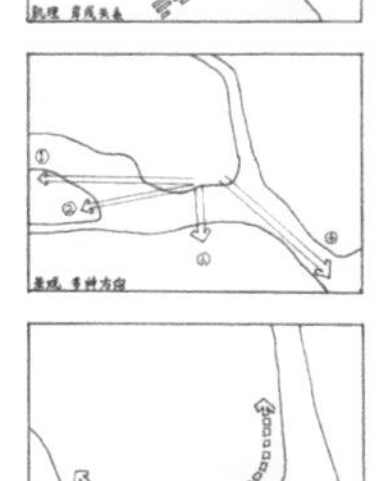

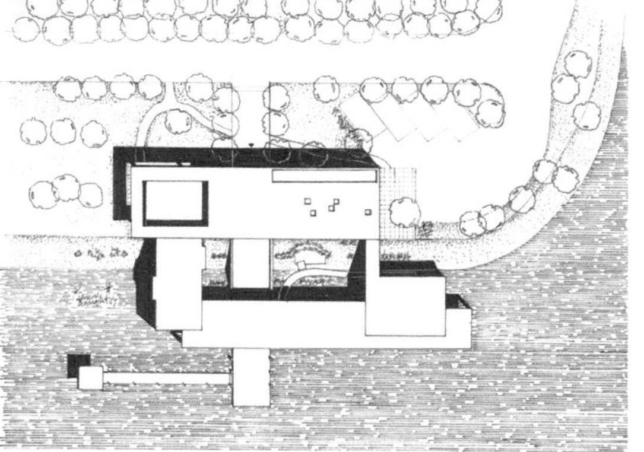

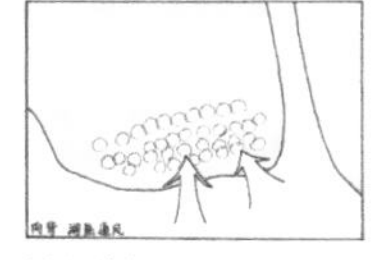

总平面图 Site Plan　地段分析 Site Analysis

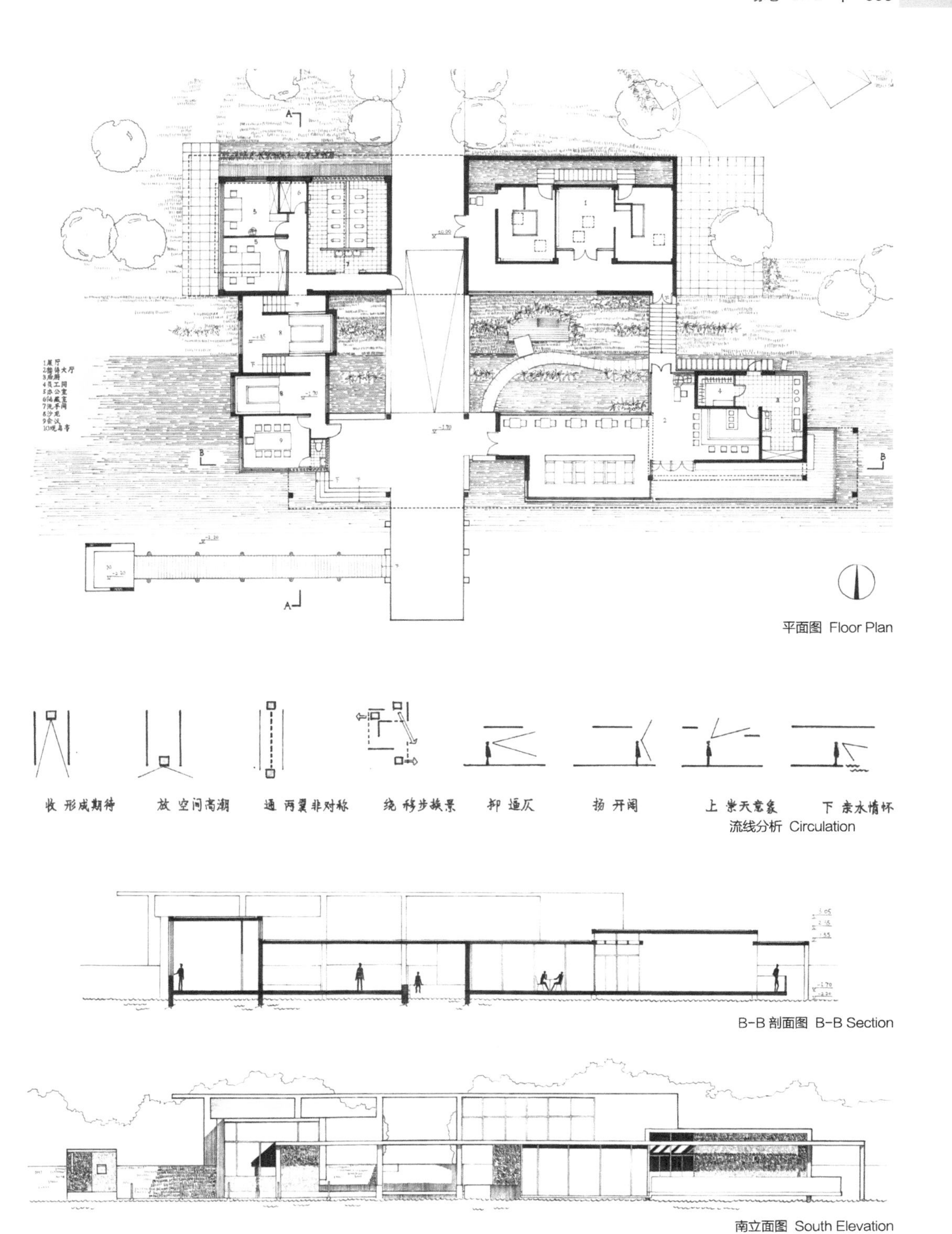

平面图 Floor Plan

流线分析 Circulation

B-B 剖面图 B-B Section

南立面图 South Elevation

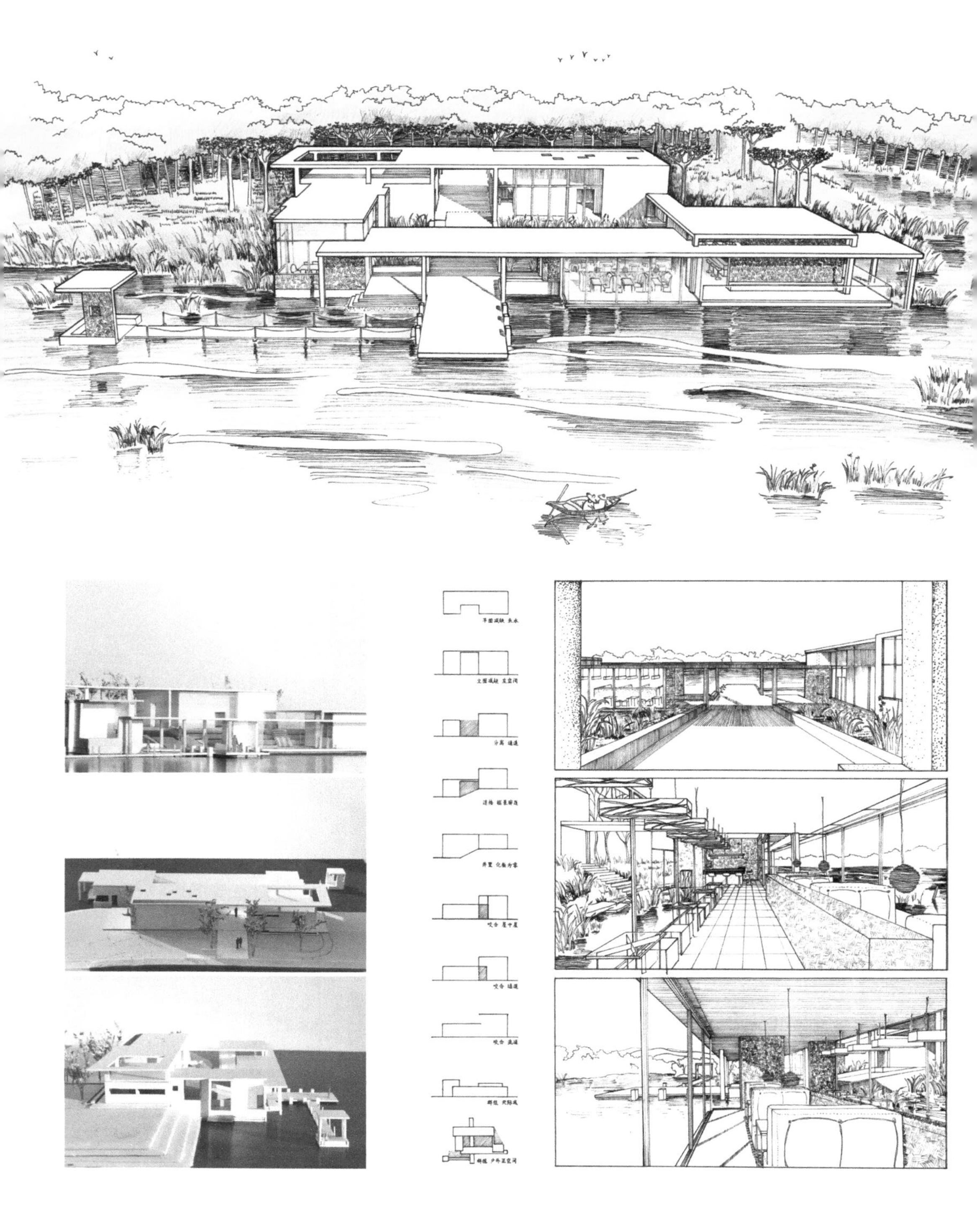

平面减缺 亲水
立面减缺 灰空间
分离 通透
咬合 屋中屋
咬合 通道
咬合 流通
群组 天际线
群组 户外灰空间

两处风景
DOUBLE VIEWS

方案设计：江昊懋
指导教师：庄惟敏/胡林
完成时间：2015年

[教师点评 COMMENT]

方案布局较好地处理了跨水而居的问题，主体居住空间通过廊桥与对岸的书房相连，避免了建筑对于原有水面的阻断。每个功能模块为独立的体量，围绕庭院展开，以廊道相连。建筑造型简洁，楔形平面增加房间的观景面，将室外景观引入室内。

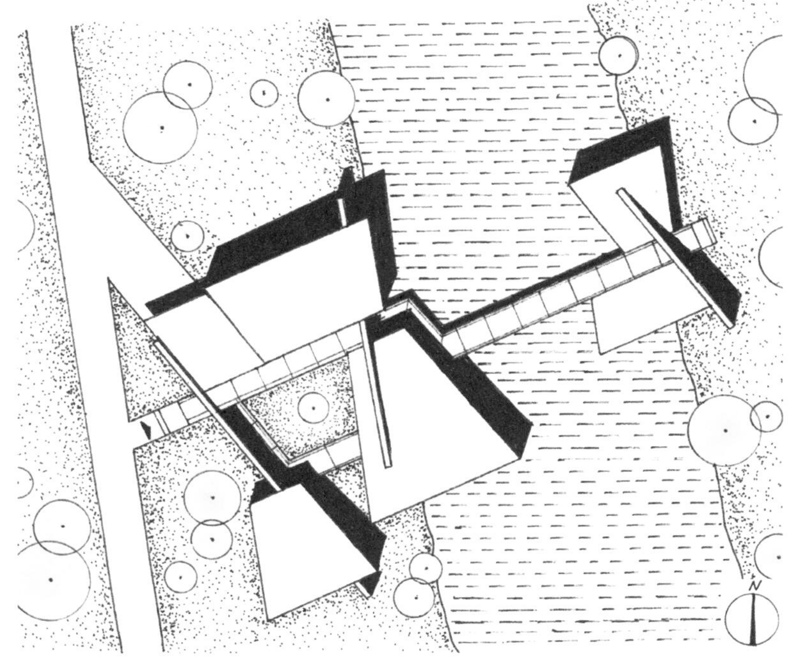

总平面图 Site Plan

平面图 Floor Plan

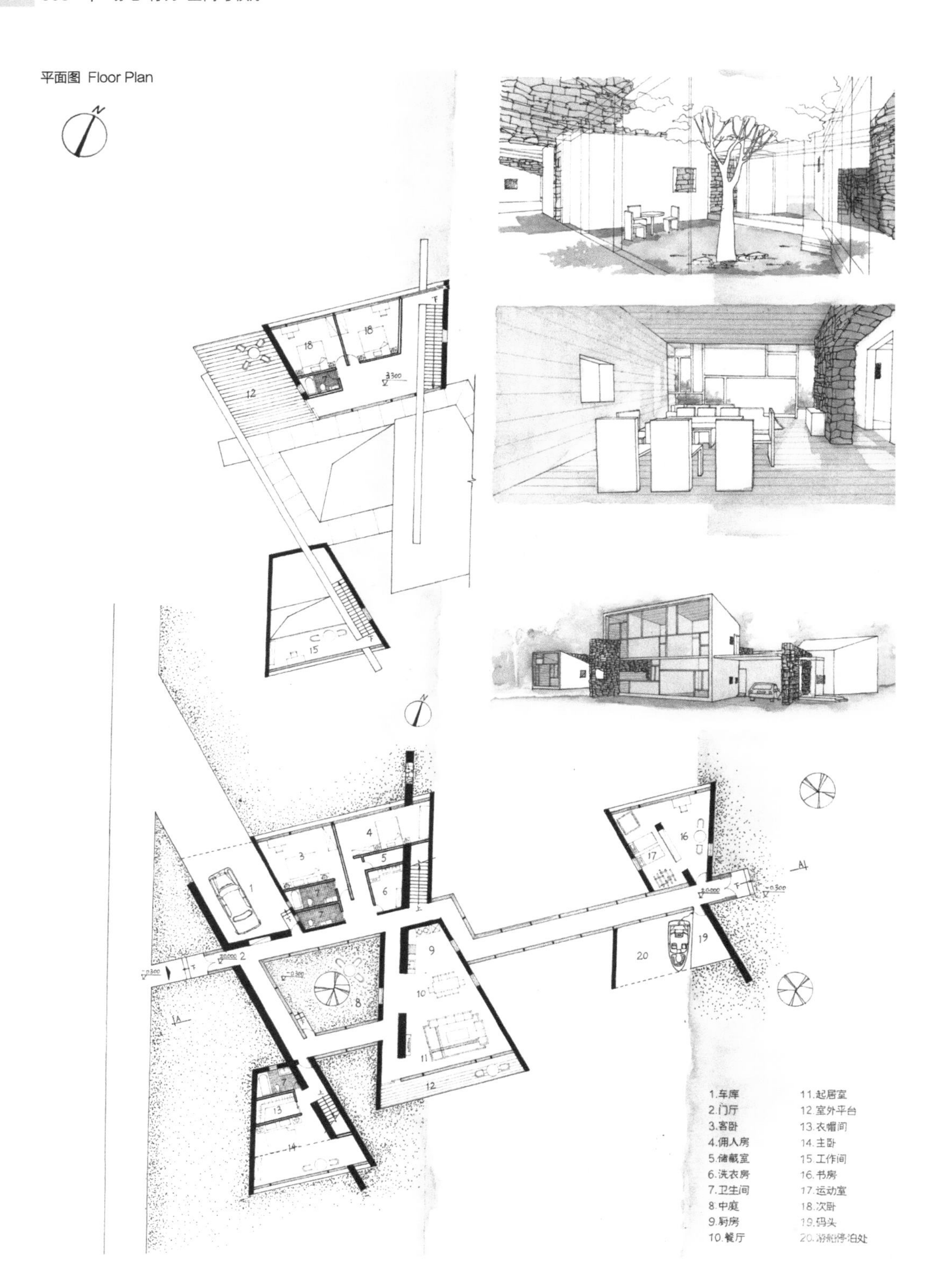

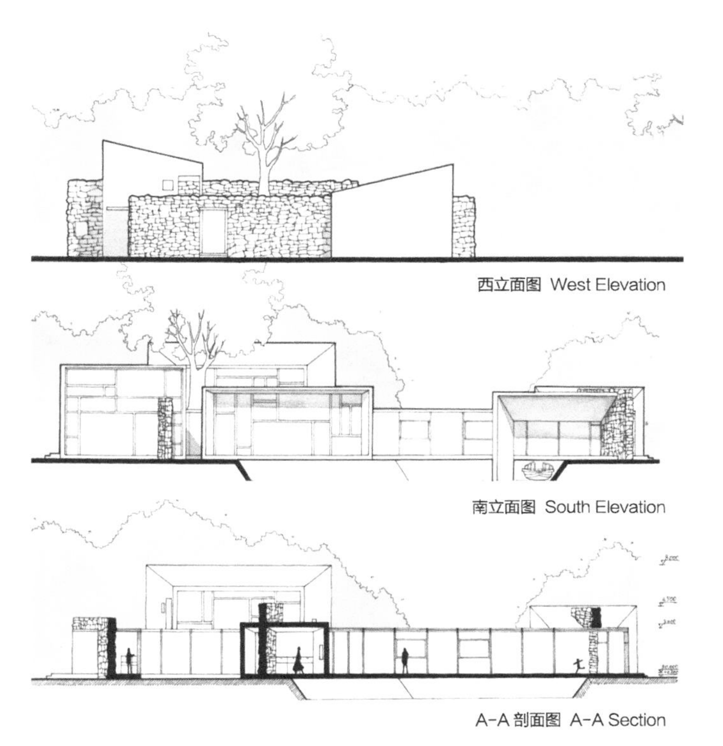

西立面图 West Elevation

南立面图 South Elevation

A-A 剖面图 A-A Section

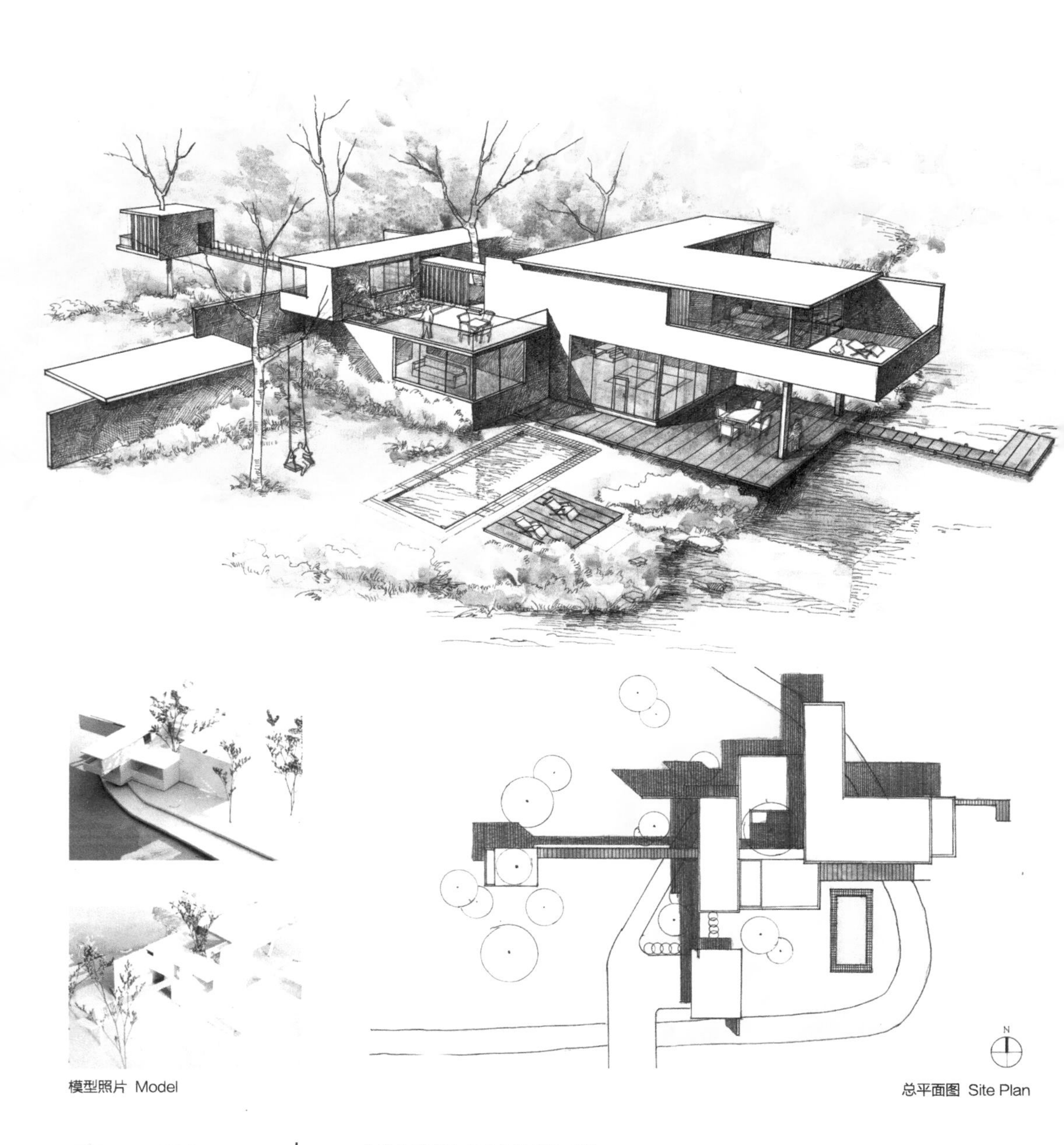

模型照片 Model

总平面图 Site Plan

宅·思

SILENT HOUSE

方案设计：董青青
指导教师：庄惟敏/胡林
完成时间：2014年

[教师点评 COMMENT]

基于环境匀质的场地特点，方案采用风车形布局，增加建筑与环境的贴合，各个房间都具有较好的景观。一系列的屋顶平面，在植被茂密的环境中，为居住者提供了多向的景观视野。建筑语汇简洁，空间丰富而不张扬，较好地融入环境。

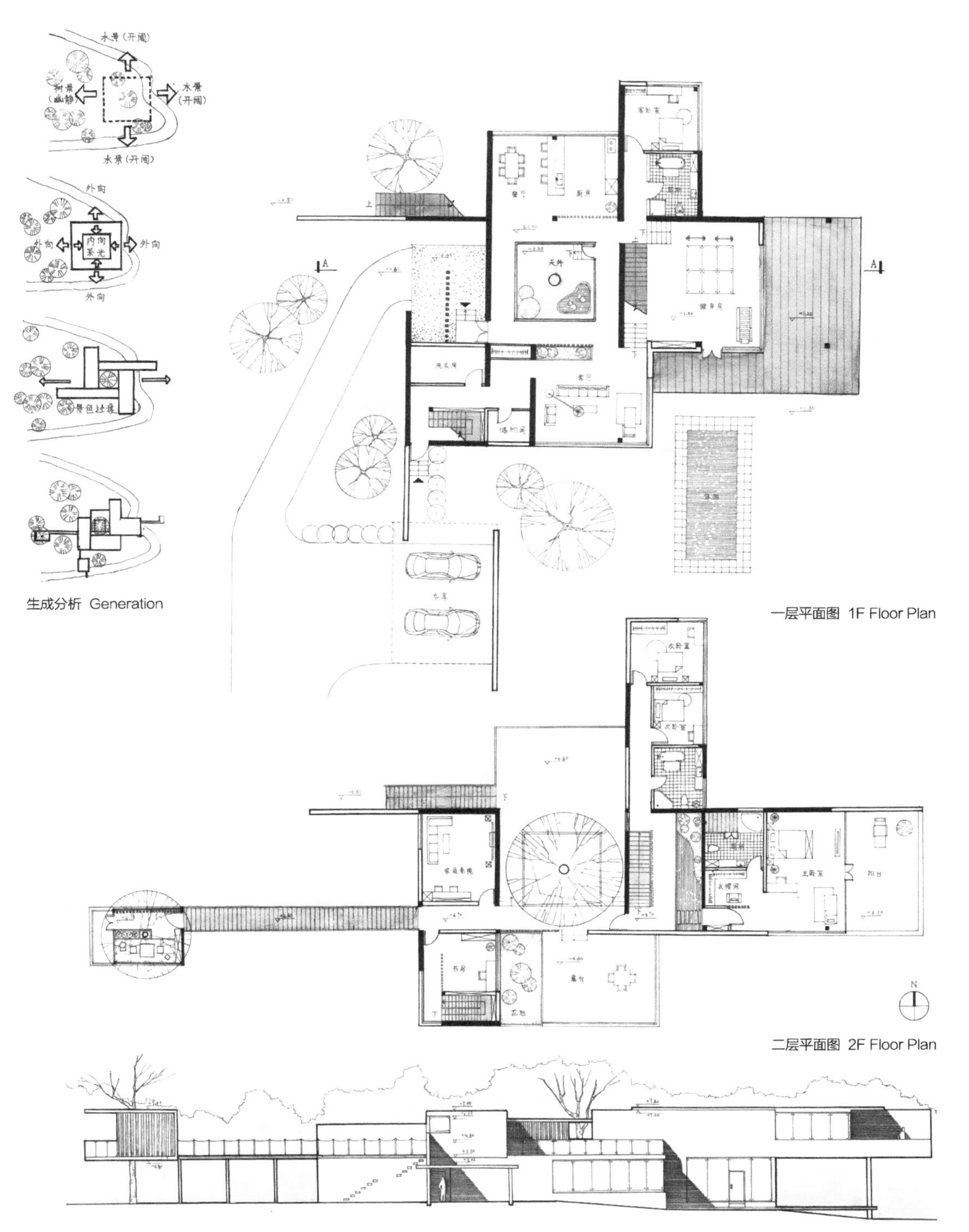

生成分析 Generation

一层平面图 1F Floor Plan

二层平面图 2F Floor Plan

南立面图 South Elevation

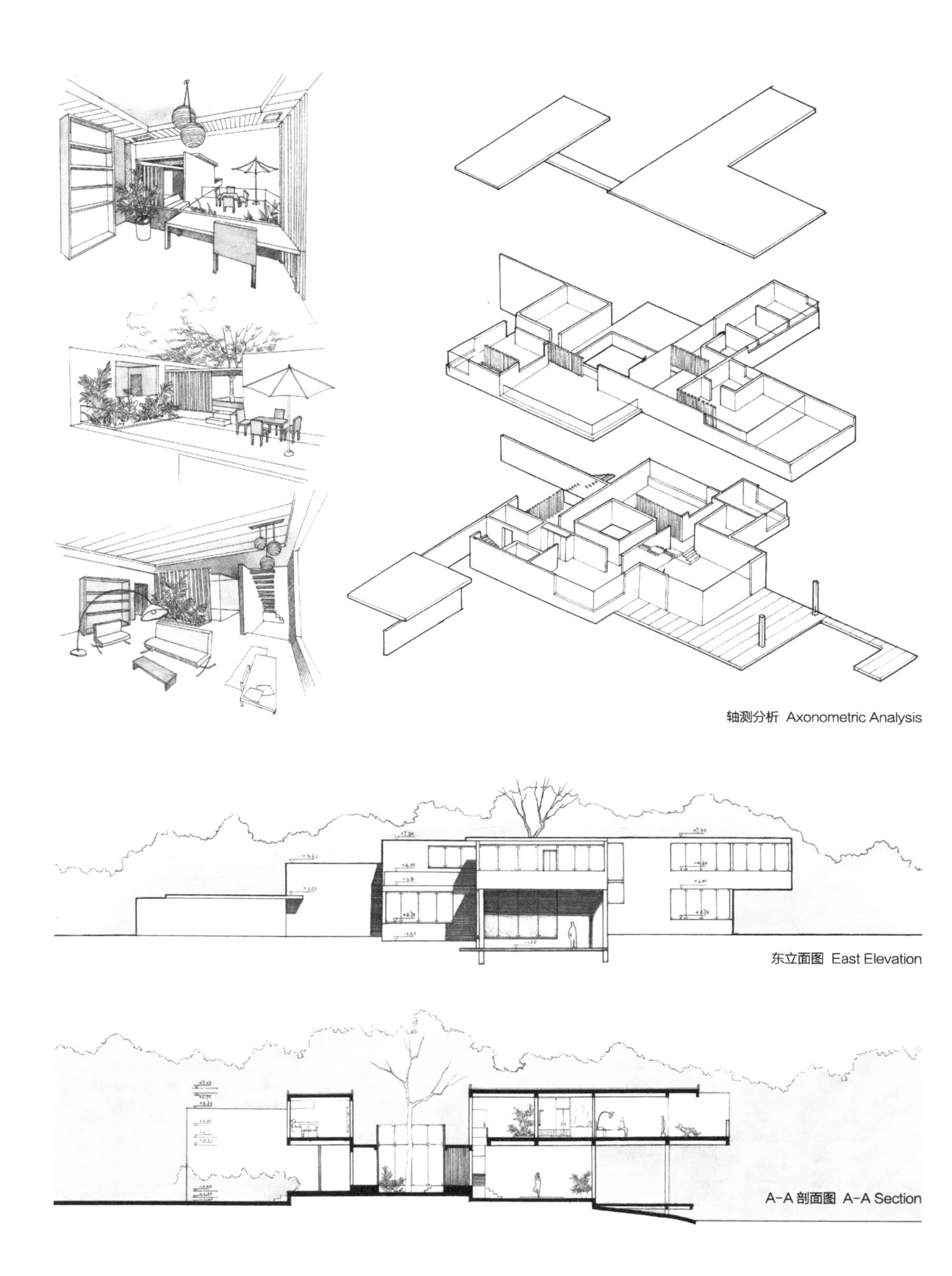

轴测分析 Axonometric Analysis

东立面图 East Elevation

A-A 剖面图 A-A Section

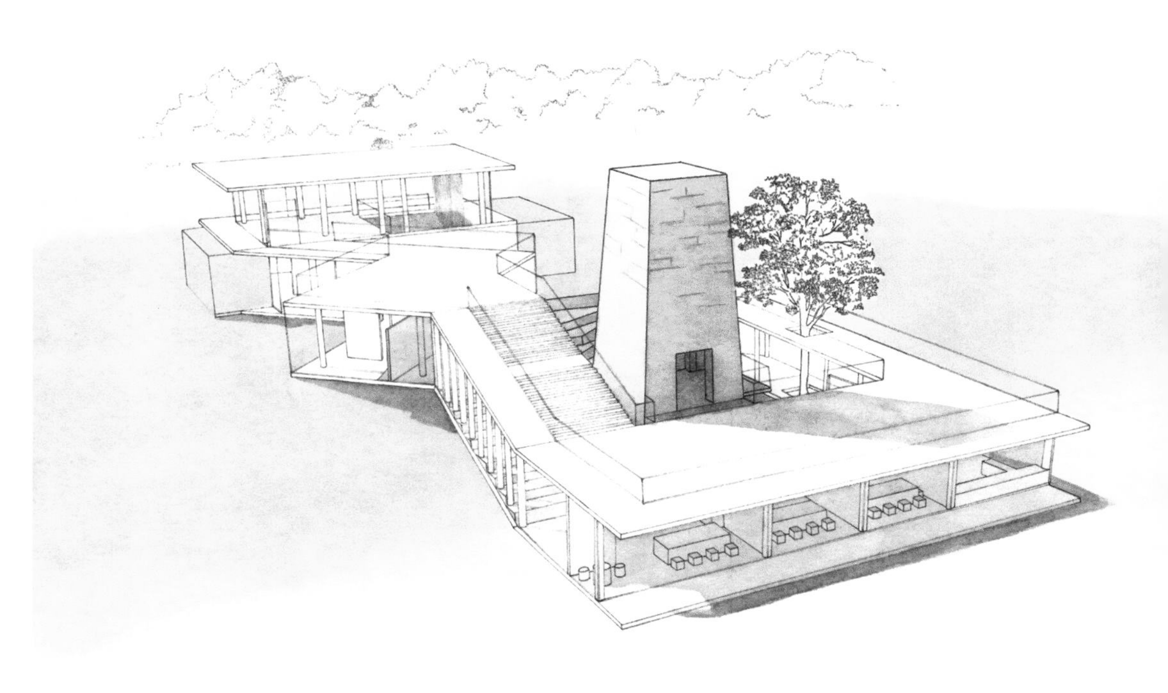

环

LOOP

方案设计：白宇清
指导教师：庄惟敏/胡林
完成时间：2014年

[教师点评 COMMENT]

建筑围绕原有碉楼展开，空间顺应地形高差，营造围合庭院，建筑与场地环境达到了较好的融合。建筑采用简洁的体形、轻盈的材质，与碉楼的厚重感形成鲜明对比，清晰地表达新旧建筑之间的对比与结合。

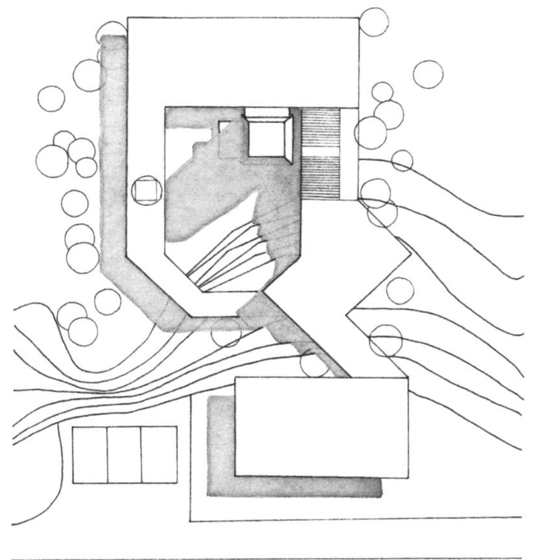

总平面图 Site Plar

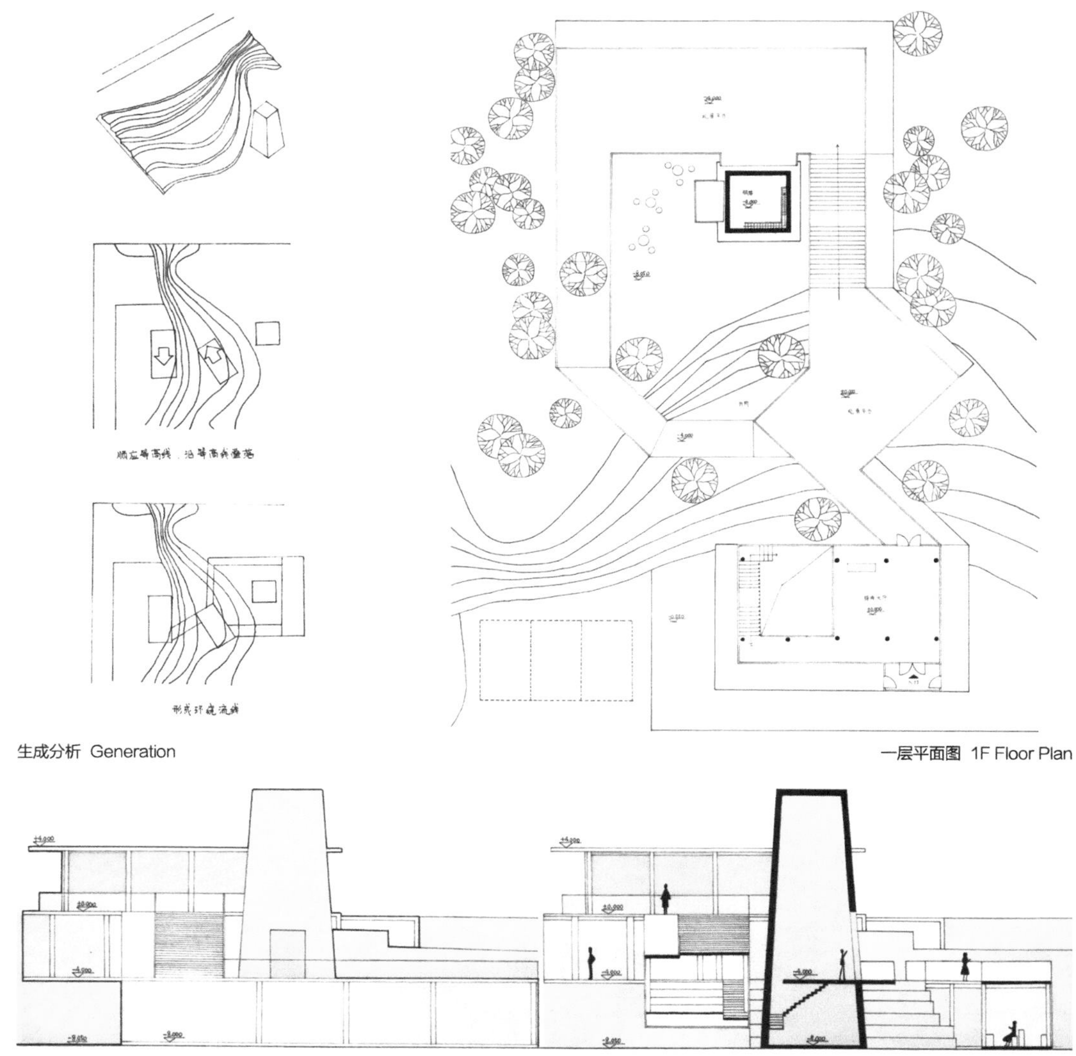

生成分析 Generation

一层平面图 1F Floor Plan

东立面图 East Elevation

B-B 剖面图 B-B Section

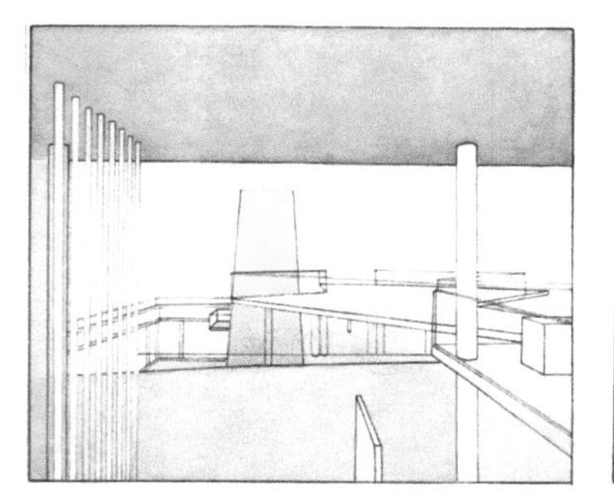

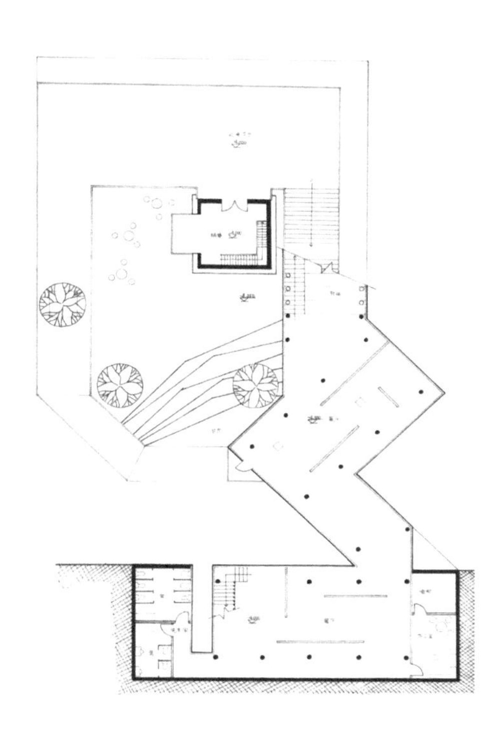

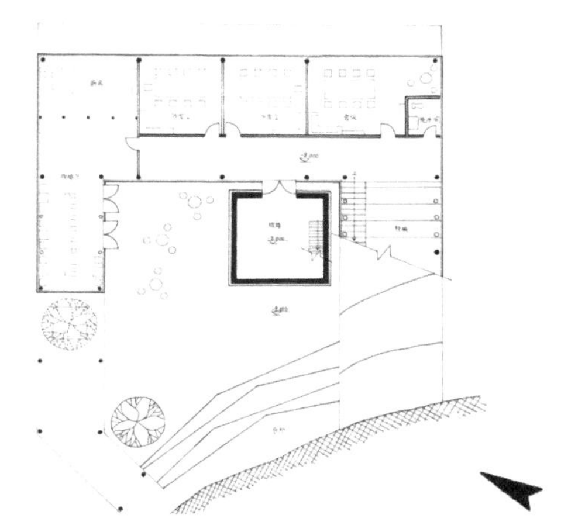

地下二层平面图 -2F Floor Plan

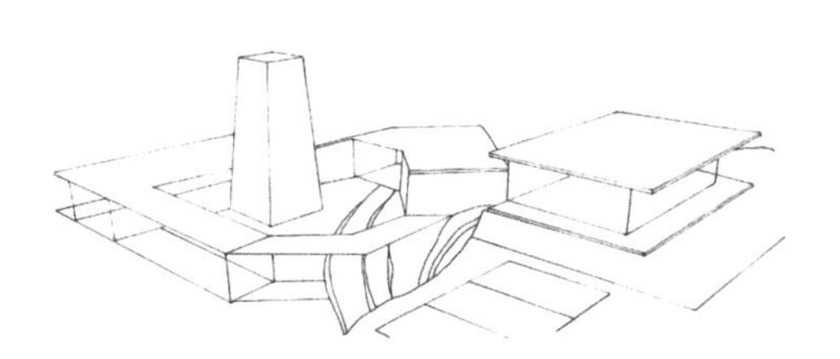

地下一层平面图 -1F Floor Plan

鸟瞰图 Bird View

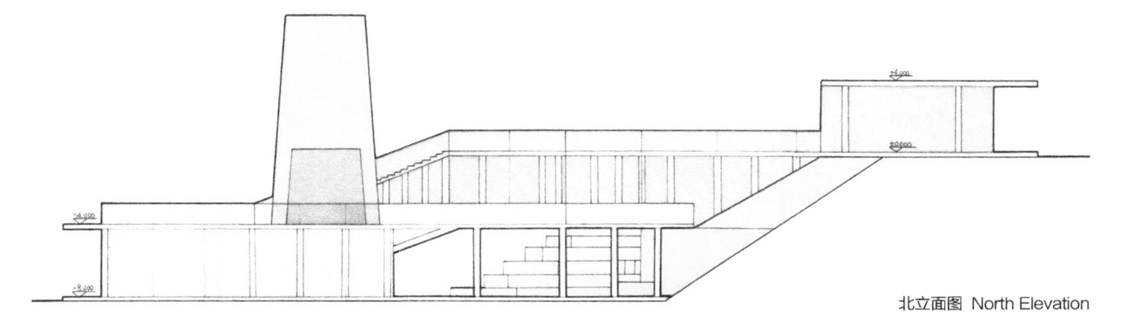

北立面图 North Elevation

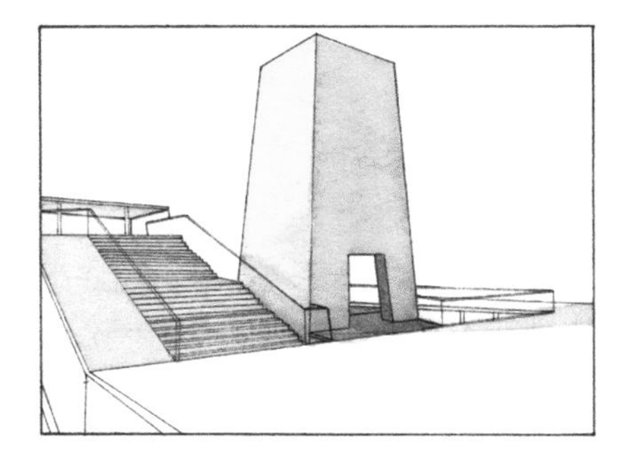

总平面图 Site Plan

各层平面图 Floor Plans

树列

MATREE(I)X

方案设计：刘芳铄
指导教师：程晓青
完成时间：2010年

[教师点评 COMMENT]

作品以保护用地内现有“树列”为前提，将建筑体量化整为零，游走于茂密的丛林之间，作者娴熟地运用墙体、平台、楼梯等室外环境元素，与建筑实体共同形成鲜活丰富的建筑体形和相互因借的空间体验。

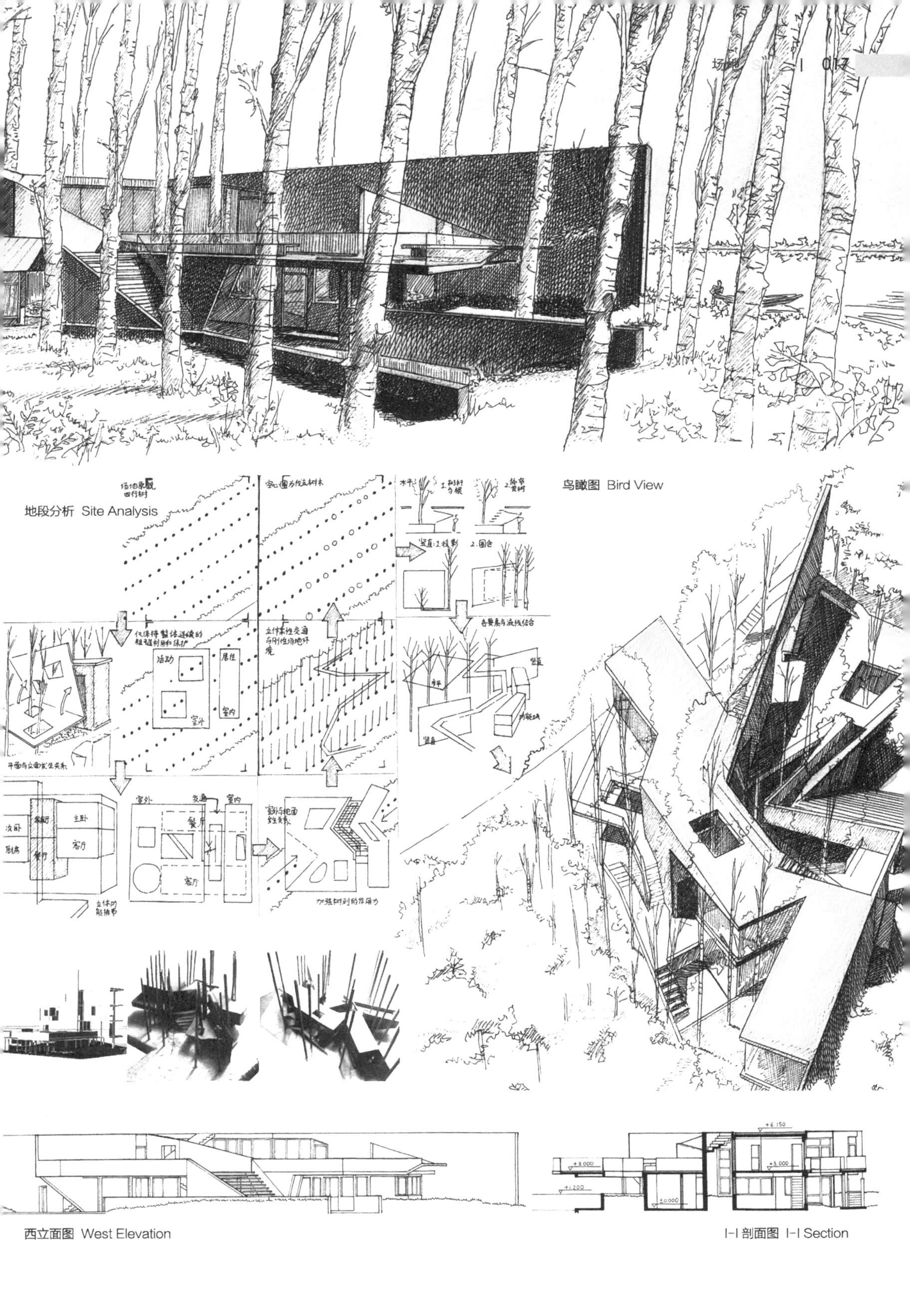

地段分析 Site Analysis

鸟瞰图 Bird View

西立面图 West Elevation

I-I 剖面图 I-I Section

驿外
OUTSIDE THE STAGE

方案设计：曹蕾
指导教师：庄惟敏/胡林
完成时间：2014年

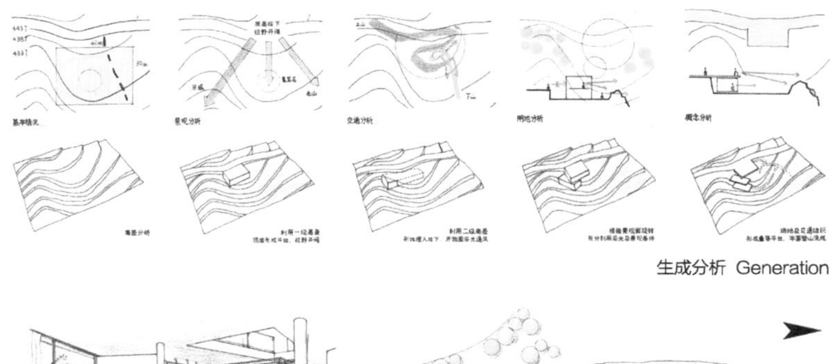

生成分析 Generation

[教师点评 COMMENT]

方案构思在建筑对于环境的“显”与“隐”之间选择后者，保留了原有景观点与观景场所，新建筑嵌入地形，通过新建筑的屋顶平台与步道对原有参观流线与观景环境加以改造，较好地实现了建筑与场地的融合。

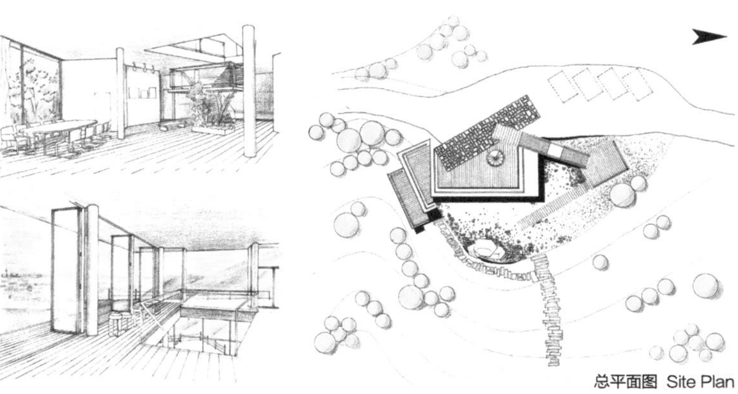

总平面图 Site Plan

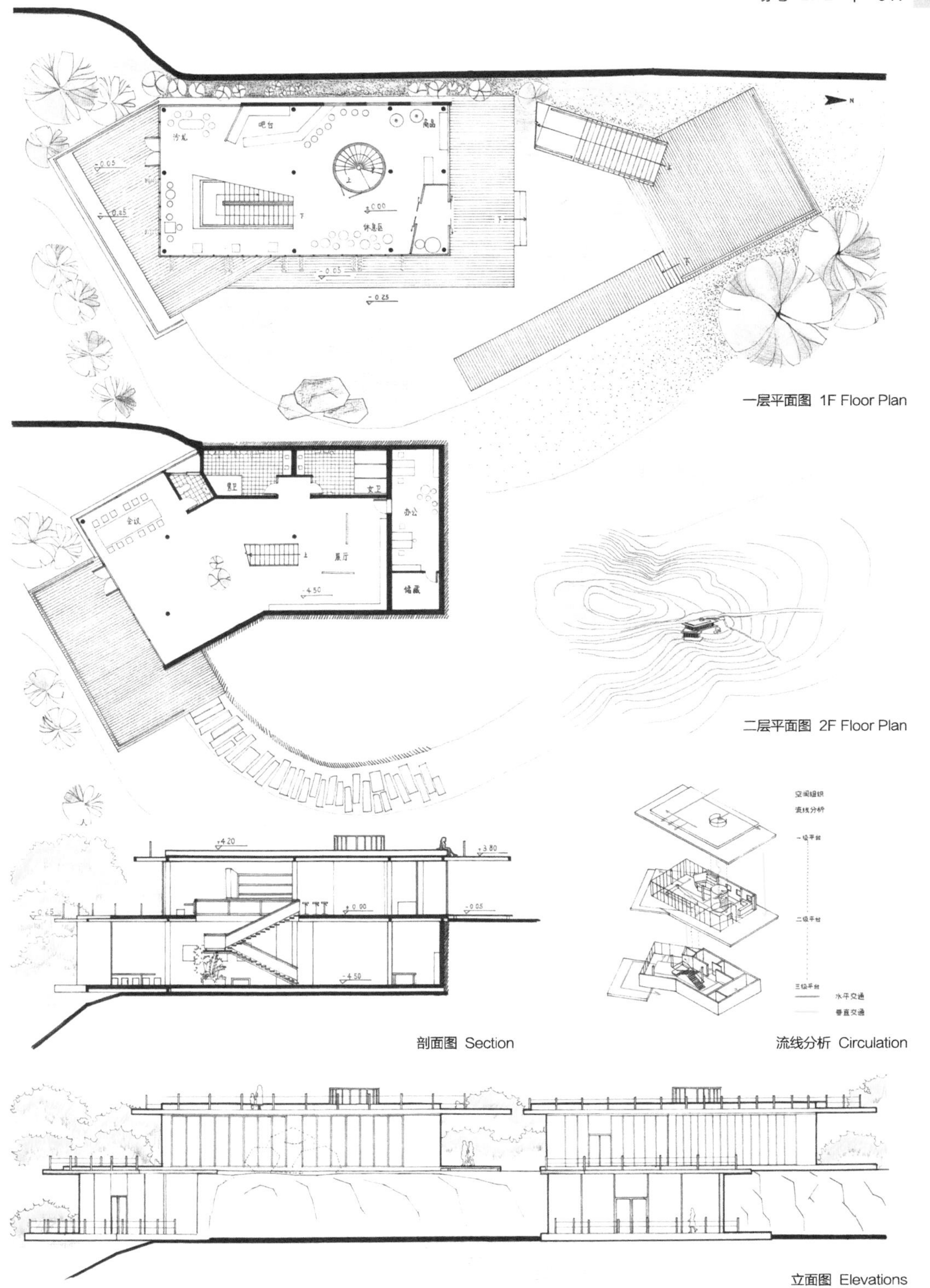

一层平面图 1F Floor Plan

二层平面图 2F Floor Plan

剖面图 Section

流线分析 Circulation

立面图 Elevations

西岭窗涵

VISTA ALONG WINDOW

方案设计：郭磊贤
指导教师：夏晓国
完成时间：2008年

[教师点评 COMMENT]

借景西山，湖面中景到水院近景，逐次展开。功能区布局采取南北向双条布置，兼顾景观和朝向，并结合茶室和连廊辅助空间形成院落。平面动静分区明确，把主要公共活动空间起居室和餐厅置于二层，登高望远，近水得月。运用院、廊、水景、屋顶平台等设计元素使建筑内外空间流通渗透，造型变化有序，尺度宜人。

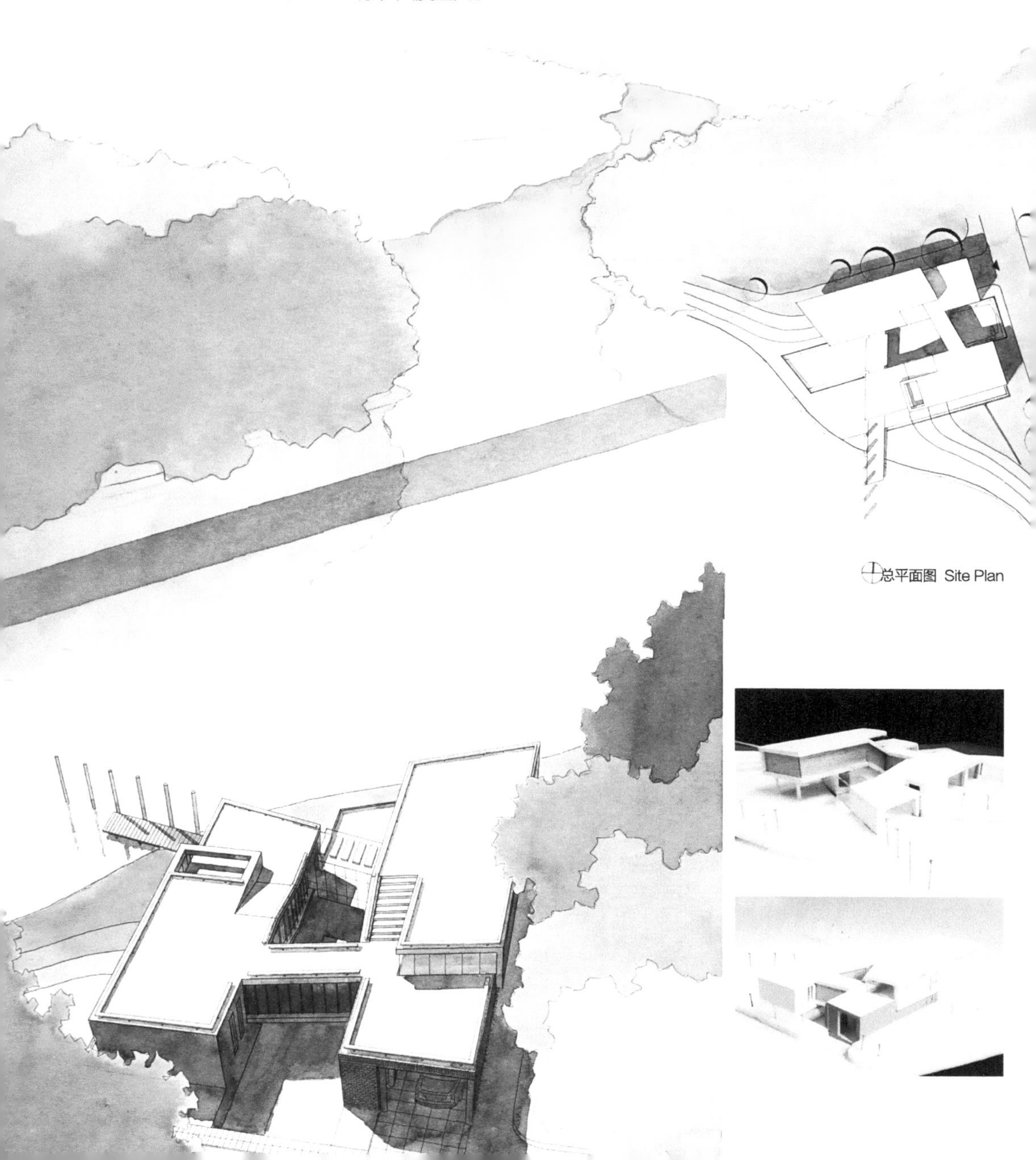

总平面图 Site Plan

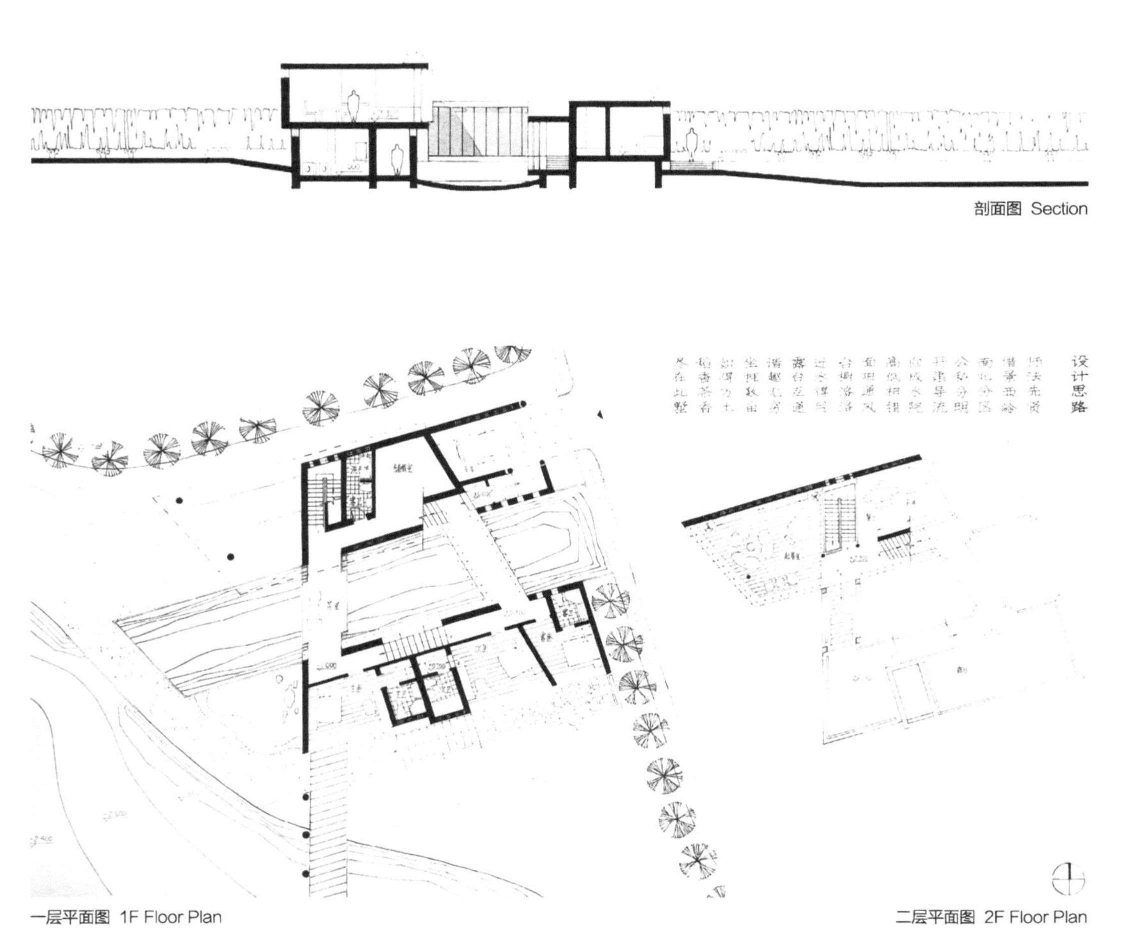

剖面图 Section

一层平面图 1F Floor Plan

二层平面图 2F Floor Plan

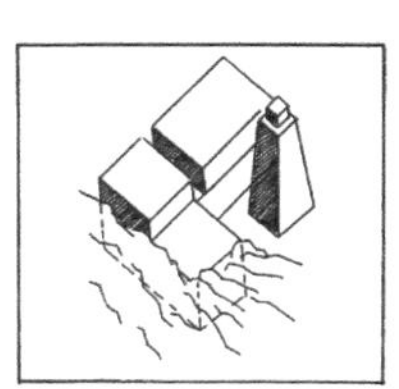
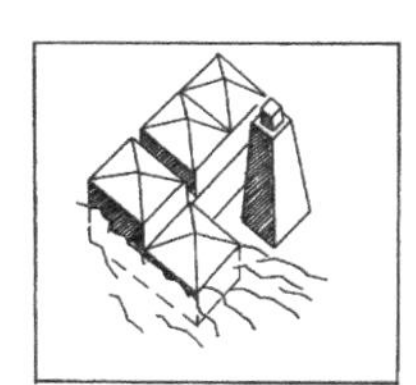
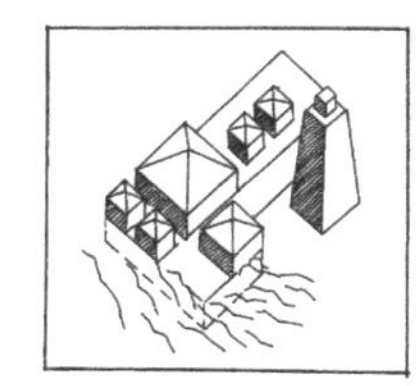

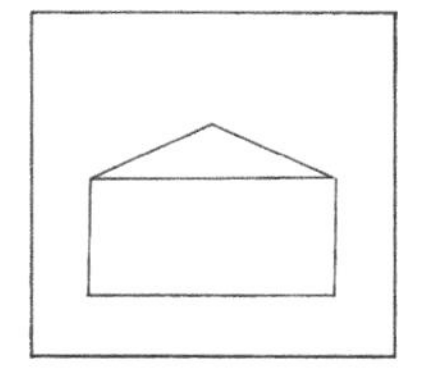
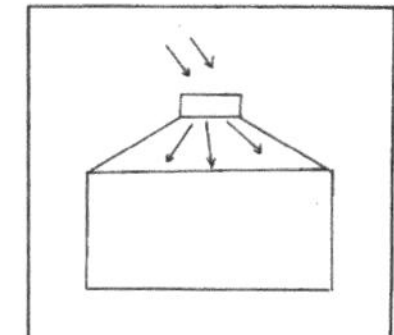
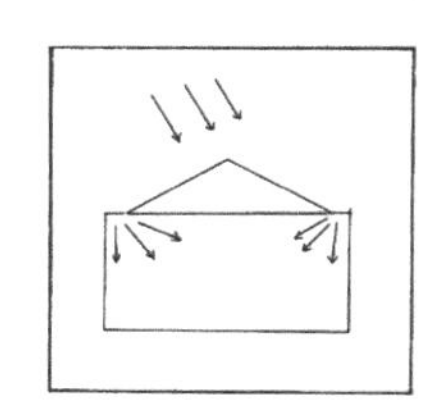

体量分析 Form Analysis

忆八旗

IN MEMORY OF QING'S ARMY

方案设计：彭钦一
指导教师：程晓青
完成时间：2014年

[教师点评 COMMENT]

作品以“藏”的手法应对用地内的历史遗存，建筑谦逊地隐没在环境之中，提升了碉楼的审美价值，空间布局借鉴碉楼的方形母题，造型设计则抽象了清朝蒙古包的意向，通过对自然光的多元组织，形成丰富美妙的视觉体验。

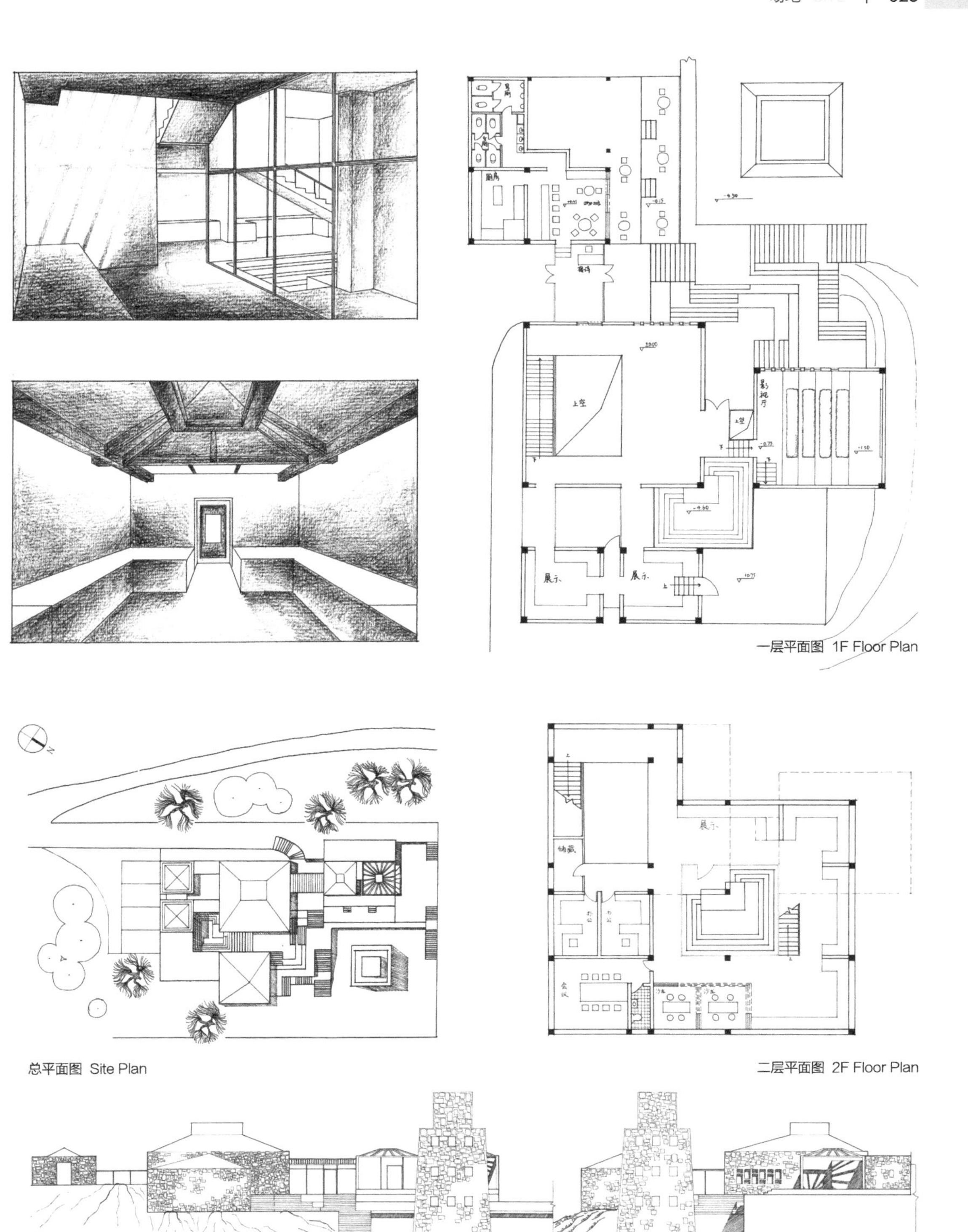

一层平面图 1F Floor Plan

总平面图 Site Plan

二层平面图 2F Floor Plan

东立面图 East Elevation

北立面图 North Elevation

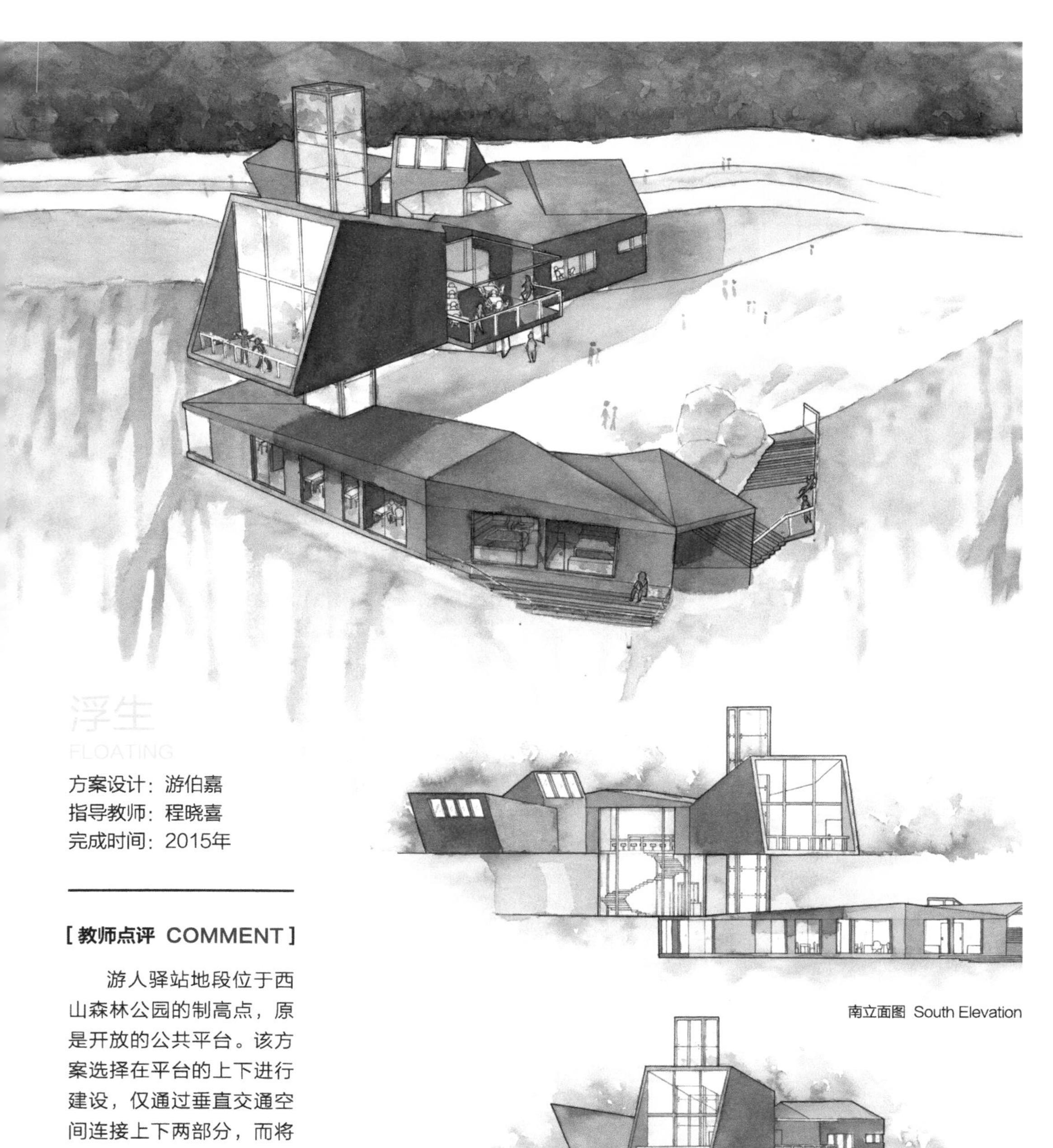

浮生

FLOATING

方案设计：游伯嘉
指导教师：程晓喜
完成时间：2015年

[教师点评 COMMENT]

游人驿站地段位于西山森林公园的制高点，原是开放的公共平台。该方案选择在平台的上下进行建设，仅通过垂直交通空间连接上下两部分，而将平台尽可能多地保留下来。整体形势因山就势，自然流畅。上部建筑功能更开放，形象更张扬，可远眺；下部建筑则私密、隐蔽，也更平和。

南立面图 South Elevation

东立面图 East Elevation

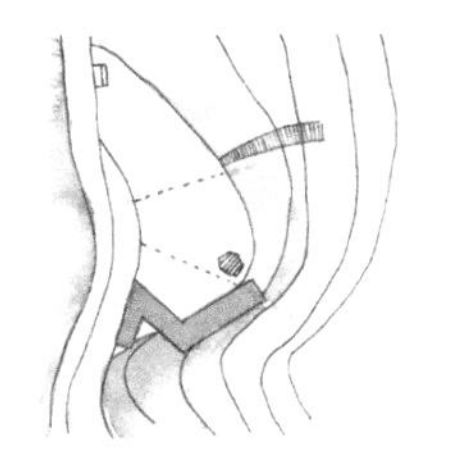

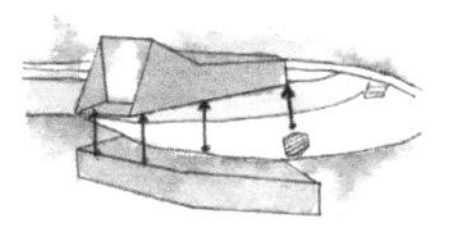

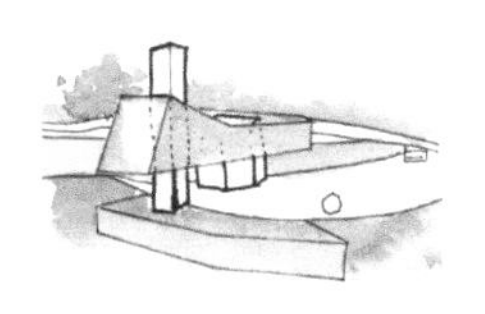

生成分析 Generation

总平面图 Site Plan

各层平面图 Floor Plans

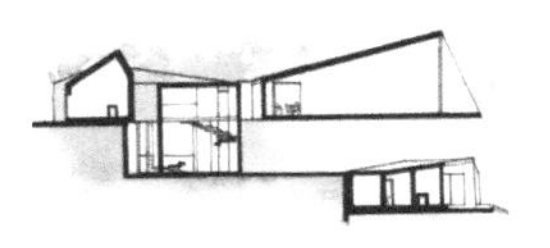

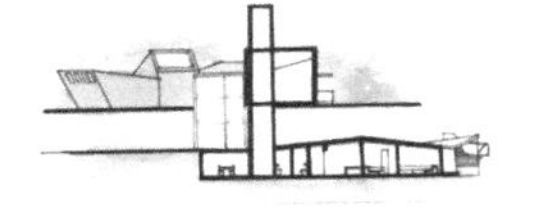

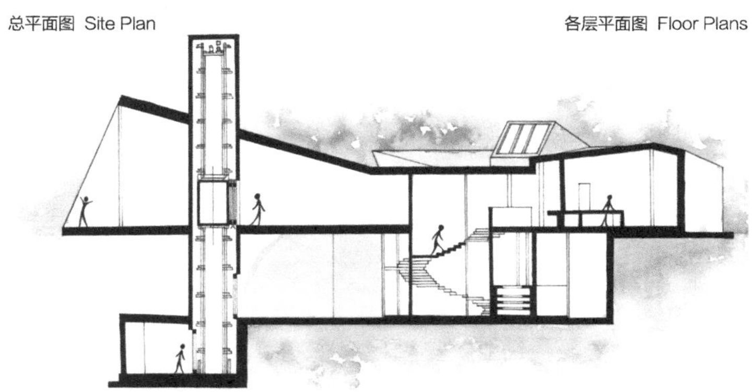

A-A 剖面图 A-A Section

总平面图 Site Plan

生成分析 Generation

来客

OVER THE RIVER

方案设计：朱吴孟健
指导教师：邹欢
完成时间：2012年

[教师点评 COMMENT]

建筑位于北京西郊稻香湖风景区内，环境优美宁静，景观视野开阔。设计者准确细腻地把握了地段的性格，以简洁明了的建筑语言应对环境的特殊气氛，空间流畅，形体动感，巧妙地体现了风景区建筑“看”与“被看”的特点。

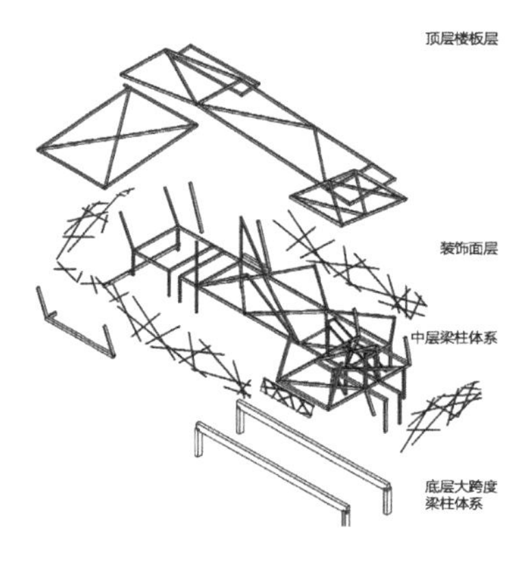

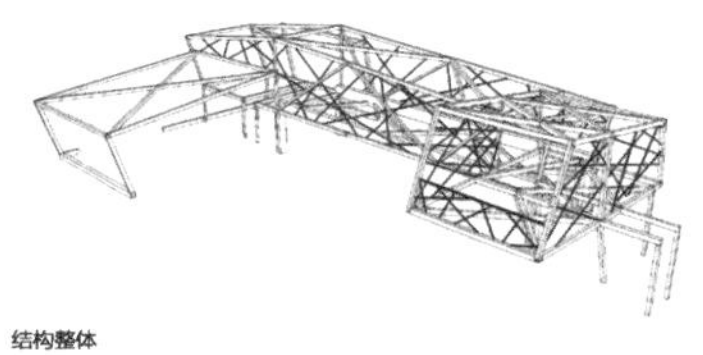

结构整体

考虑到房屋的形态，将结构处理成钢结构框架整体。利用不同截面的钢柱营造出立面的层次感。

结构分析 Structure

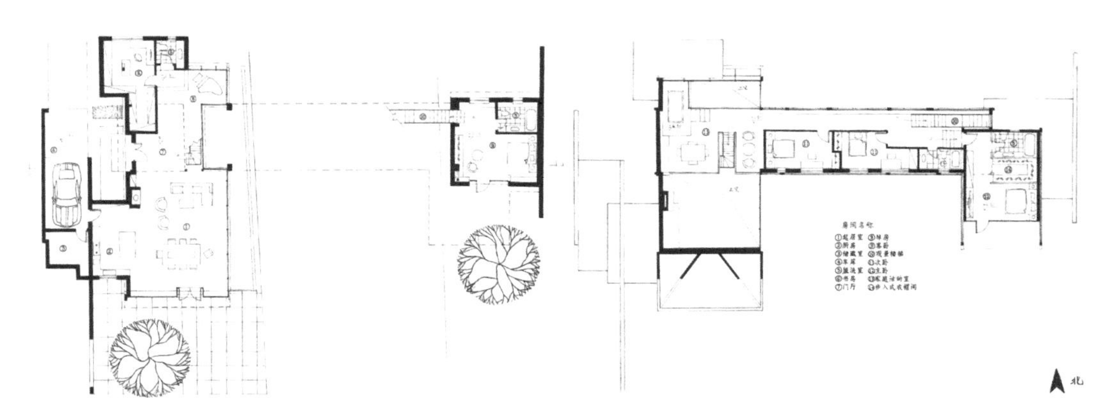

一层平面图 1F Floor Plan

二层平面图 2F Floor Plan

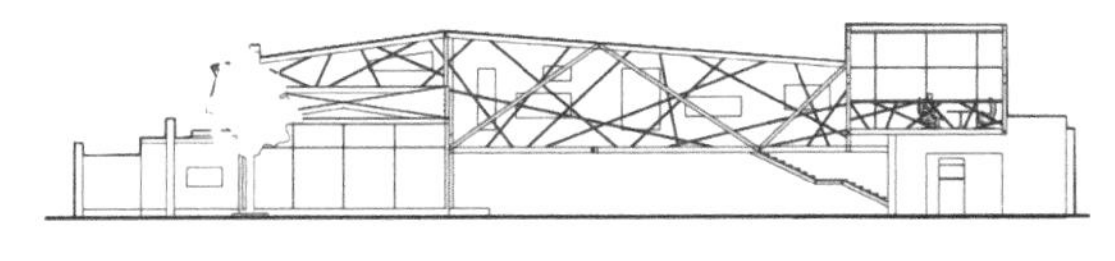

西立面图 West Elevation

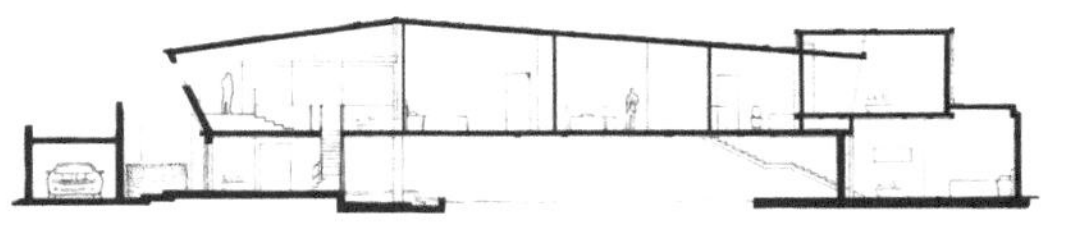

A-A 剖面图 A-A Section

2

地行为空间与秩序场地行为空间与秩序场地
秩序场地行序场地行为空间与秩序场地行为空间与
间与秩序场与秩序场地行为空间与秩序场地行为空
空间与秩序空间与秩序场地行为空间与秩序场地
地行为空间与秩序场地行为空间与秩序场
序场地行为场地行为空间与秩序场地行为空间与秩
与秩序场地秩序场地行为空间与秩序场地行为空间
空间与秩序间与秩序场地行为空间与秩序场地行
为空间与为空间与秩序场地行为空间与秩序场
场地行为空间与秩序场地行为空间与秩序
秩序场地行序场地行为空间与秩序场地行为空间
间与秩序场与秩序场地行为空间与秩序场地行为空
地行为空间与秩序场地行为空间与秩序场地行为空
序场地行为空间与秩序场地行为空间与秩序场地行为
为空间与为空间与秩序场地行为空间与秩序场地
场地行为空间与秩序场地行为空间与秩
秩序场地行序场地行为空间与秩序场地行为空间
间与秩序场与秩序场地行为空间与秩序场地行为空
空间与秩序空间与秩序场地行为空间与秩序场地行
地行为空间与秩序场地行为空间与秩序场
序场地行为场地行为空间与秩序场地行为空间与秩
与秩序场地秩序场地行为空间与秩序场地行为空间
间与秩序场地行为空间与秩序场地行为
为空间与秩序场地行为空间与秩序场地
场地行为空间与秩序场地行为空间与秩
秩序场地行为空间与秩序场地行为空间
间与秩序场秩序场地行为空间与秩序场地行为空
空间与秩场地行为空间与秩序场地行为空间与秩
地行为空间与秩序场地行为空间与秩序场地行为
序场地行为间与秩序场地行为空间与秩序场地行为
为空间与为空间与秩序场地行为空间与秩序场地
场地行为空间与秩序场地行为空间与秩
秩序场地行序场地行为空间与秩序场地行为空间
与秩序场与秩序场地行为空间与秩序场地行为空
空间与秩空间与秩序场地行为空间与秩序场地行
为空间与秩序场地行为空间与秩序场地行为空间与秩序

BEHAVIOR
行为

行为 | BEHAVIOR
——基于行为要素的设计训练

1. 课程目的

1）本设计专题是“建筑设计3”的第二个模块——基于行为要素的设计训练。建筑应适应人的行为特点、满足使用功能要求，是现代建筑设计的基本原则之一。本设计专题的目的在于使学生理解这一原则，并在设计中学习处理建筑与使用者行为要求之间的互动关系。

2）本设计专题使学生初步了解环境行为学的基本知识，通过调查和研究特定人群——老年人、青年人或幼儿的生活规律、行为特点、心理特征，探索用恰当的建筑设计手段来满足他们特定的使用需求。

2. 设计要点

1）本设计专题选择老年之家、青年旅社或幼儿园作为设计专题，设有5处地段，4处分布在清华大学校内，1处位于清华大学西门外。学生在现场踏勘及教师指导下，选择一个题目及一处地段进行设计。

2）学生应深入了解老年人群、青年人群和幼儿人群在生活和行为模式方面的特点，体会他们在空间格局、功能配备以及氛围营造等方面的不同要求，对老年人、青年人的居住单元或者幼儿的活动单元进行深化设计。

3）老年之家、青年旅社和幼儿园都是有重复性单元空间的建筑类型。学生应将单元空间进行适当分类和组合，处理好组团之间的空间关系，在不同空间层级和尺度上实现交流与共享。

◀ 地段实景

九家胡同
VILLAGE WITH NINE FAMILIES

方案设计：董青青
指导教师：庄惟敏/胡林
完成时间：2014年

[教师点评 COMMENT]

将老人院设计成一处小型社区，除了老人居室外，还包括小广场、街道、院落、室外平台、共享中庭、阳台等公共空间，形成从公共、半公共、半私密到私密的一系列空间层级。该设计不论平面布局、立面构成、材料、色彩、室内设计乃至构造细部和景观植被都下足了功夫。

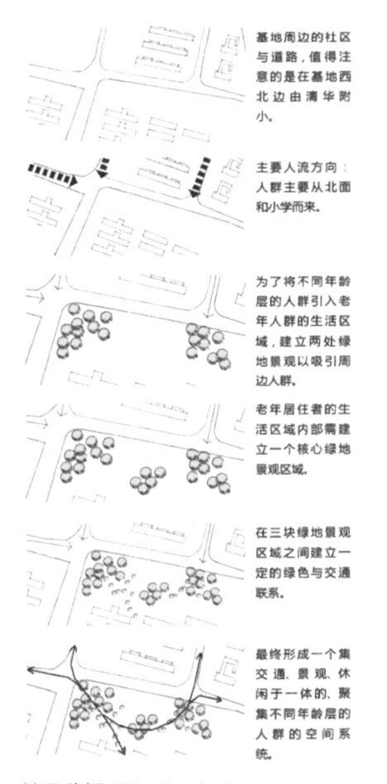

地段分析 Site Analysis

总平面图 Site Plan

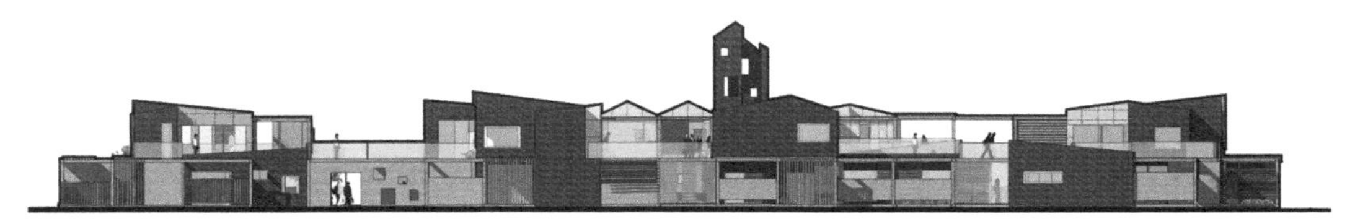
南立面图 South Elevation

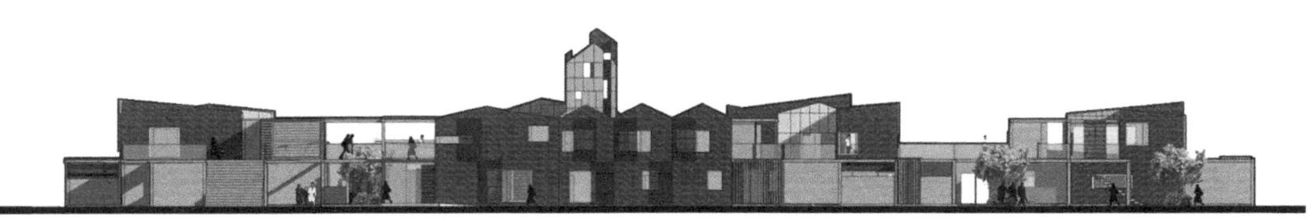
北立面图 North Elevation

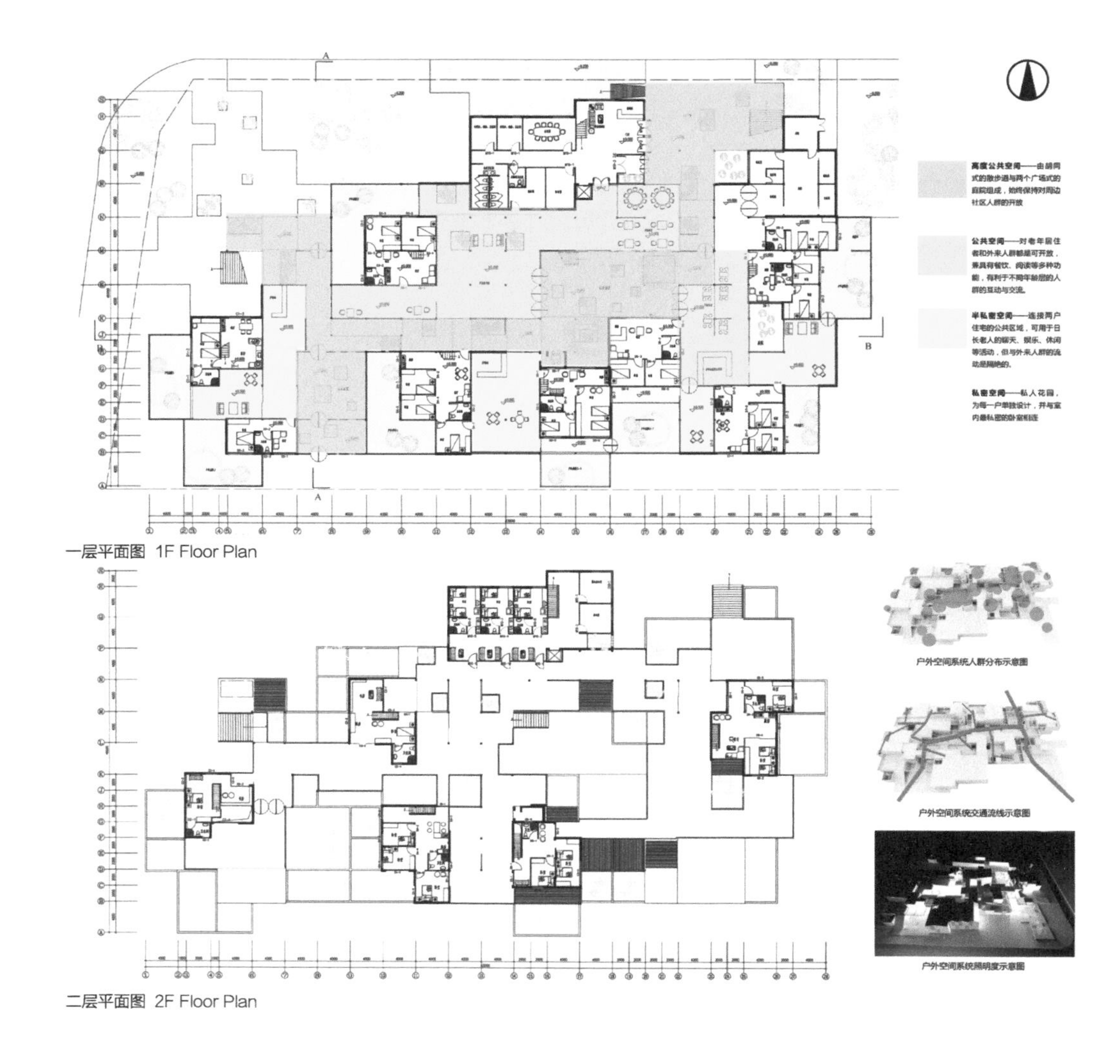

一层平面图 1F Floor Plan

二层平面图 2F Floor Plan

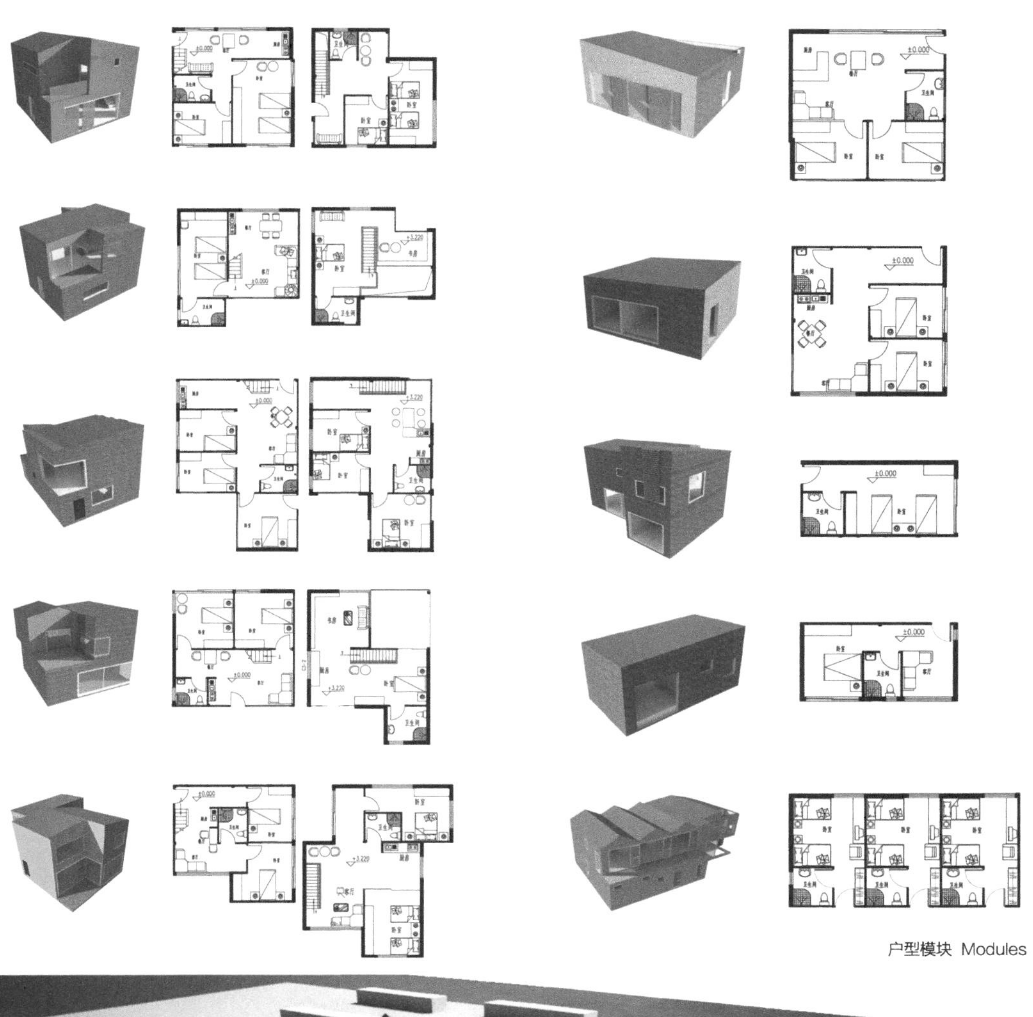

户型模块 Modules

棱

EDGE

方案设计：张博轩
指导教师：柯瑞
完成时间：2013年

［教师点评 COMMENT］

This design makes use of the site, novel form, composition, materials and structure in a manner that creates an exciting and engaging learning environment for young children. The idea evolved from a careful study of the site and a desire to create a place to nurture children. A larger, wall like form emerged on the north side of the site creating a barrier while discreet "plug-in" like units were inserted into the wall form on the south bathing the classrooms with natural light. The sculptural wall element acts as a mother's arm cradling her child, while the smaller units provide smaller scale exterior spaces that are oriented toward the yard. This project is an excellent example of what's possible when a student knows the quality of the experience he wants to provide, and work tirelessly until he discovers the right way to achieve it and has the discipline to figure it out.

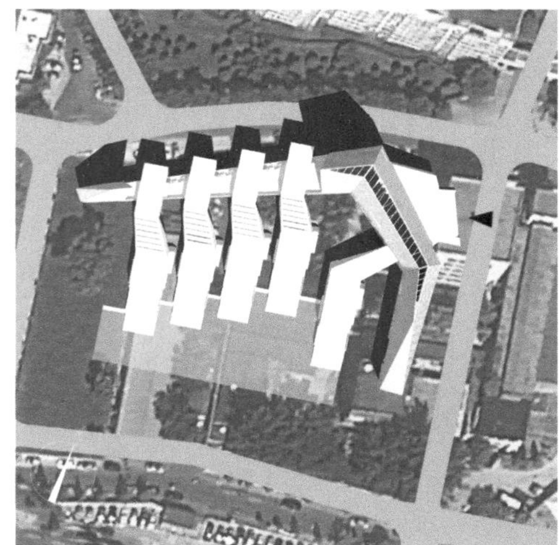

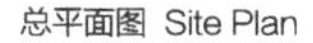

总平面图 Site Plan

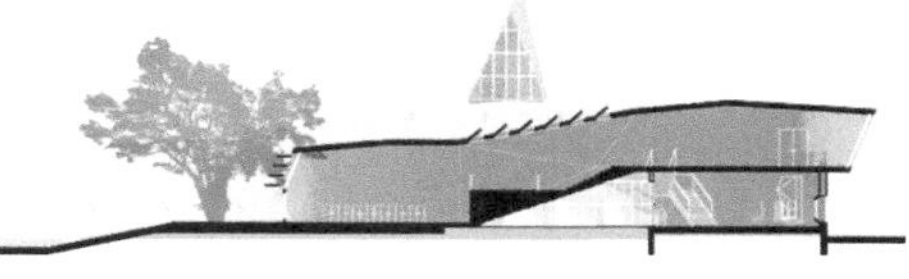

I-I 剖面图 I-I Section

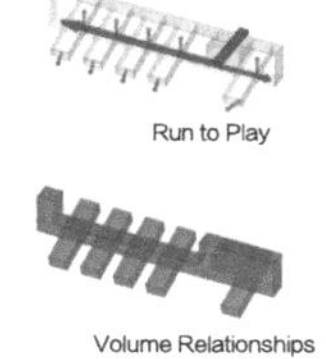

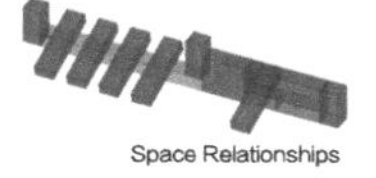

生成分析 Generation

东立面图 East Elevation

南立面图 South Elevation

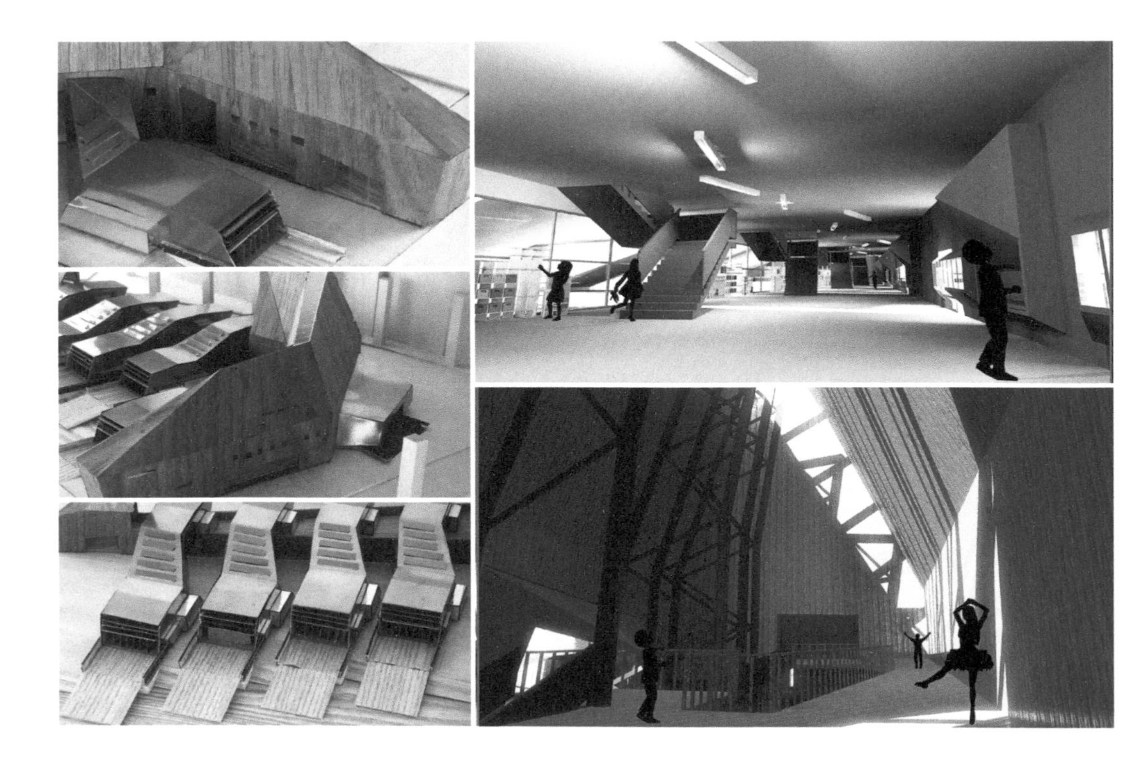

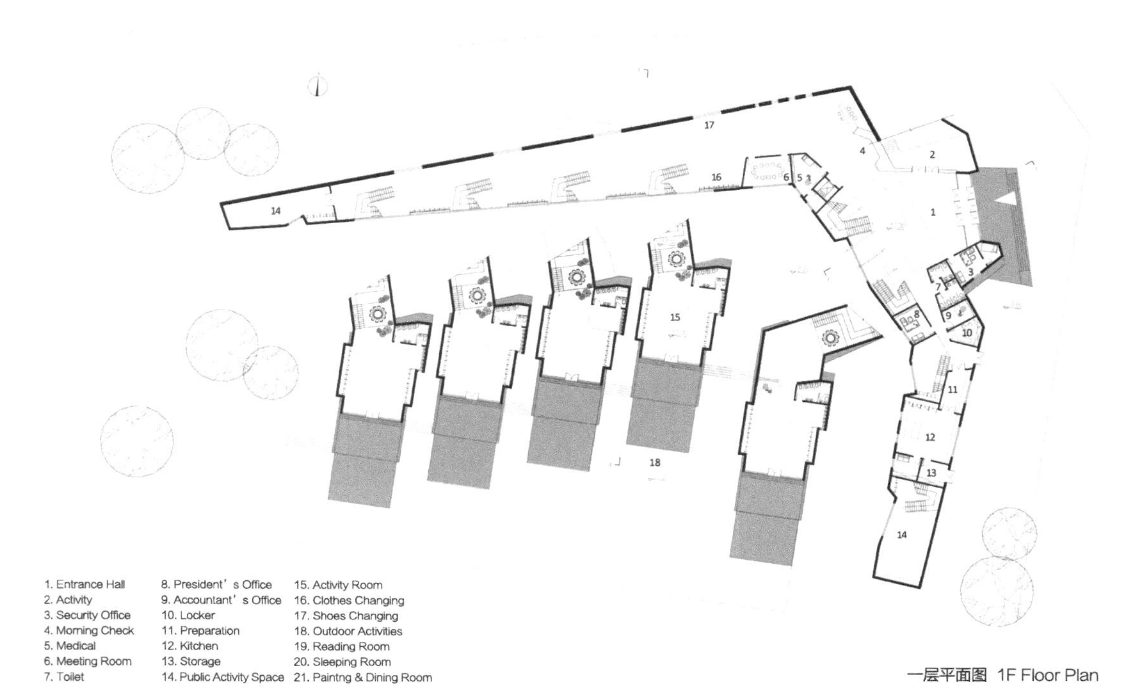

一层平面图 1F Floor Plan

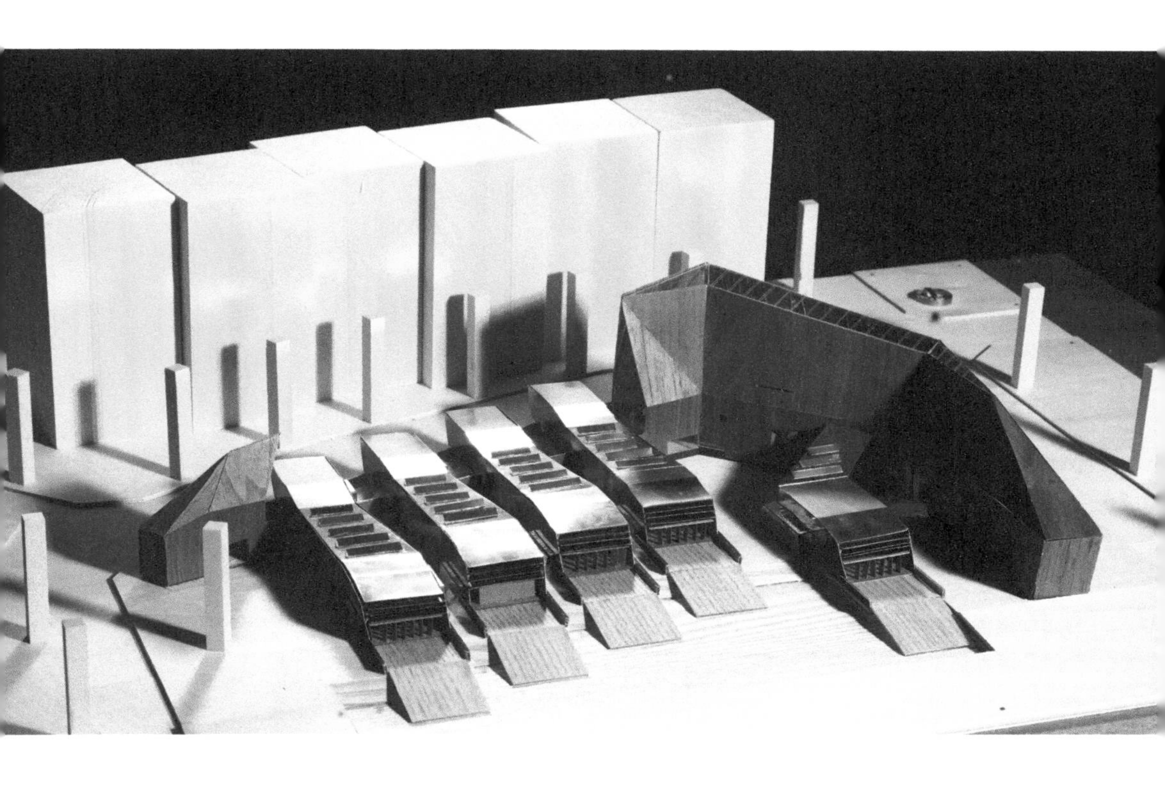

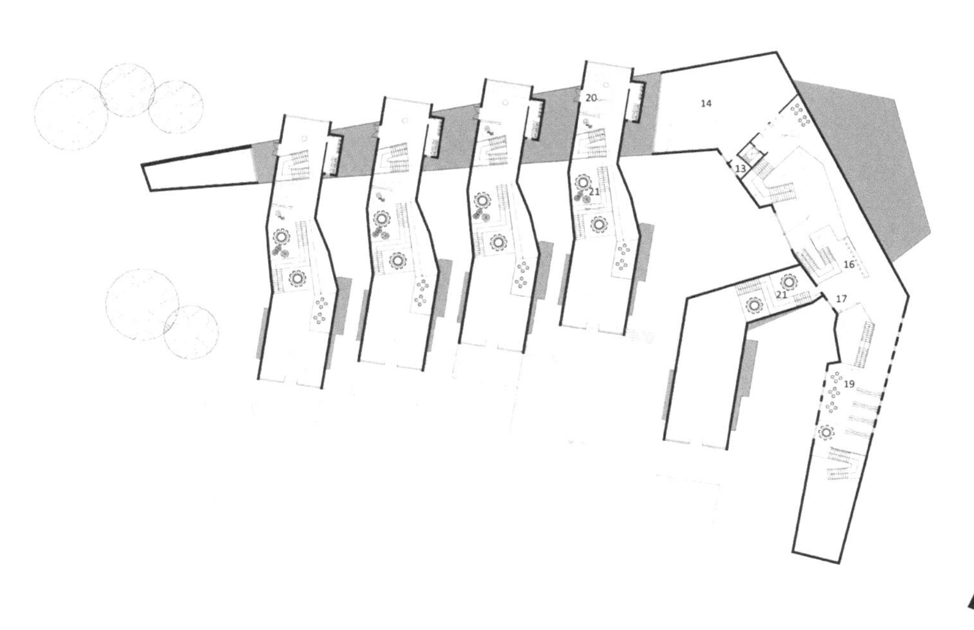

二层平面图 2F Floor Plan

拉扯山丘

STRETCHING
BOUNDARY

方案设计：周川源
指导教师：王毅
完成时间：2014年

[教师点评 COMMENT]

各使用单元沿线形展开，适当的进退和扭转使建筑整体造型错落有致。公共活动用房独立设置，并巧妙地利用了场地原有棚架，形成半户外活动场地。各单元内部的布局以及高架通道联系起来的户外活动场地体系很好地满足了幼儿的行为模式。

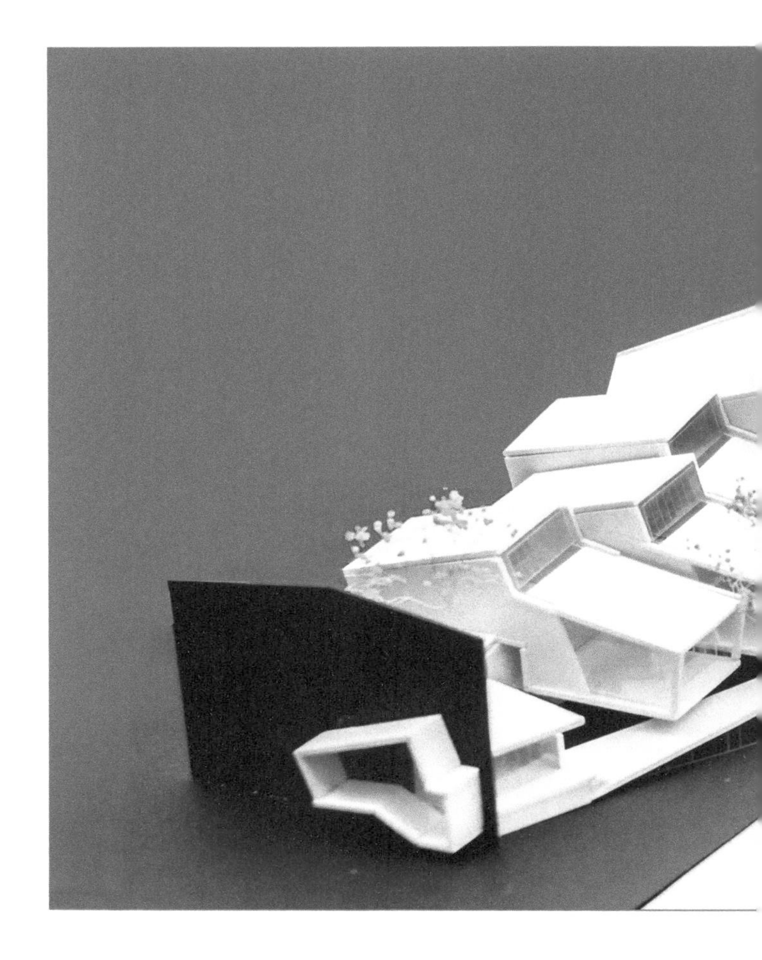

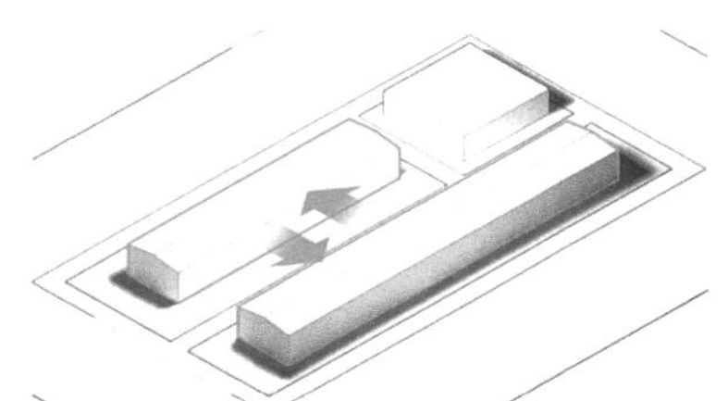

01 处理场地——两个地块上既有建筑的联系

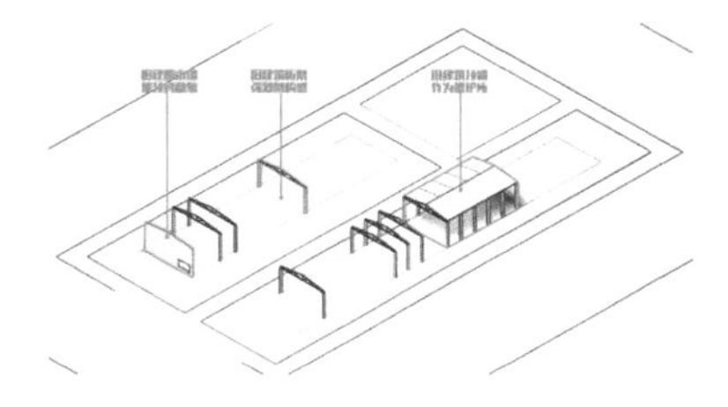

02 处理旧建——根据需要保留桁架、山墙、顶棚

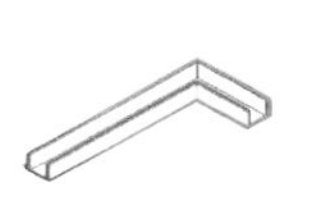

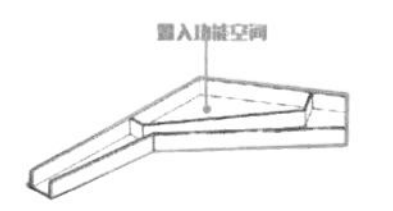

06 形态逻辑——折线平面使功能空间自然地介入

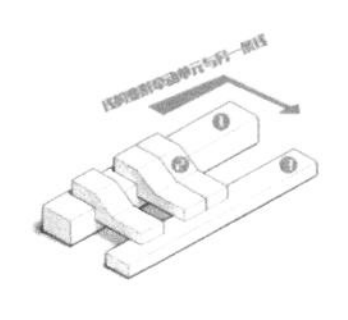

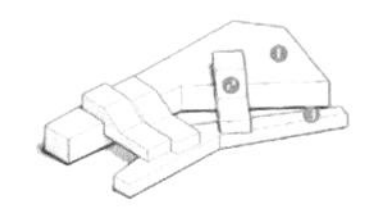

07 形态逻辑——单元与两条线相互拉扯与限制

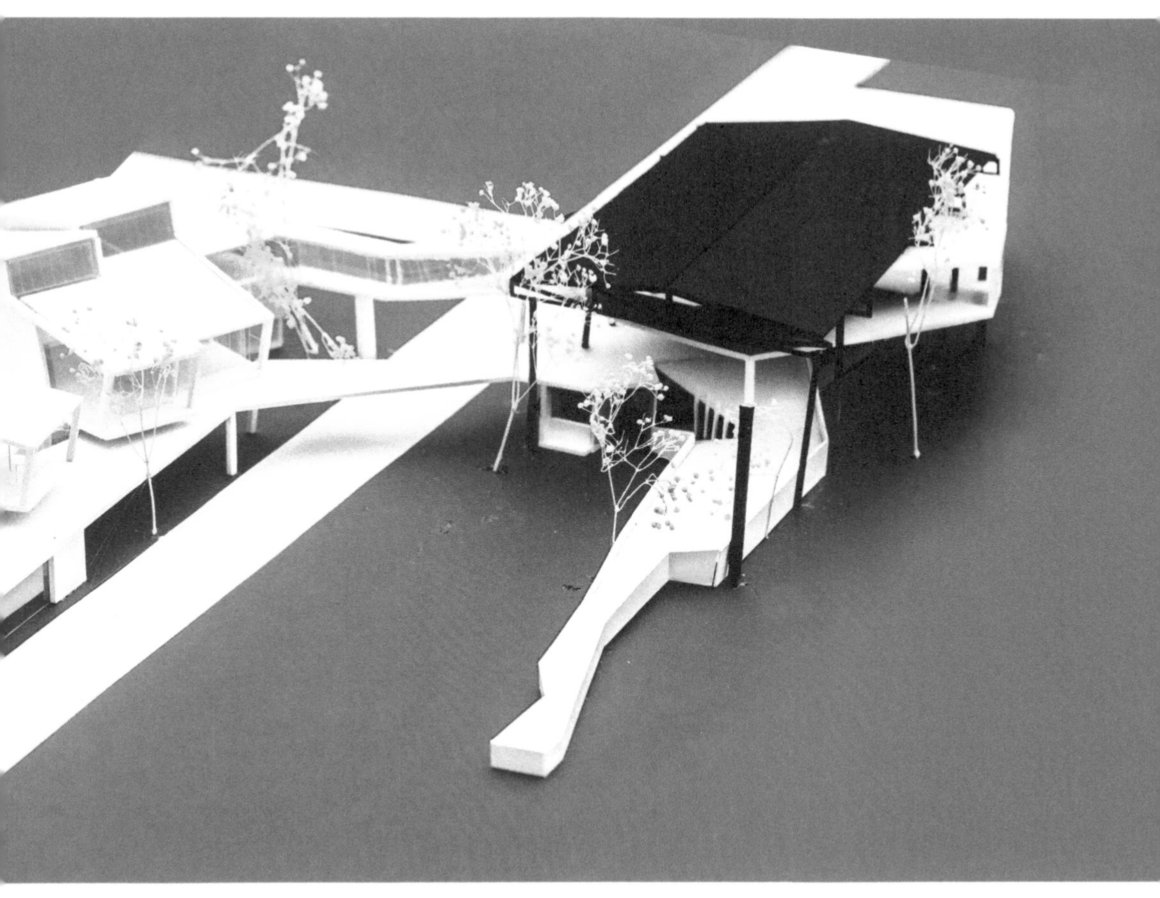

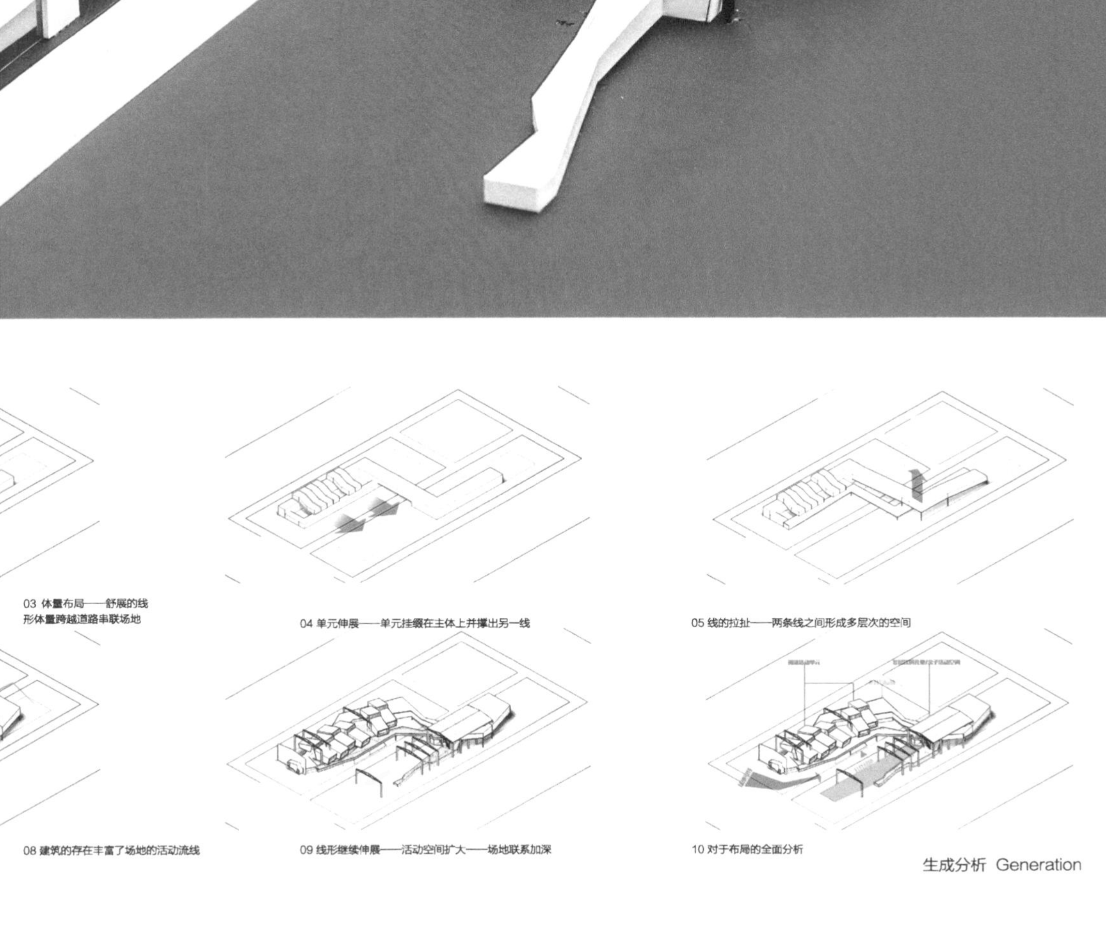

03 体量布局——舒展的线形体量跨越道路串联场地

04 单元伸展——单元挂缀在主体上并撑出另一线

05 线的拉扯——两条线之间形成多层次的空间

08 建筑的存在丰富了场地的活动流线

09 线形继续伸展——活动空间扩大——场地联系加深

10 对于布局的全面分析

生成分析 Generation

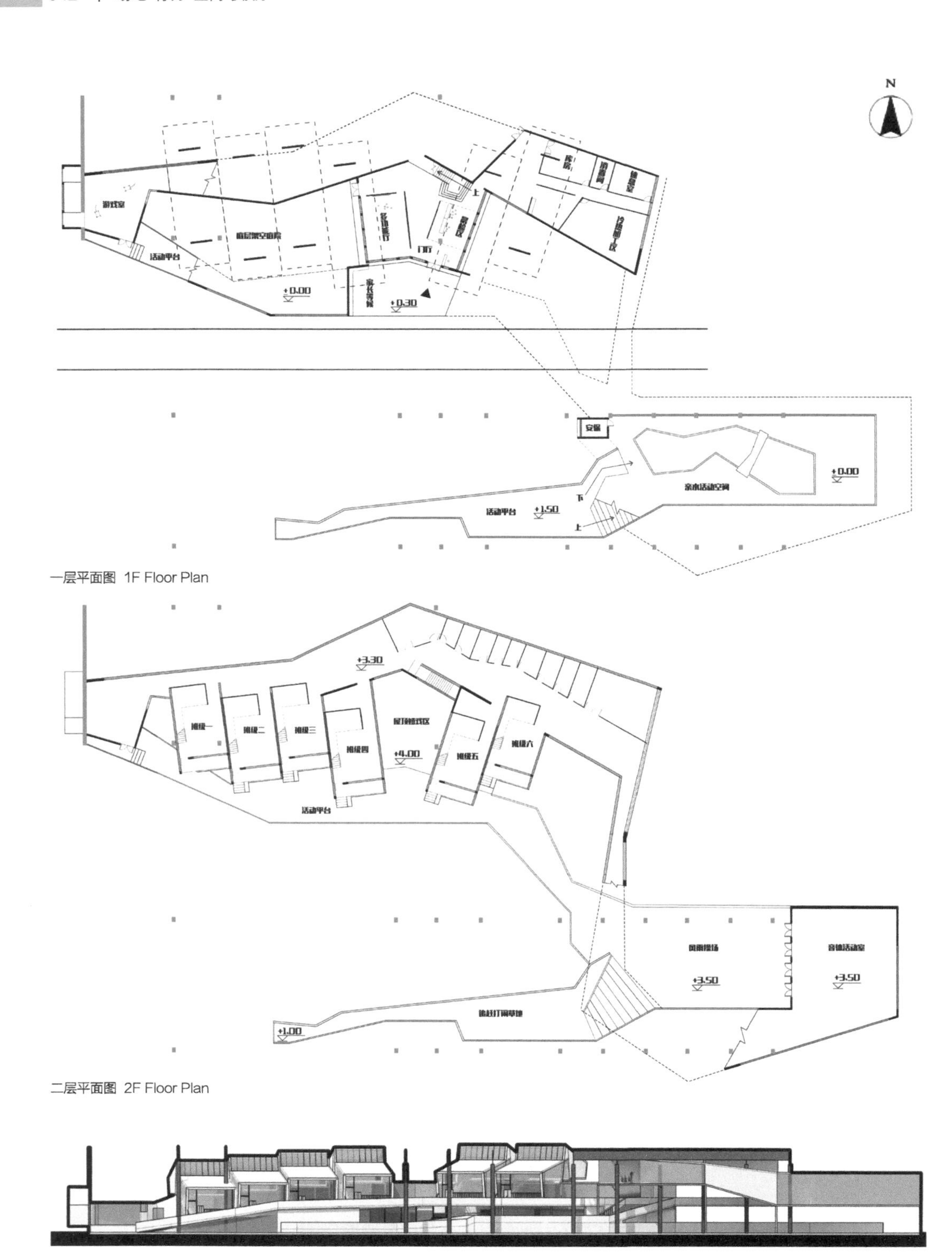

一层平面图 1F Floor Plan

二层平面图 2F Floor Plan

单元分析 Modular Analysis

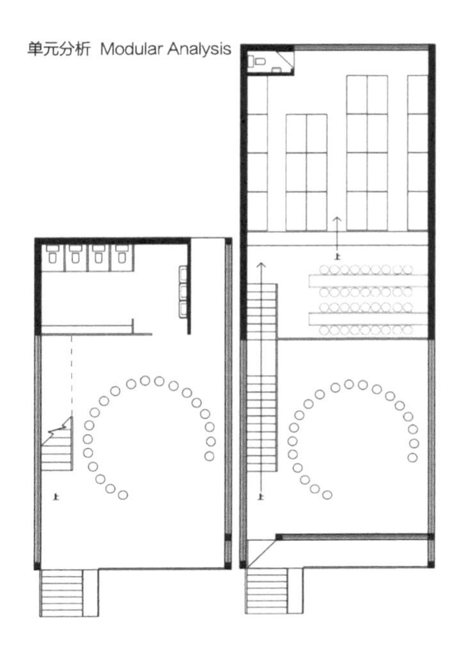

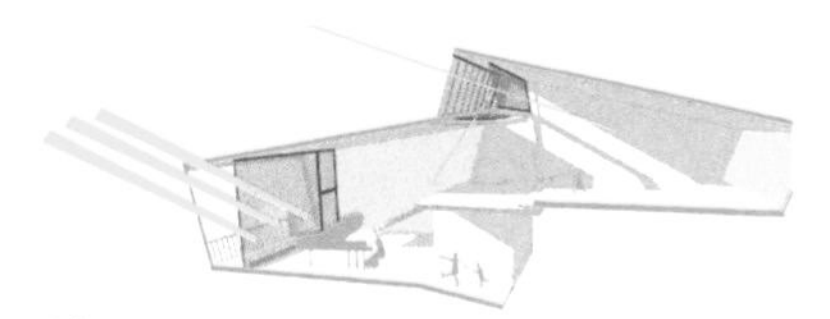

采光 Sunlight

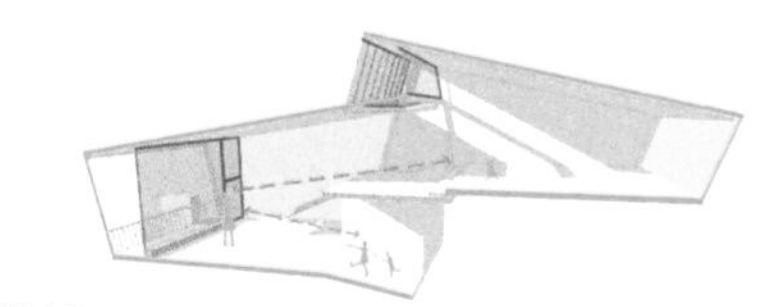

视线 View

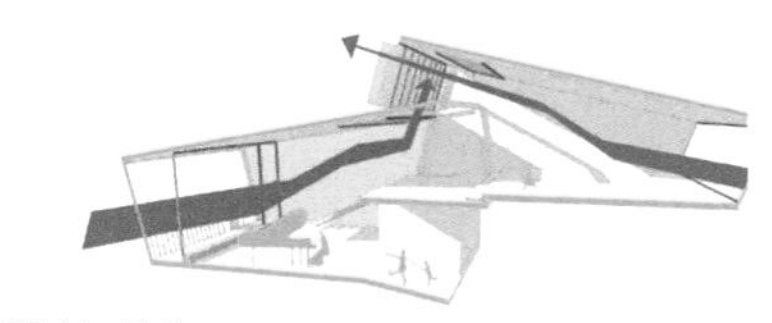

通风 Ventilation

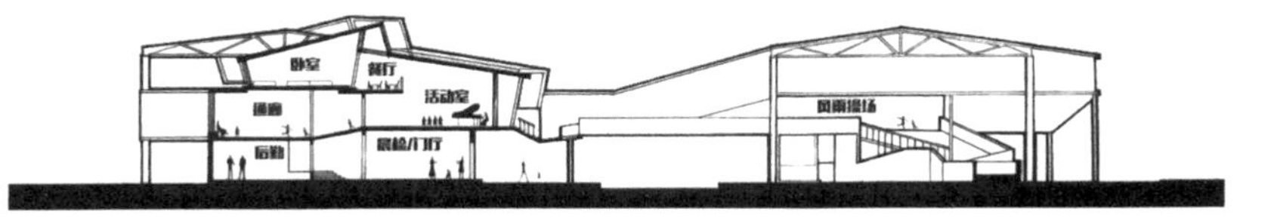

A-A 剖面图 A-A Section

拼贴城市

COLLAGE CITY

方案设计：杨恒源

指导教师：王毅

完成时间：2015年

[教师点评 COMMENT]

借鉴拼贴城市的理念，在有些衰败的旧有环境中寻得一种新的肌理和秩序，力图表达建筑的多元性和复杂性。新建筑与旧建筑之间通过体量扭转形成反差，同时新建筑上小尺度坡顶造型的突显又与旧建筑在造型和尺度上取得呼应和协调。

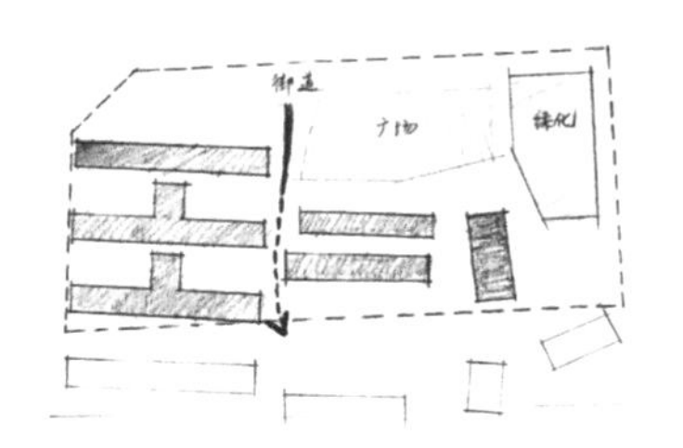

1 保留场所要素

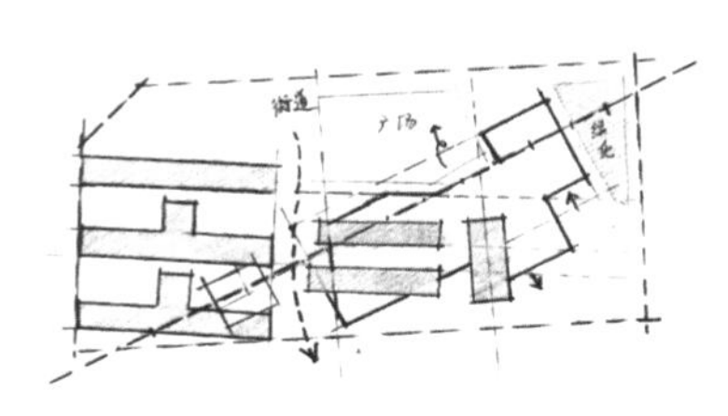

2 引入新轴线，确定建筑形态

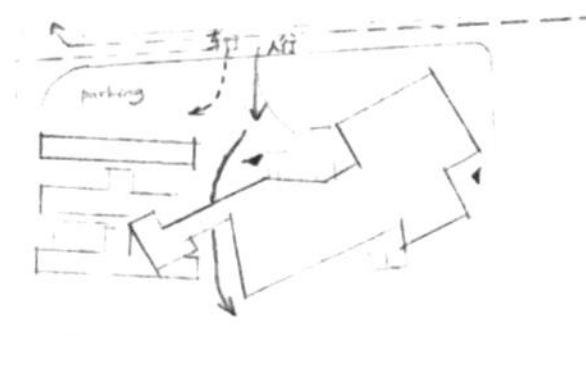

I 交通分析

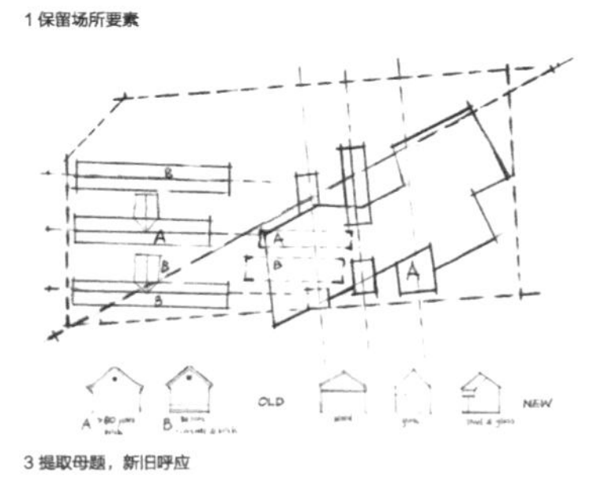

3 提取母题，新旧呼应

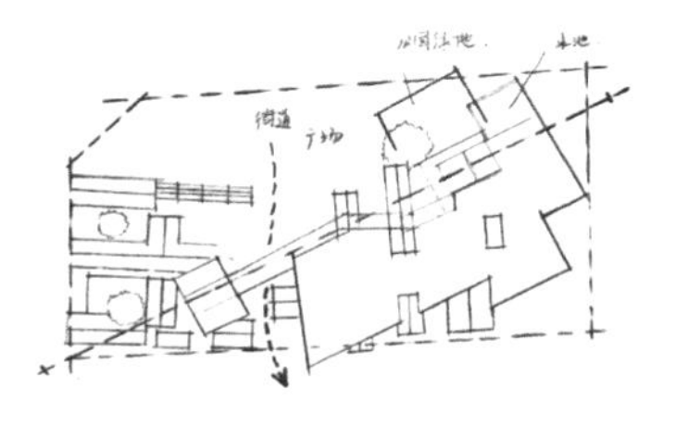

4 深化形态，设计场地

II 视线分析

生成分析 Generation

总平面图 Site Plan

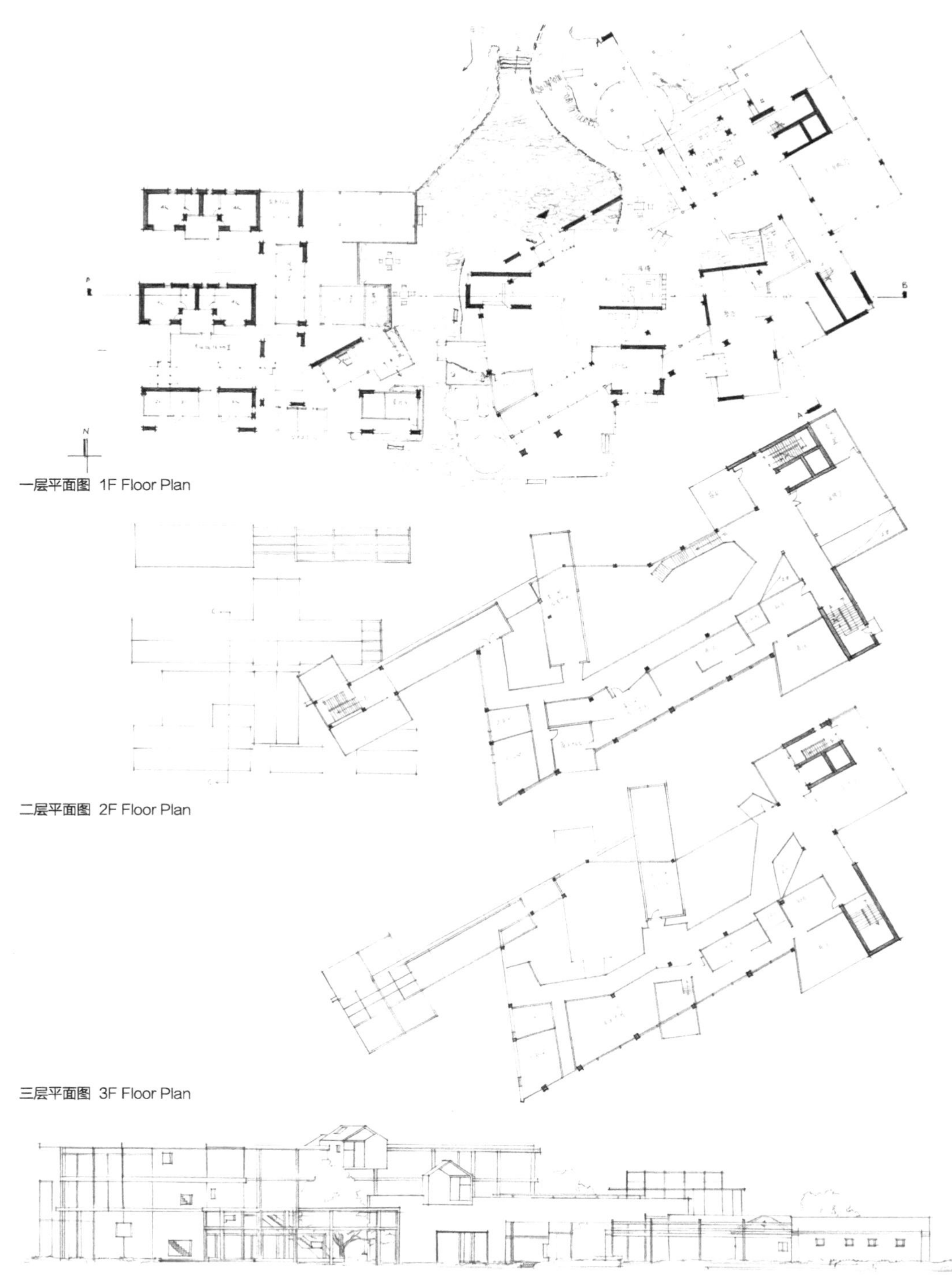

一层平面图 1F Floor Plan

二层平面图 2F Floor Plan

三层平面图 3F Floor Plan

南立面图 South Elevation

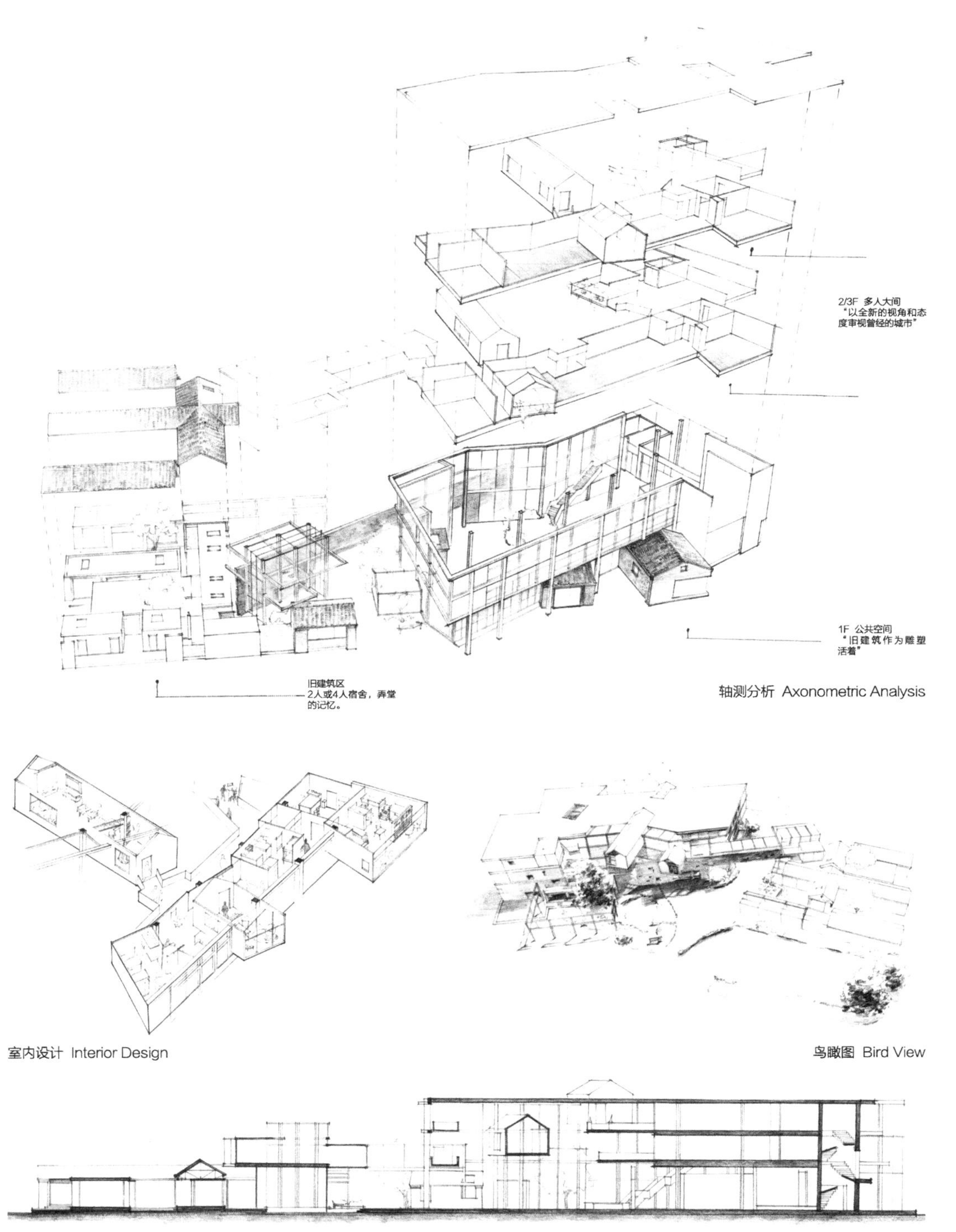

轴测分析 Axonometric Analysis

室内设计 Interior Design

鸟瞰图 Bird View

B-B 剖面图 B-B Section

川流
STREAM

方案设计：马逸东
指导教师：王毅
完成时间：2013年

[教师点评 COMMENT]

尊重原有社区的建筑肌理，采用与周边形制类似的条形建筑作为造型母体，借鉴现代的设计理念和技术手段，通过转动、攀升和穿插，为老年之家塑造了一个富于动感和张力的艺术形象。同时，平面布局上公共与私密空间的转接、室外与室内空间的渗透，剖面上高低空间的流通都处理得比较流畅和到位。

体量分析 Form Analysis

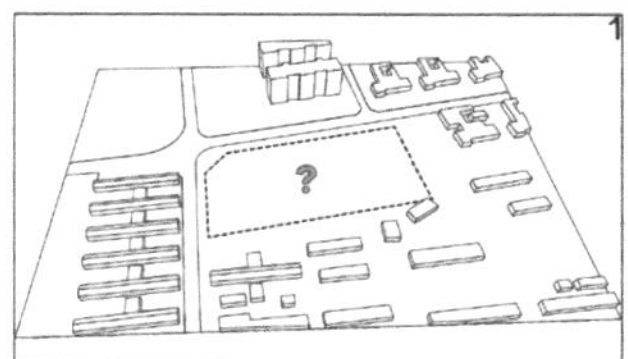

场地现状较为颓败，激活场地。

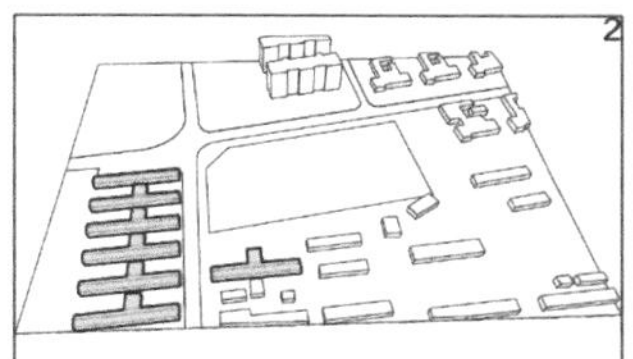

抓住原有砖房文脉特色。

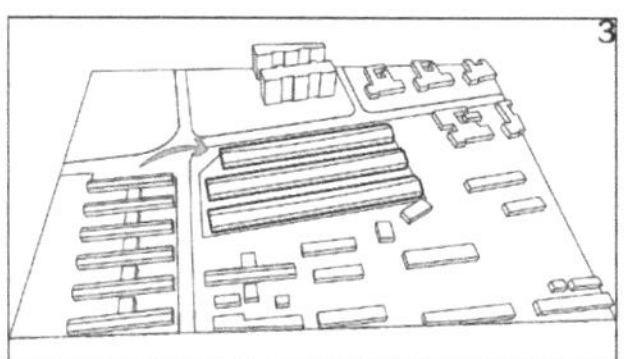

场地上放置三条建筑体量。

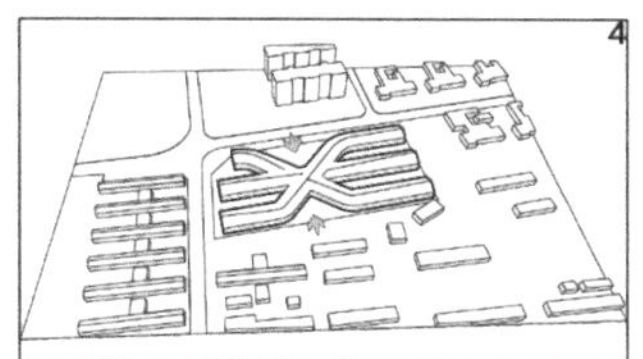

三条体量在中部汇合，形成公共空间。

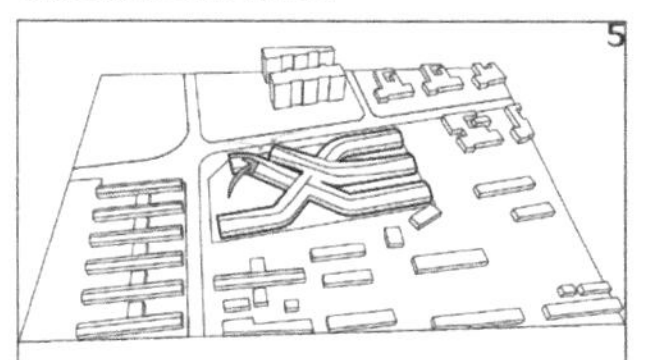

中间一条西端向北翘起，标识并形成入口。

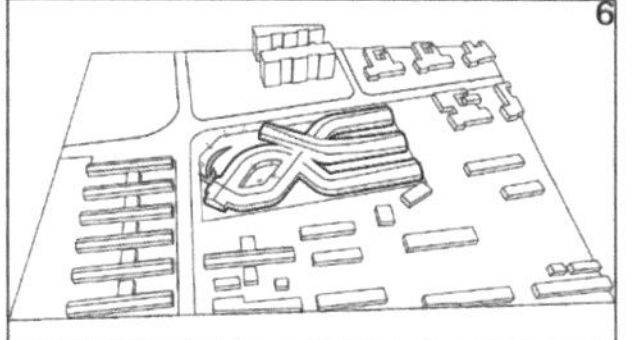

剩余两条交回，形成内部的合院空间和街角广场。

生成分析 Generation

总平面图 Site Plan

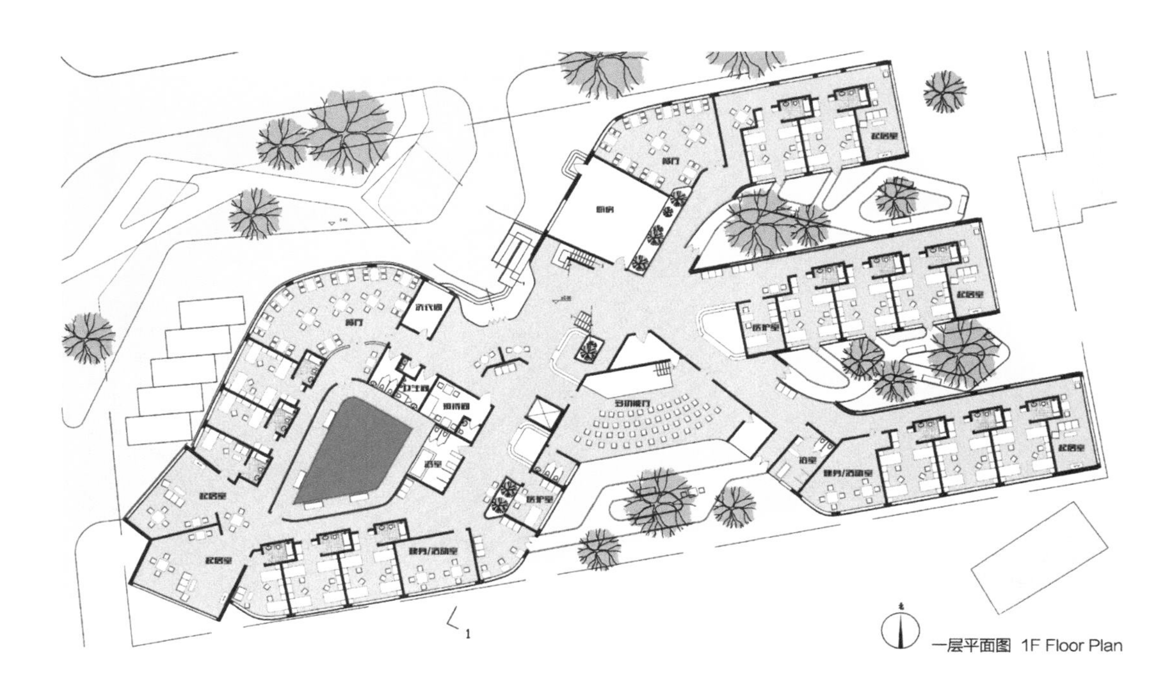

一层平面图 1F Floor Plan

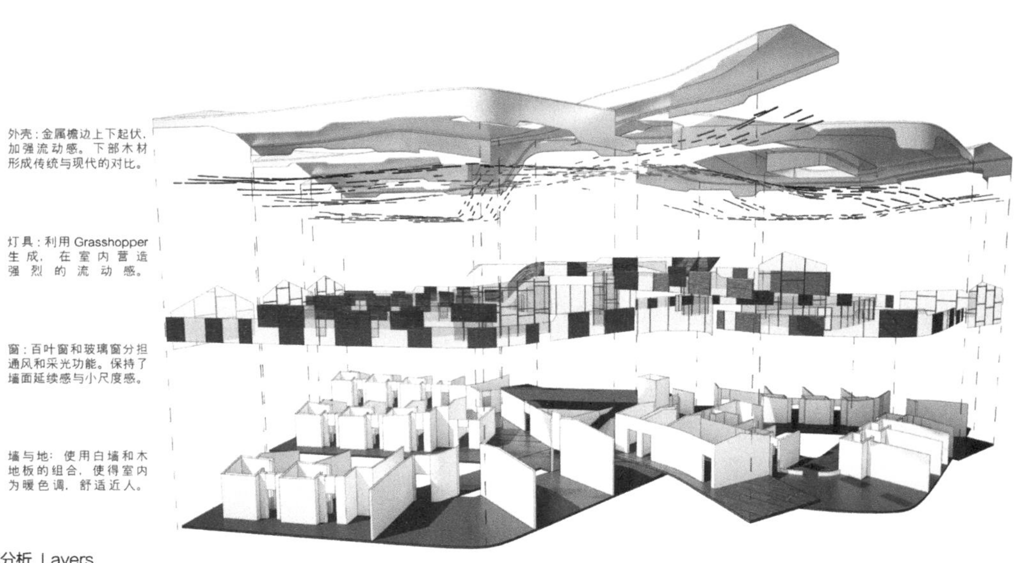

构成分析 Layers

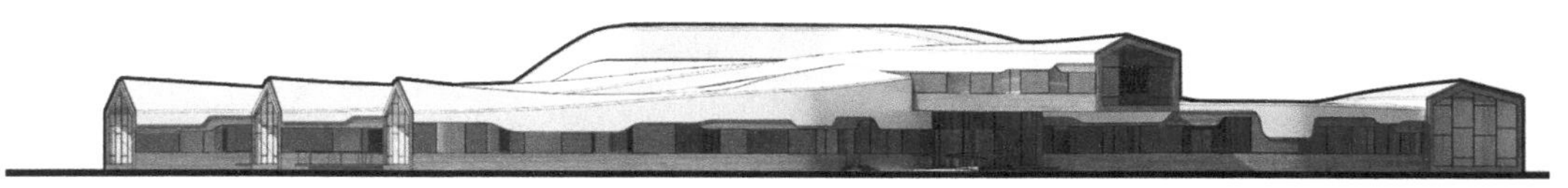

北立面图 North Elevation

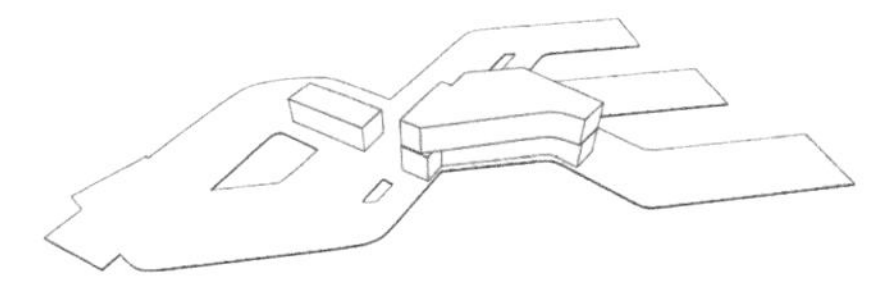

公共部分位于中央，有接待空间、多功能厅等

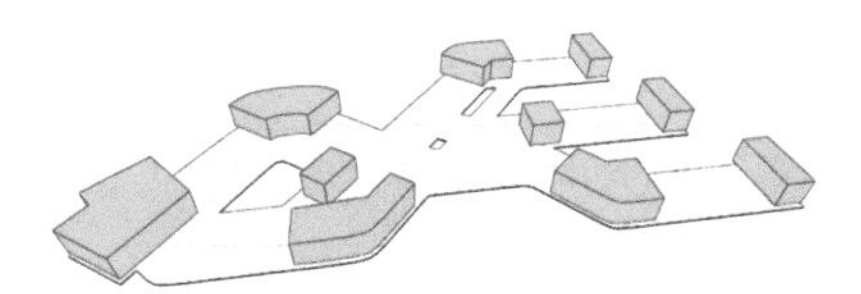

居住部分的活动空间分别位于居住部分的两端

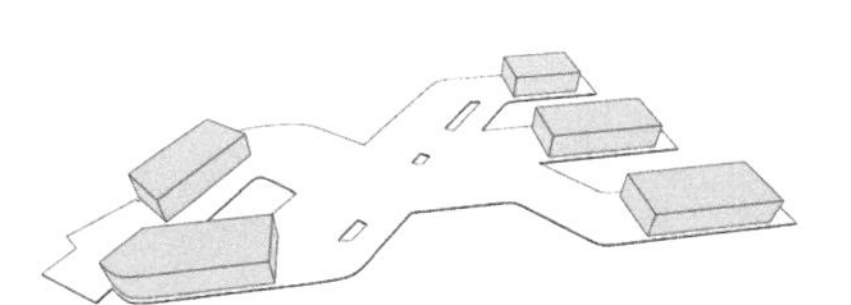

居住部分应用组团式设计理念，有五个组团

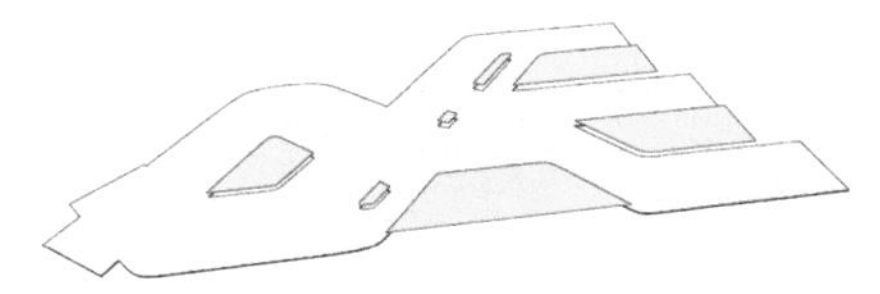

有七个内院，分为水院、盆景园和栈道院三种

功能分析 Function

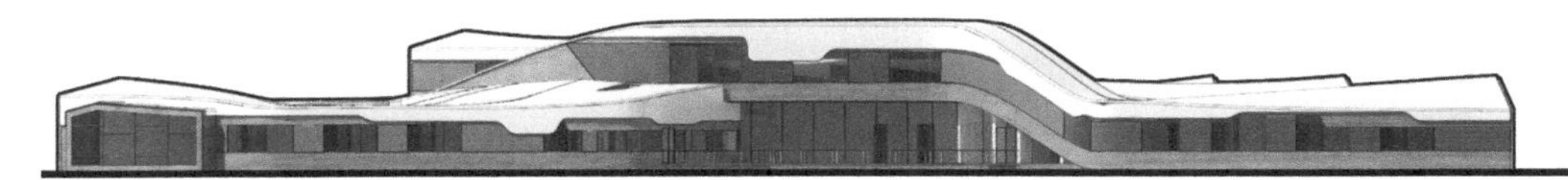

南立面图 South Elevation

相聚

GATHERING

方案设计：祁佳
指导教师：青峰
完成时间：2014年

[教师点评 COMMENT]

在无趣的板楼丛林中创造一个有趣的村落，村子里有很多老人，他们喜欢在门前的小院中晒太阳，有时也到西侧的小广场中下棋、聊天、看过往行人穿梭。老人院的设计比其他项目更强调对细节的关怀，这需要同情、觉察以及精雕细琢。在学生设计作业上能看到这样的成熟与细腻，令人欣慰。

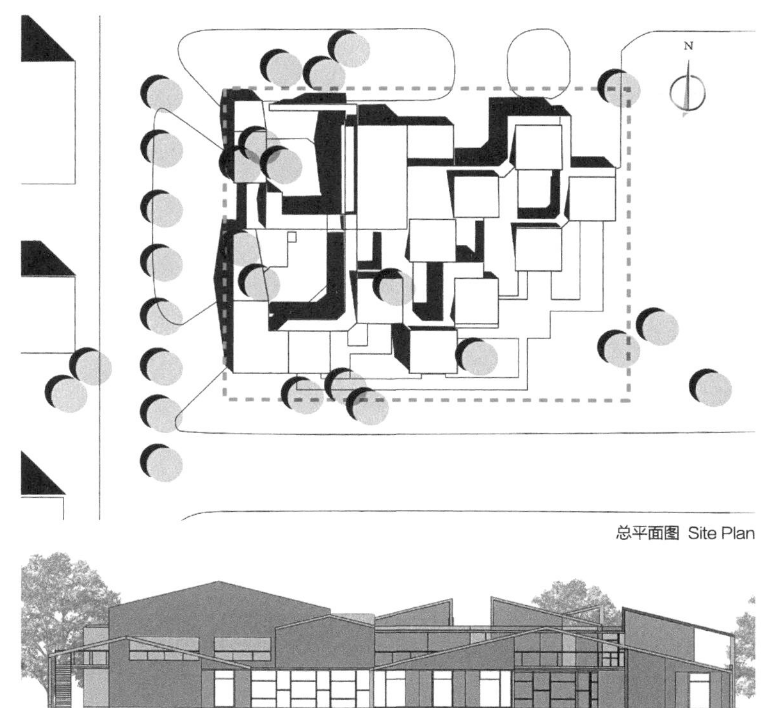

总平面图 Site Plan

A-A 剖面图 A-A Section

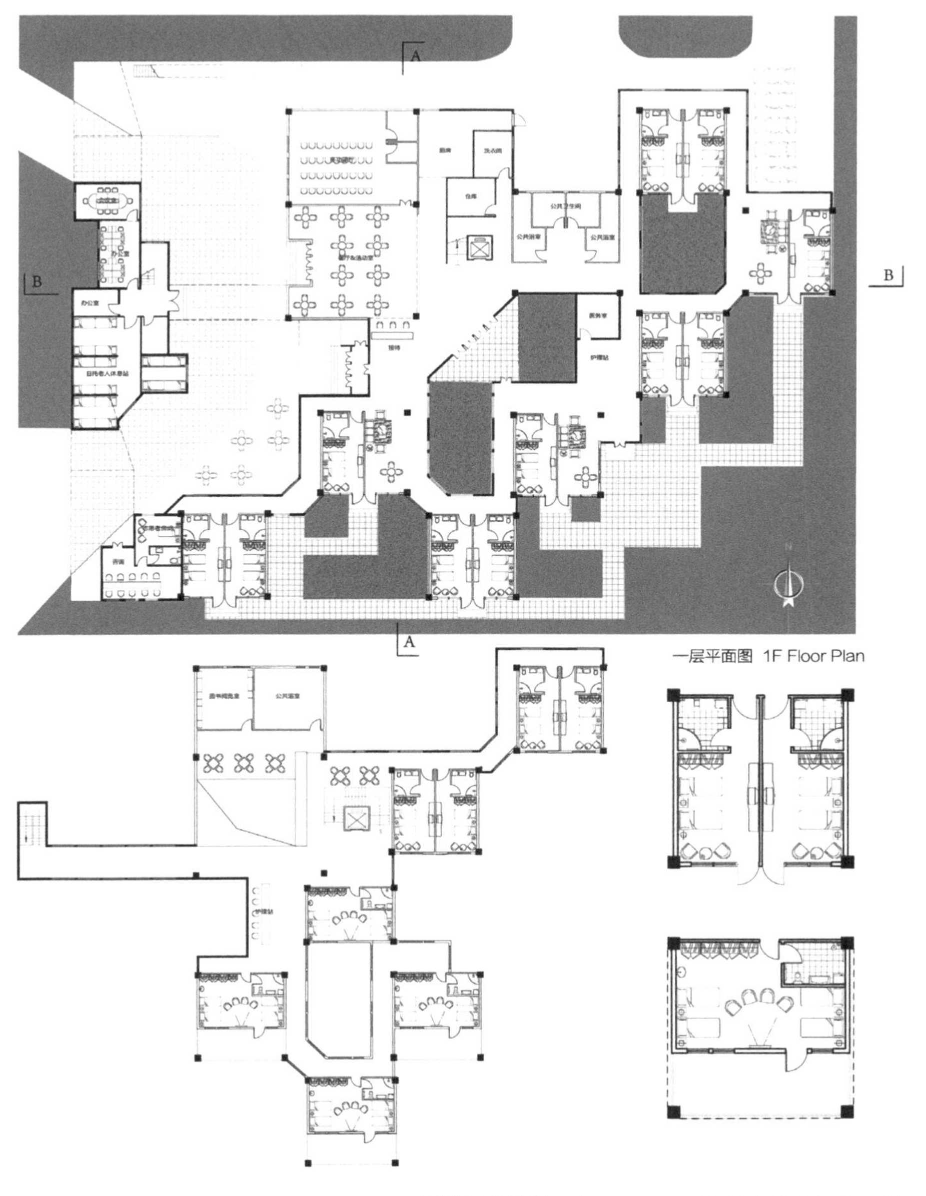

一层平面图 1F Floor Plan

二层平面图 2F Floor Plan

单元平面 Modular Floor Plans

B-B 剖面图 B-B Section

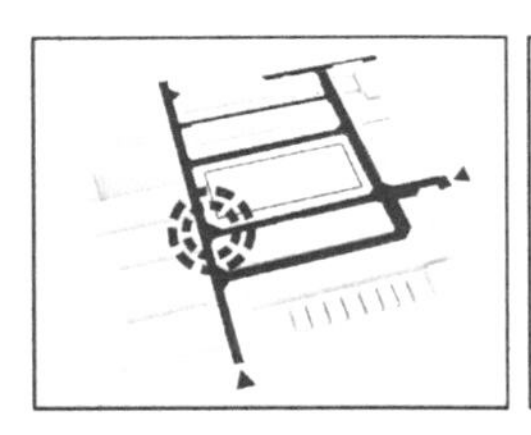

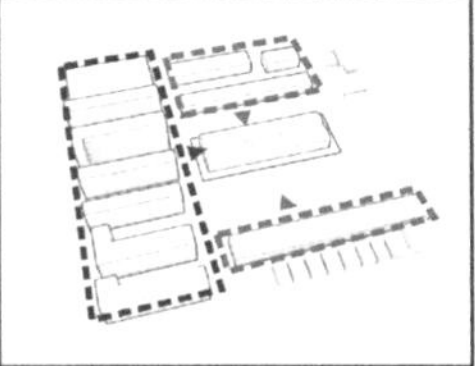

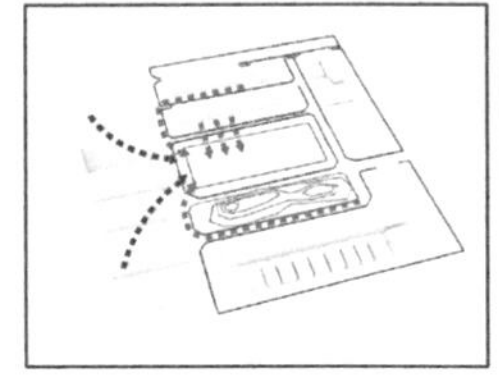

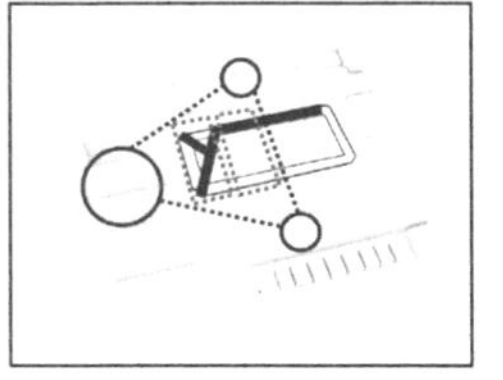

地段分析 Site Analysis

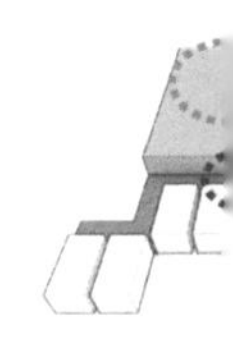

將兩個雙人設置為一個居住單元，四個居住單元圍合出一個合院，多個合院並置形成從西南到東北的走勢。用西側和北側的走廊將其連接起來。

將內部的活動空間與公共廣場聯繫起來。主要的內向活動空間與對外的餐廳和活動是相鄰，而南側的小院落通過特意拉長的玻璃走廊與公共廣場取得視線上的聯繫，同時也為公共廣場爭取了盡量多的太陽光照。

组团分析 Housing Cluster

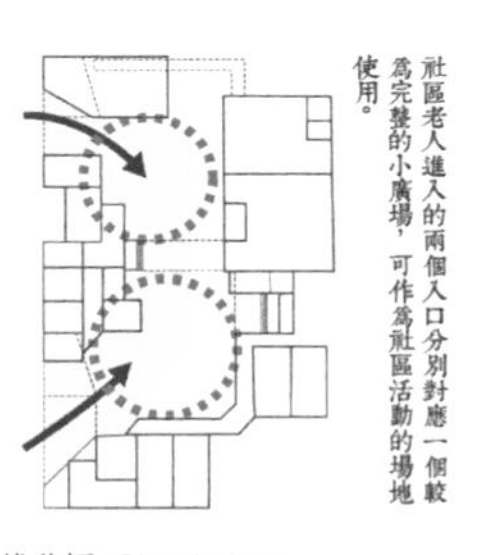

社區老人進入的兩個入口分別對應一個較為完整的小廣場，可作為社區活動的場地使用。

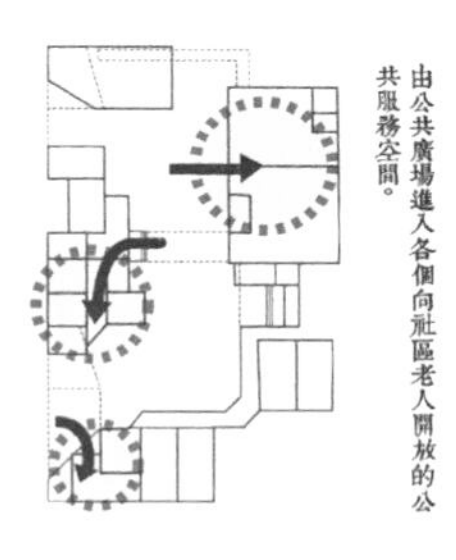

由公共廣場進入各個向社區老人開放的公共服務空間。

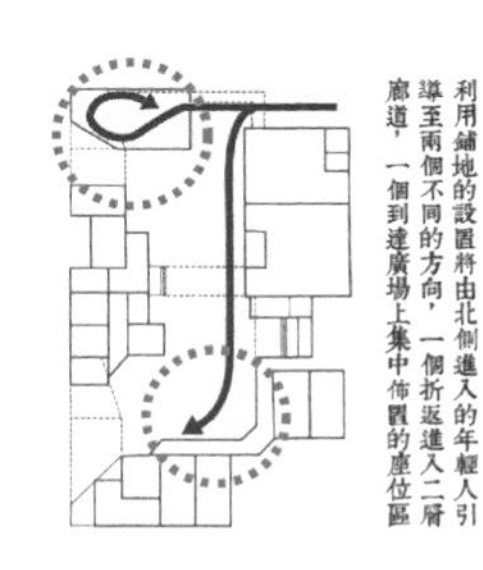

利用鋪地的設置將由北側進入的年輕人引導至兩個不同的方向，一個折返進入二層廊道，一個到達廣場上集中佈置的座位區

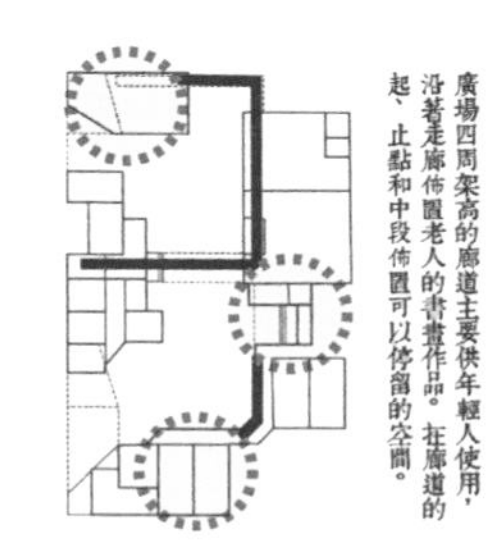

廣場四周架高的廊道主要供年輕人使用，沿著走廊佈置老人的書畫作品。在廊道的起、止點和中段佈置可以停留的空間。

流线分析 Circulation

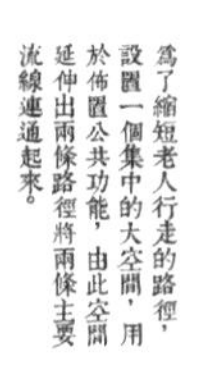

爲了縮短老人行走的路徑，設置一個集中的大空間，用於佈置公共功能，由此空間延伸出兩條路徑將兩條主要流線連通起來。

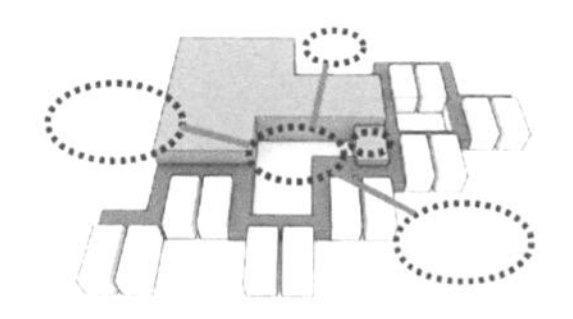

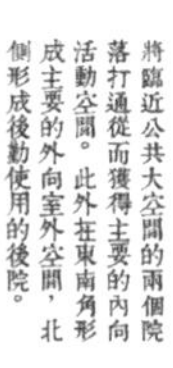

將臨近公共大空間的兩個院落打通從而獲得主要的內向活動空間。此外在東南角形成主要的外向室外空間，北側形成後勤使用的後院。

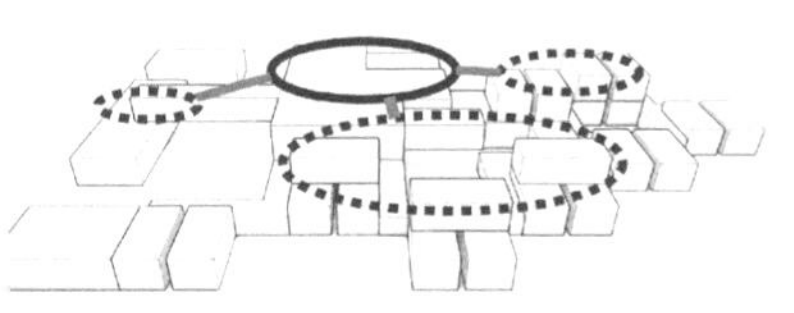

在二層設置四個四人間與四個雙人間，并在一層公共大空間上方設置二層公共空間，由吹拔聯繫。同時在二層設置連接東西兩個區域的連廊，將辦公人員與老人生活空間聯繫起來。

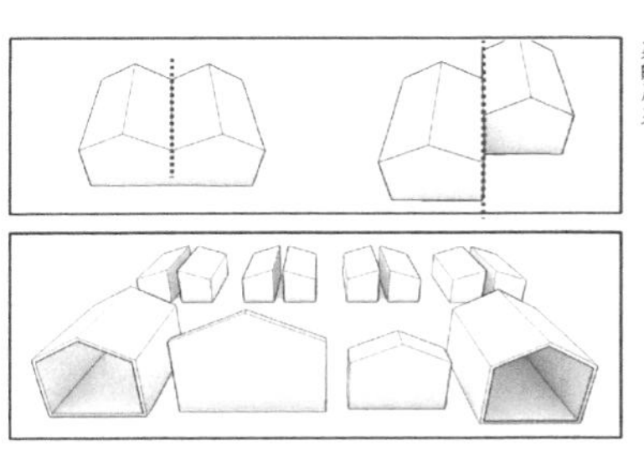

將原有的兩個雙坡屋頂進行拆分，分解爲兩個單坡屋頂，以及片墻、外框等不同的形式，並將其至於廣場四周，暗示人們這裏的歷史。

单元分析 Modules

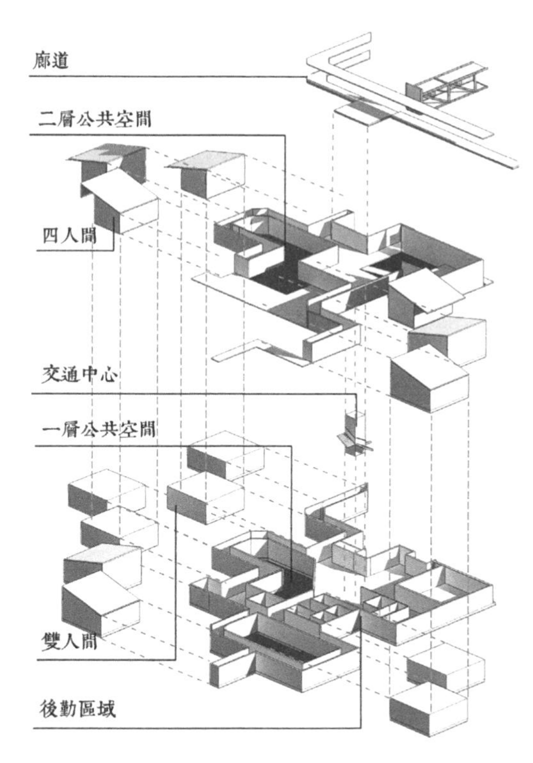

构成分析 Layers

组盒

BOX GROUP

方案设计：杜嘉希
指导教师：夏晓国
完成时间：2015年

[教师点评 COMMENT]

结合年轻人特点，探索居住单元在水平向和垂直跃层上的空间组合。营造融合在单元内部共享的分层分级的公共活动交流空间，并延伸至建筑体形组合和立面设计，特色明显，顺理成章，一气呵成，建筑在总图中布置居中，留出较大场地与城市道路隔离，闹中取静。

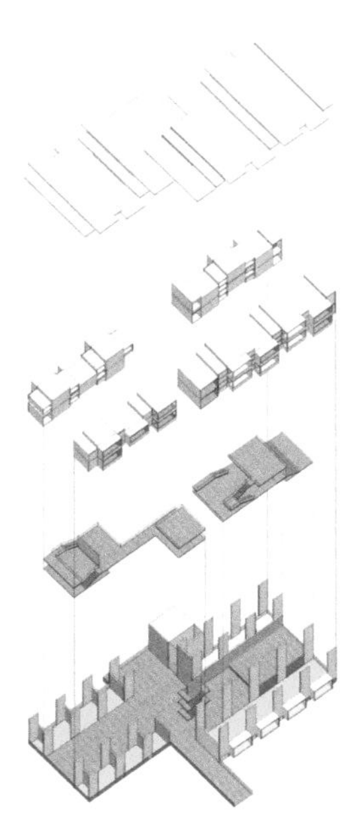

构成分析 Layers

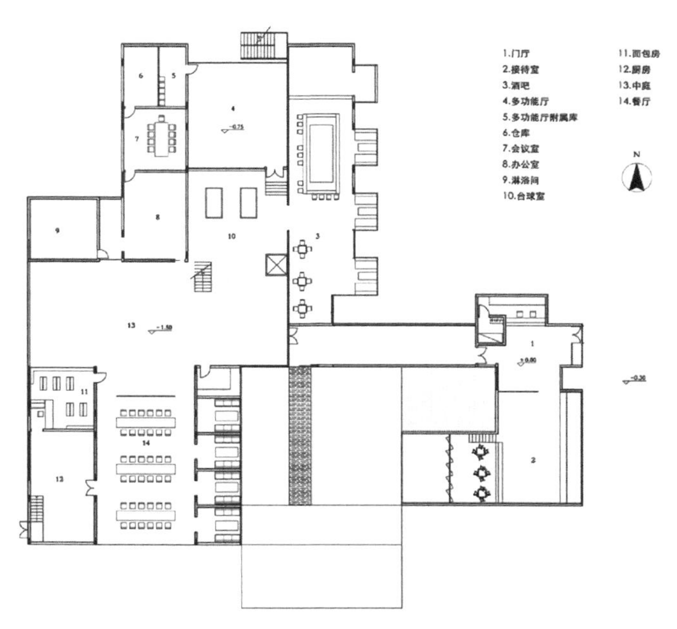

一层平面图 1F Floor Plan

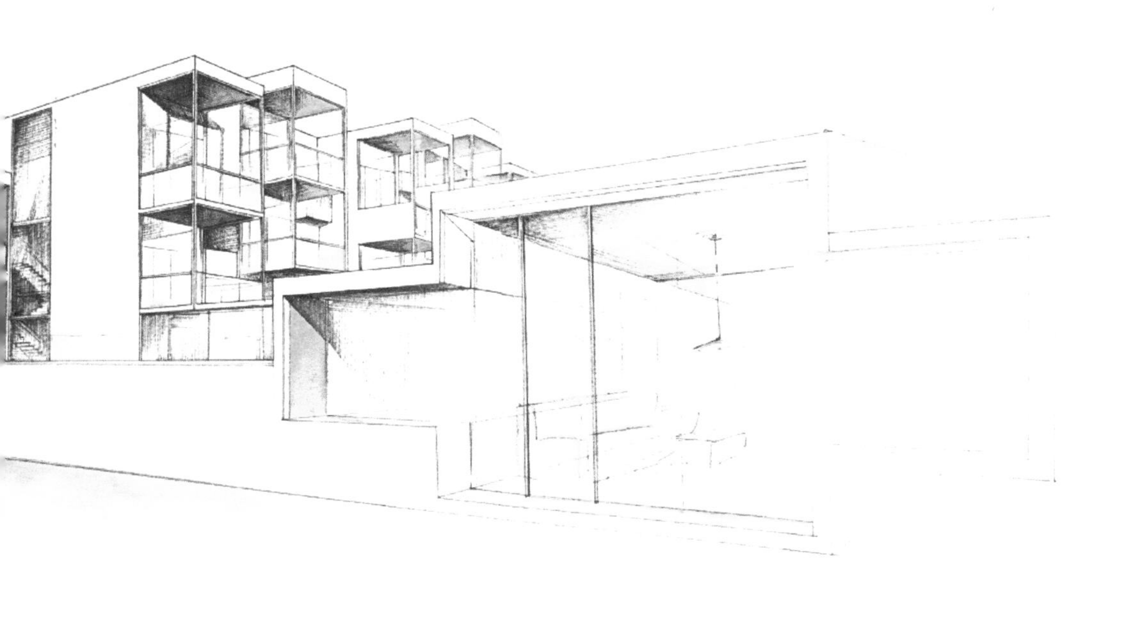

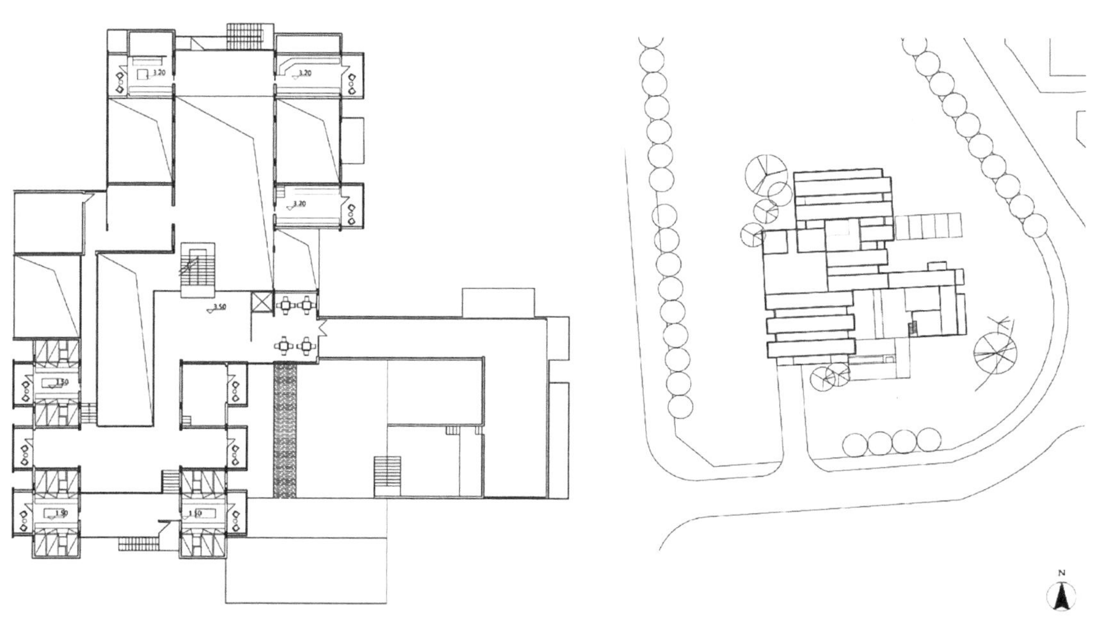

二层平面图 2F Floor Plan

总平面图 Site Plan

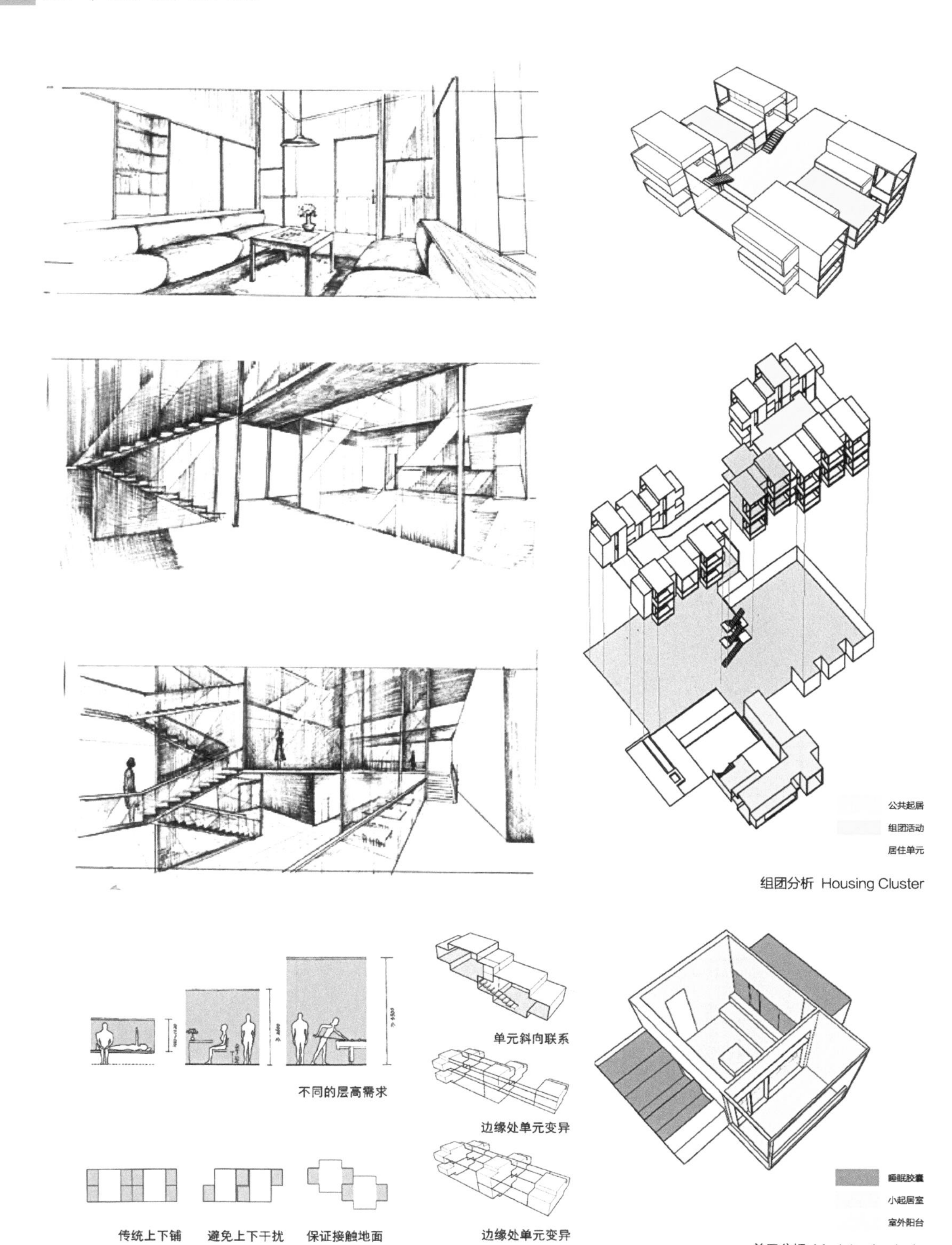

组团分析 Housing Cluster

单元分析 Modular Analysis

印
SEAL

方案设计：杨宇琪
指导教师：王辉
完成时间：2014年

[教师点评 COMMENT]

设计者尝试依据中国篆刻意象，营造具有新意且丰富多变的青年旅社空间形态与体验模式，并以开放连通的姿态整合了室内外空间。方案融合了文化原型、场地环境以及特定功能需求，具有一定创新性。

体量分析 Form Analysis

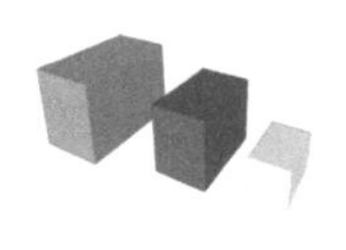

传统青旅将居住区和娱乐区分为两个大的功能体块，空间序列为服务，娱乐，住宿

"印"将娱乐区打散分散至住宿区，从而创造紧凑温馨的小空间

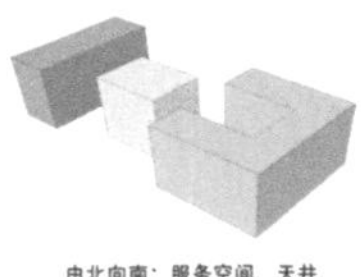

由北向南：服务空间，天井，娱乐住宿区

总平面图 Site Plan

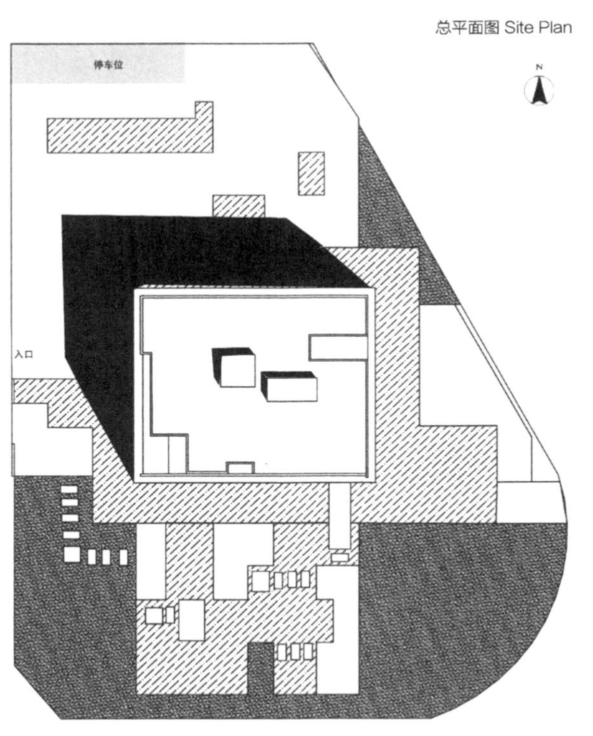

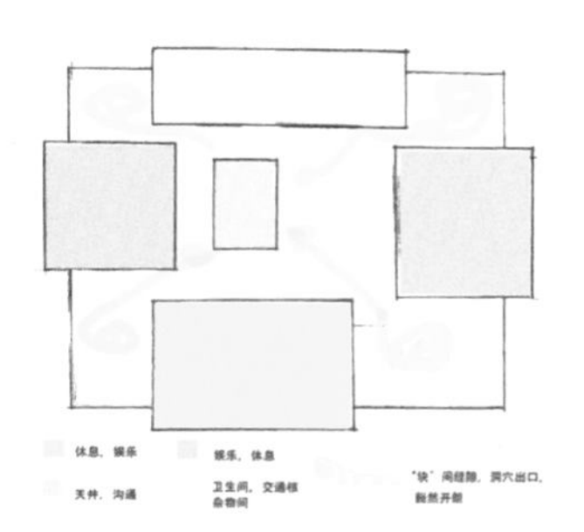

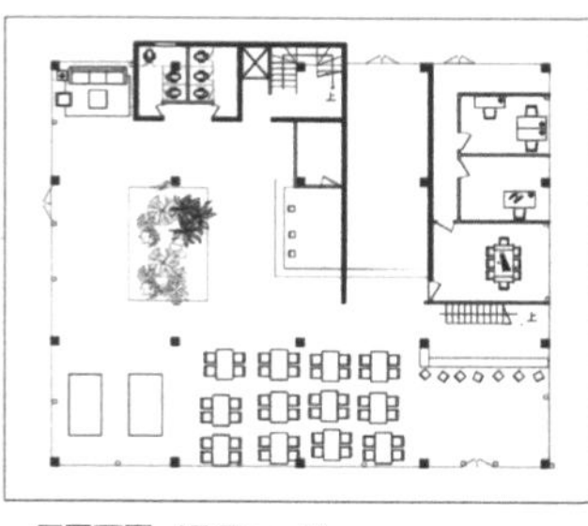

一层平面图 1F Floor Plan

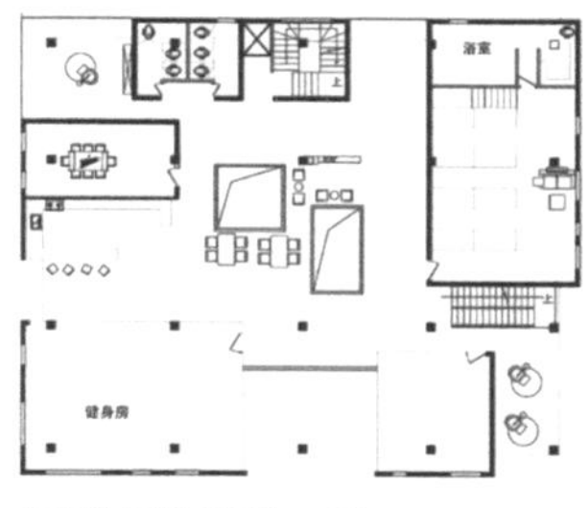

二层平面图 2F Floor Plan

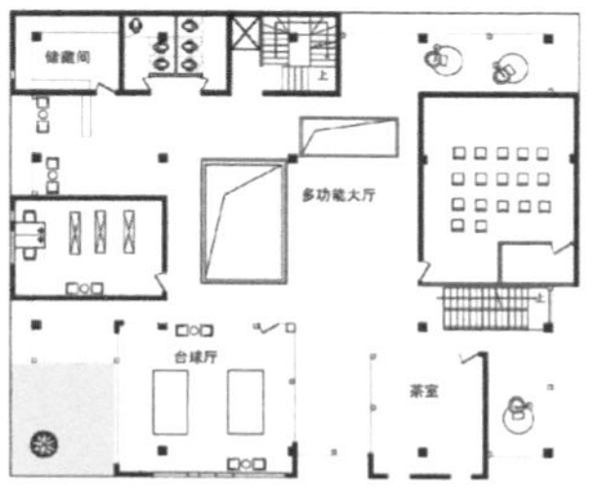

三层平面图 3F Floor Plan

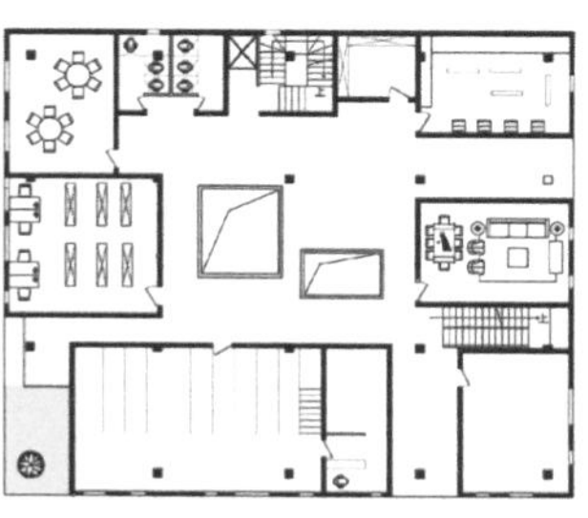

四层平面图 4F Floor Plan

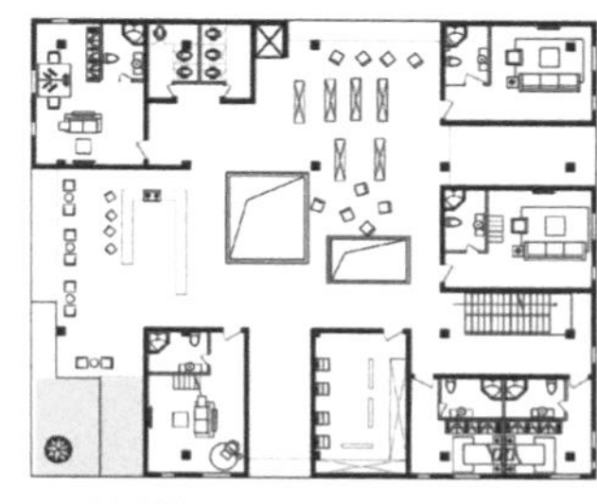

五层平面图 5F Floor Plan

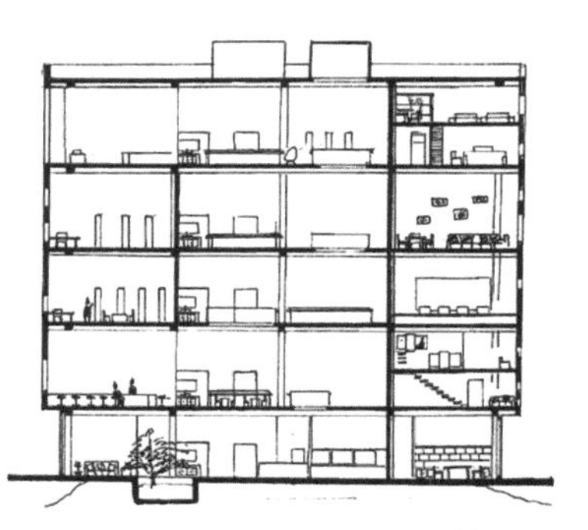

A–A 剖面图 A–A Section

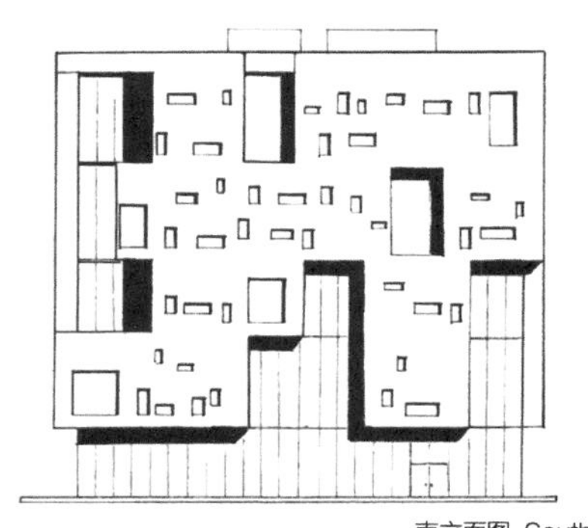

B–B 剖面图 B–B Section

南立面图 South Elevation

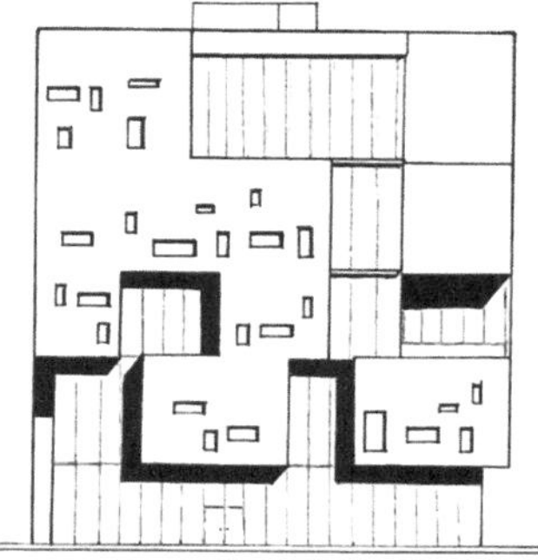

西立面图 West Elevation

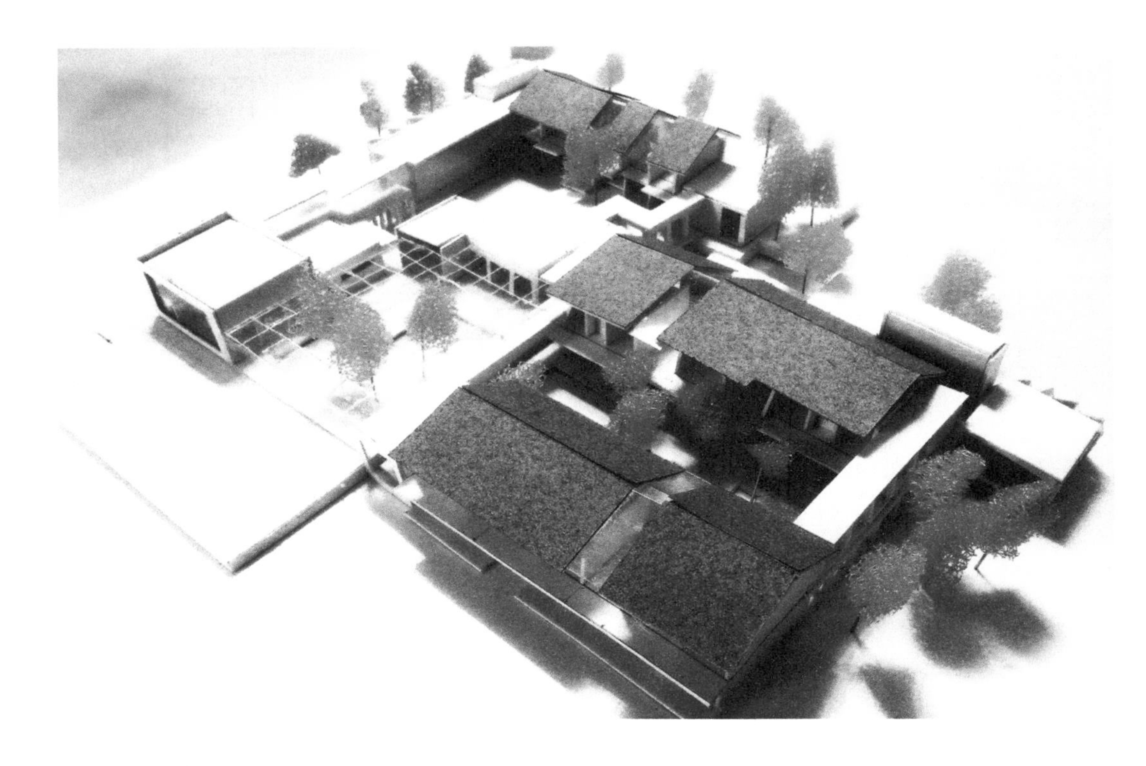

路·院

PATH·YARD

方案设计：王佳怡
指导教师：夏晓国
完成时间：2014年

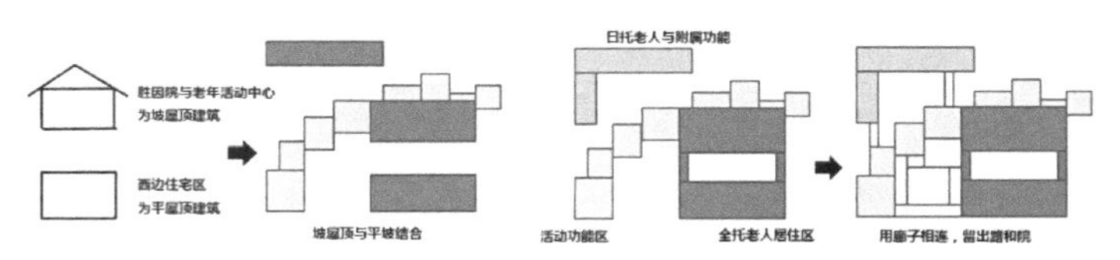

生成分析 Generation

[教师点评 COMMENT]

提取场地中路径、树等元素，以老人院和社区活动的互动、融合为出发点，内部老人专属空间和外部交流空间相互融合。运用街道、院落、玻璃连廊、踏步、屋面平台创造出多样互动交流空间。平面布置深入细腻，平坡结合的立面处理和周边地段的肌理与形象和谐统一并富有新意。

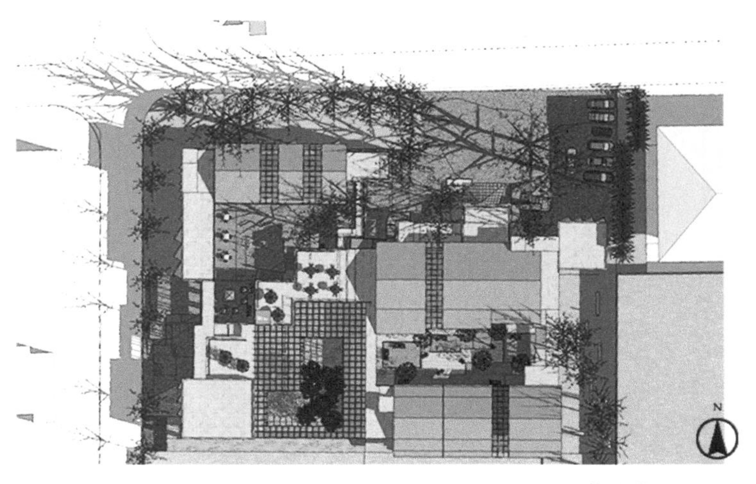

总平面图 Site Plan

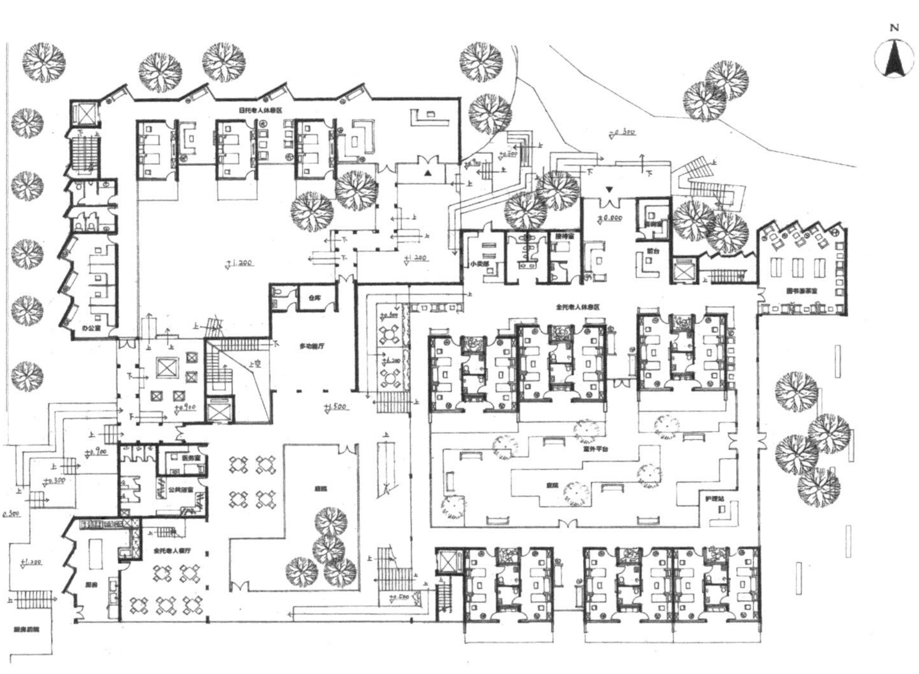

一层平面图 1F Floor Plan

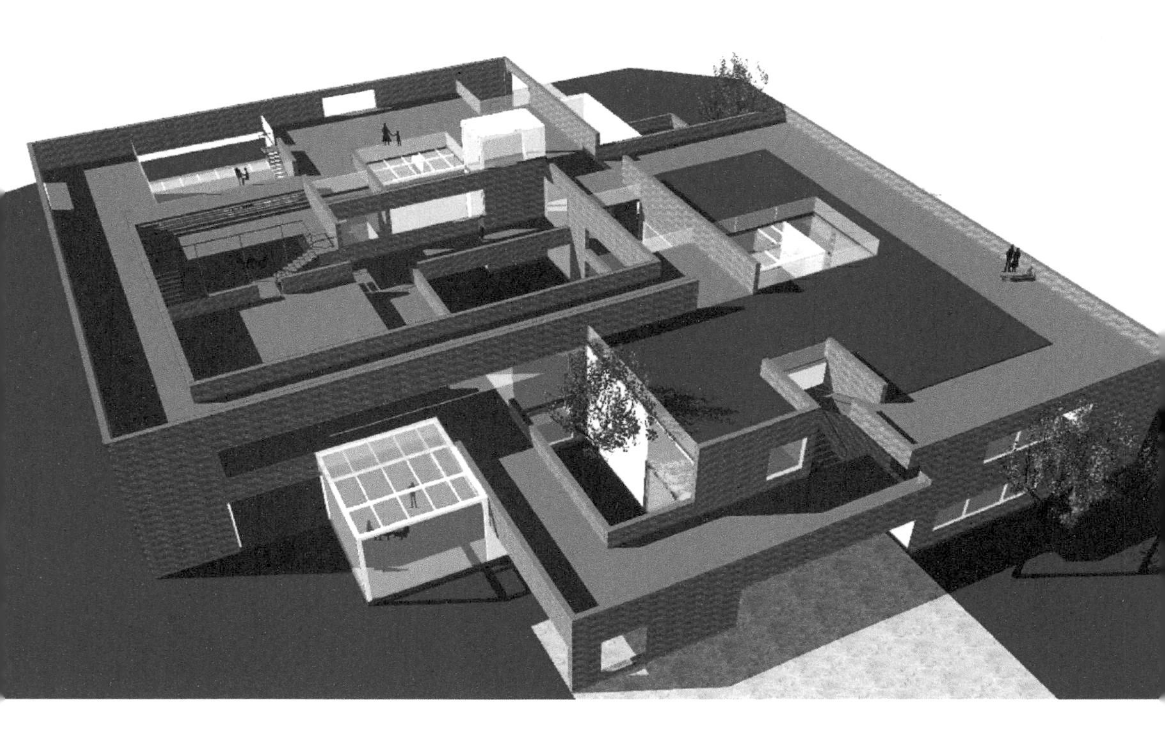

非方之方

SQUARES WITHIN

方案设计：董姝辰
指导教师：范路
完成时间：2015年

[教师点评 COMMENT]

从思考旅行的意义出发，以熟悉和陌生的辩证关系展开设计。建筑以两个咬接的方体为总造型，在场地中合理布局。建筑外部保持完整的体量感；内部则以轴网的错动和材料透明度的变化消解形体，带来迷宫般的空间。而内部流线与屋顶平台相融合，使人在建筑体验中，不断感受迷失和超然的交织。

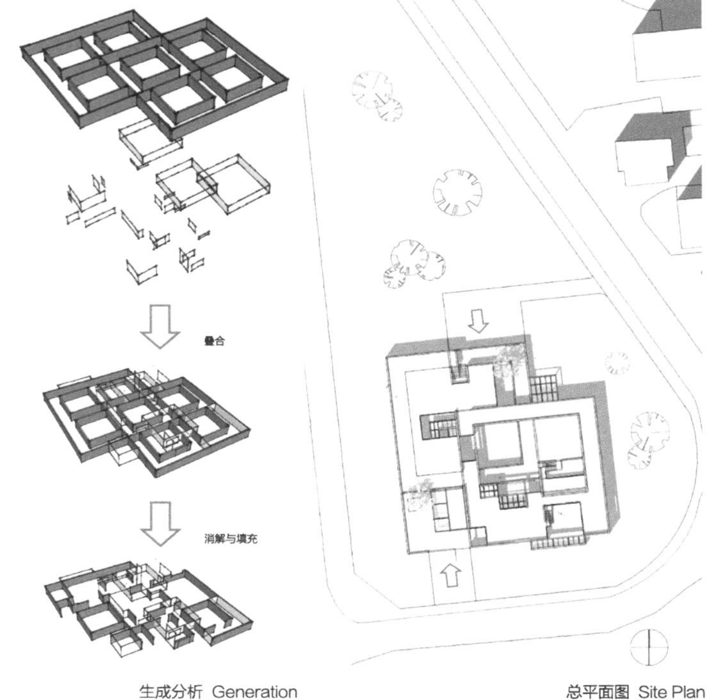

生成分析 Generation

总平面图 Site Plan

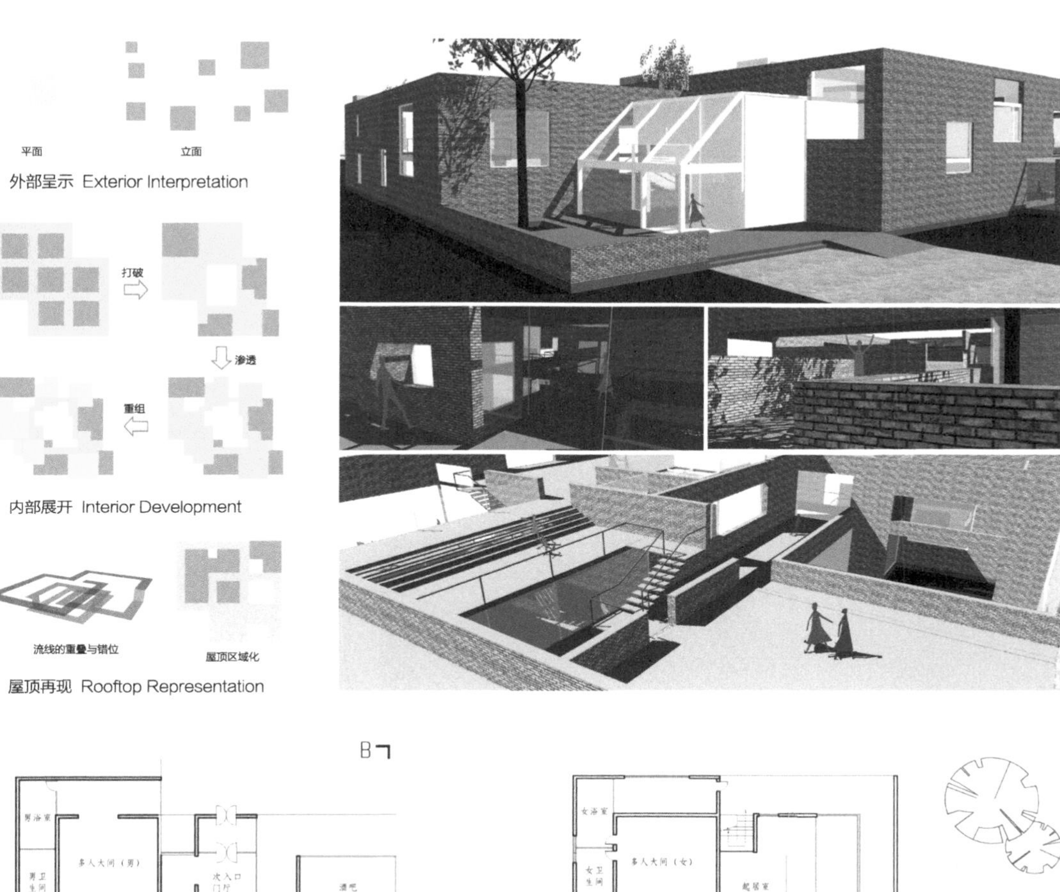

外部呈示 Exterior Interpretation

内部展开 Interior Development

屋顶再现 Rooftop Representation

一层平面图 1F Floor Plan

二层平面图 2F Floor Plan

A-A 剖面图 A-A Section

B-B 剖面图 B-B Section

3

地行为空间与秩
行为空间与秩序
序场地行
为空间与
行为空间与秩
场地行为空间
秩序场地行为
为空间与秩序
秩序场地行为空
与秩序场
场地行为
秩序场地行为
为空间与秩序场
场地行为
地行为空间
场地行为空间

SPACE
空间

空间 | SPACE
——基于空间要素的设计训练

1. 课程目的

1）本设计专题是“建筑设计4”的第一个模块——基于空间要素的设计训练。空间是现代建筑的灵魂，其对内须承载功能的需求，对外则为建筑体形塑造提供条件。本设计专题培养学生进行建筑空间的塑造能力。

2）本设计专题强调对建筑空间的体验感受，也就是在空间和时间的维度上，在满足基本功能前提下，创造随着场所变换，形态及光影具有良好体验感与艺术感的空间形态和环境。

2. 设计要点

1）本设计专题以校园建筑——建筑系馆、美术系馆和大学生活动中心为设计题目，共设有3个地段。学生选取1个题目和1个地段进行设计，可以将建筑占地面积限制在地段的2/3，预留1/3地段作为二期加建用地，同时对二期加建建筑空间体形提出初步设想。

2）建筑空间的塑造要考虑到与地段周边现状建筑的关系，要与清华校园的整体文脉环境相适应。同时应考虑建筑自身特点，塑造艺术类教学建筑所应有的空间特征和空间感受。

3）室内空间应着重推敲报告厅、多功能厅、图书馆等教学公共空间，以及入口、展示及咖啡休息等辅助公共空间。室外空间，如入口场地、室外展场和园林绿化设计，应呼应和衬托室内空间，使两者相得益彰。

◀ 地段实景

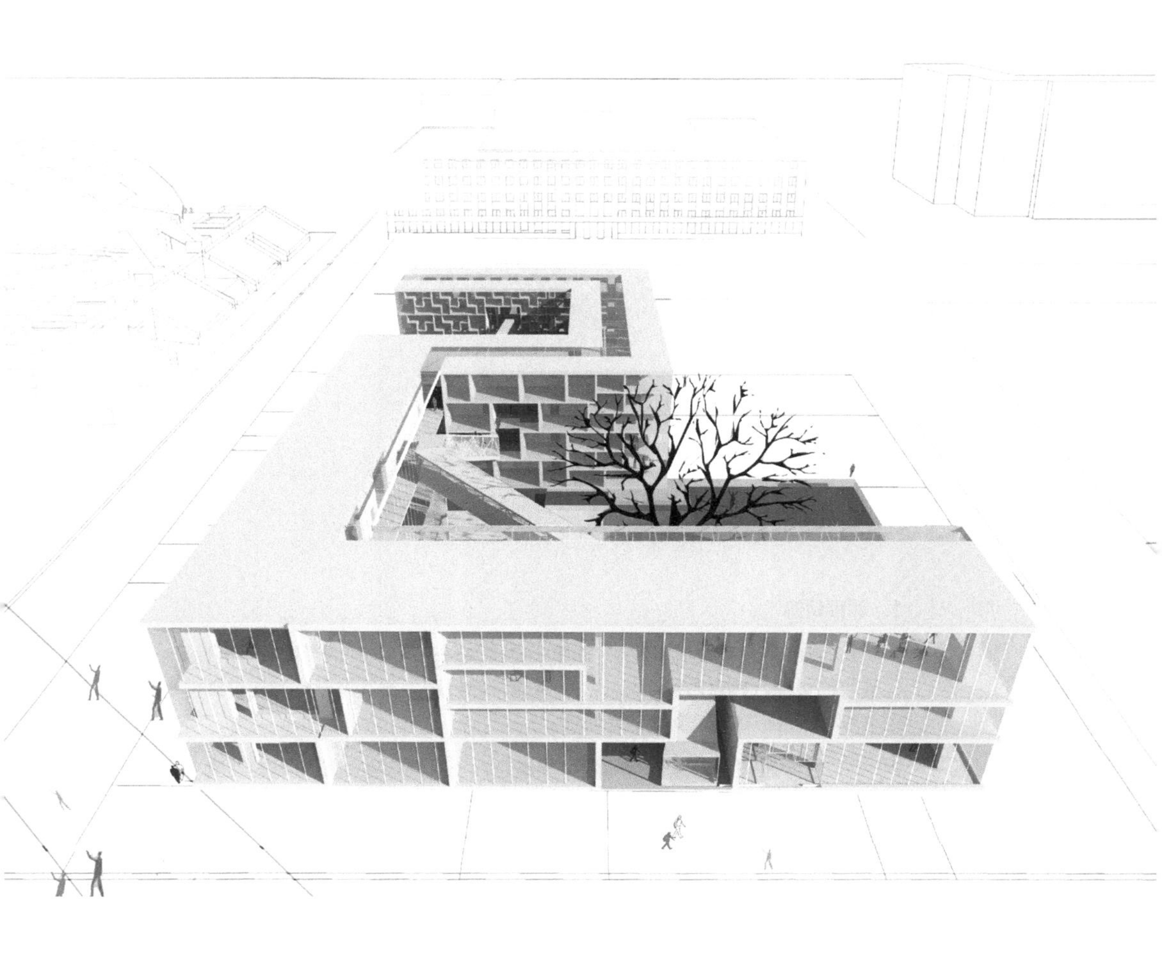

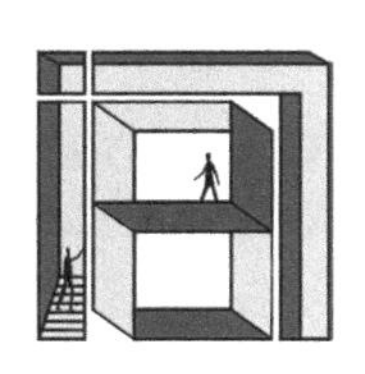

总平面图 Site Plan

间

INTERVAL OF SPACE

方案设计：高菁辰
指导教师：王辉
完成时间：2012年

[教师点评 COMMENT]

设计者试图探索中国传统空间意境的当代表达，从物质空间的逻辑和精神属性的诗意两方面入手，以“间”为起点创造了全新的空间体验。方案简约大气、逻辑清晰，同时又表达了对于空间品质与文化意境的追求，图纸表达完整又不失个人风格，是一份较有代表性的优秀作业。

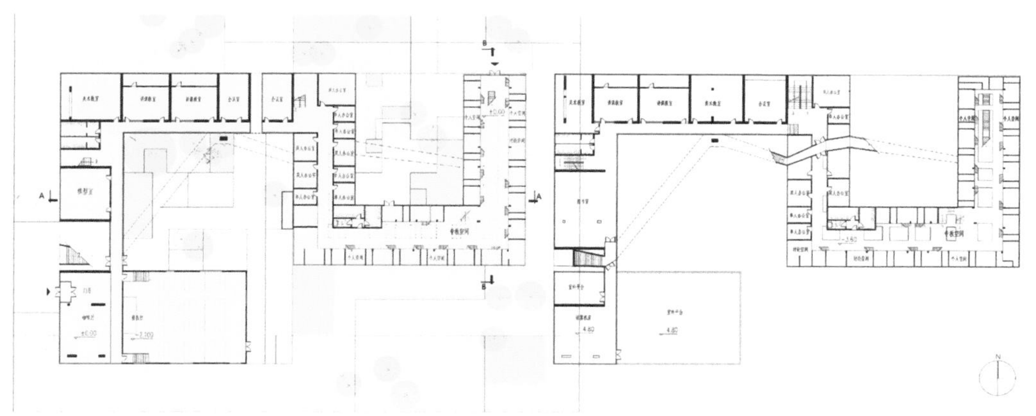

一层平面图 1F Floor Plan

二层平面图 2F Floor Plan

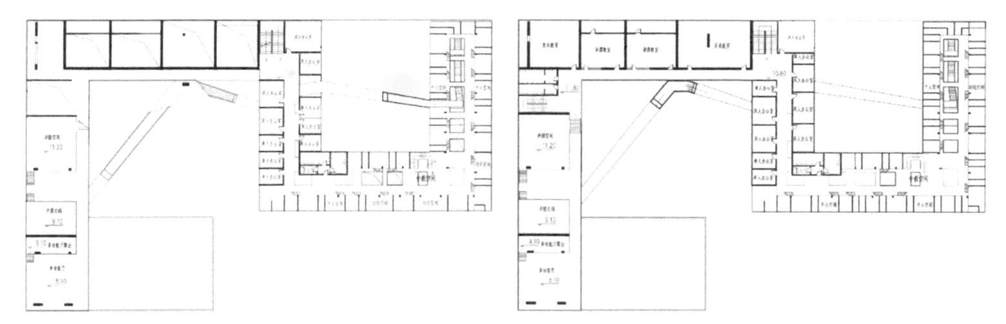

三层平面图 3F Floor Plan

四层平面图 4F Floor Plan

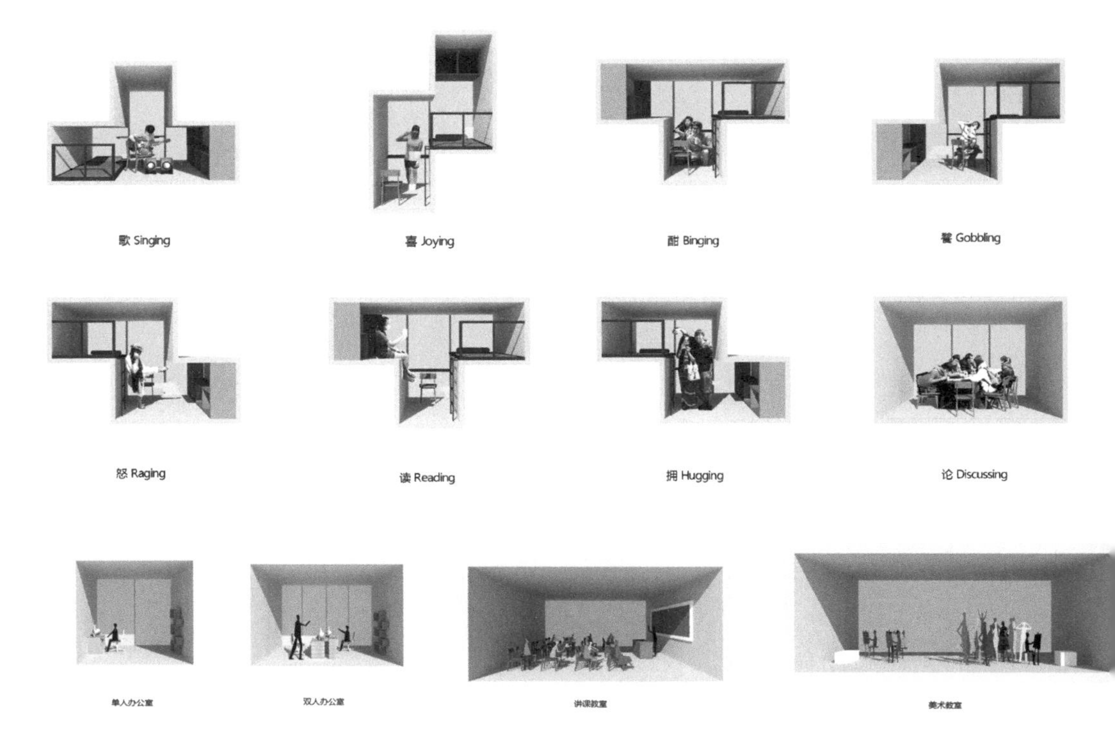

功能单元 Modules

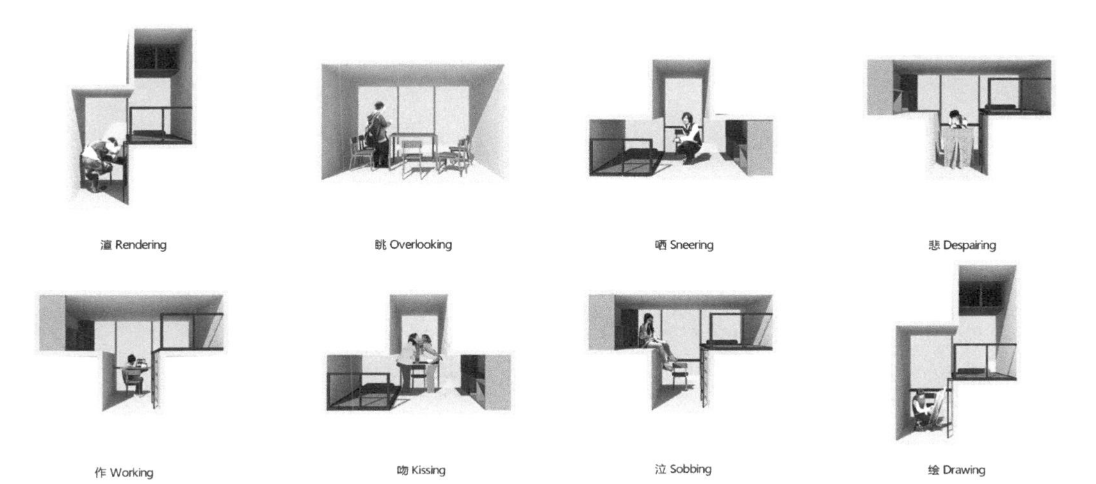
渲 Rendering
眺 Overlooking
哂 Sneering
悲 Despairing
作 Working
吻 Kissing
泣 Sobbing
绘 Drawing

图书室
多功能厅

校园创可贴

CAMPUS BAND-AID

方案设计：葛肇奇
指导教师：王毅
完成时间：2013年

东立面图 East Elevation

[教师点评 COMMENT]

建筑被视为一种“触媒”，功能上模糊学生课上活动与课余生活的界限，交通上明确周边车流和人流的疏导，力图通过一个点的触发来带动已有环境的改善和整治。建筑语汇上努力摆脱学院建筑惯用的、刻板的手法，空间形态内敛并兼具张力。

北立面图 North Elevation

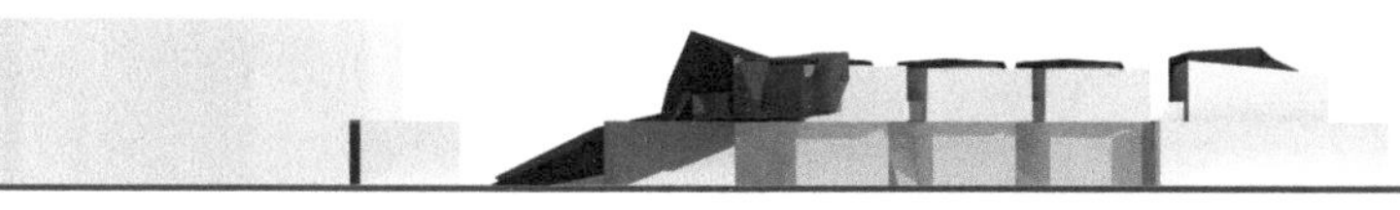

西立面图 West Elevation

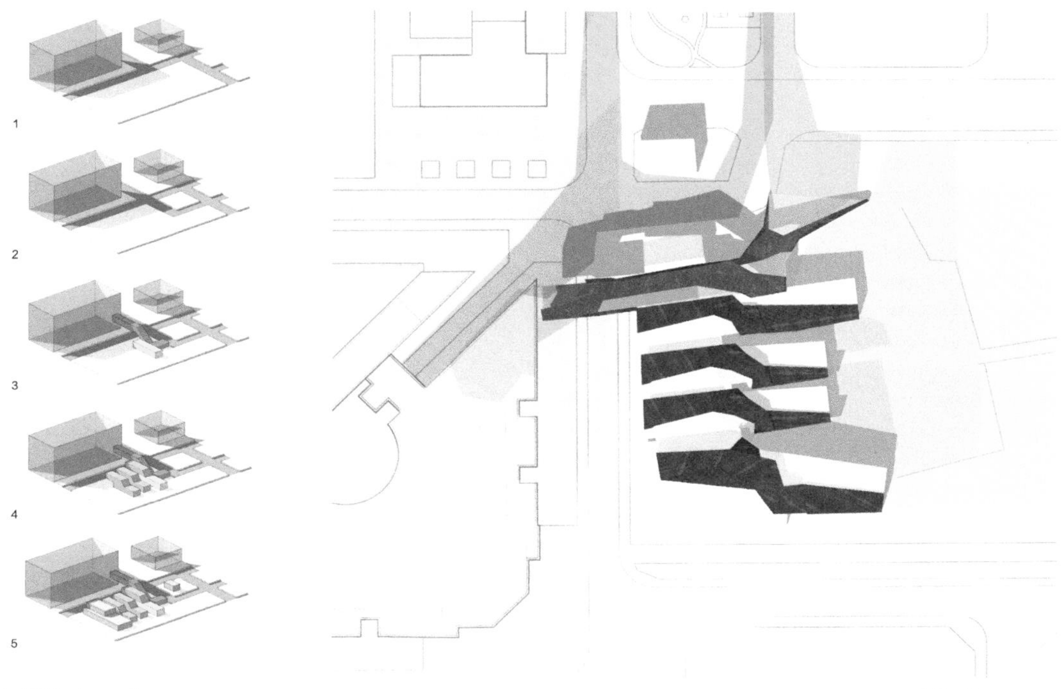

生成分析 Generation

总平面图 Site Plan

一层平面图 1F Floor Plan

二层平面图 2F Floor Plan

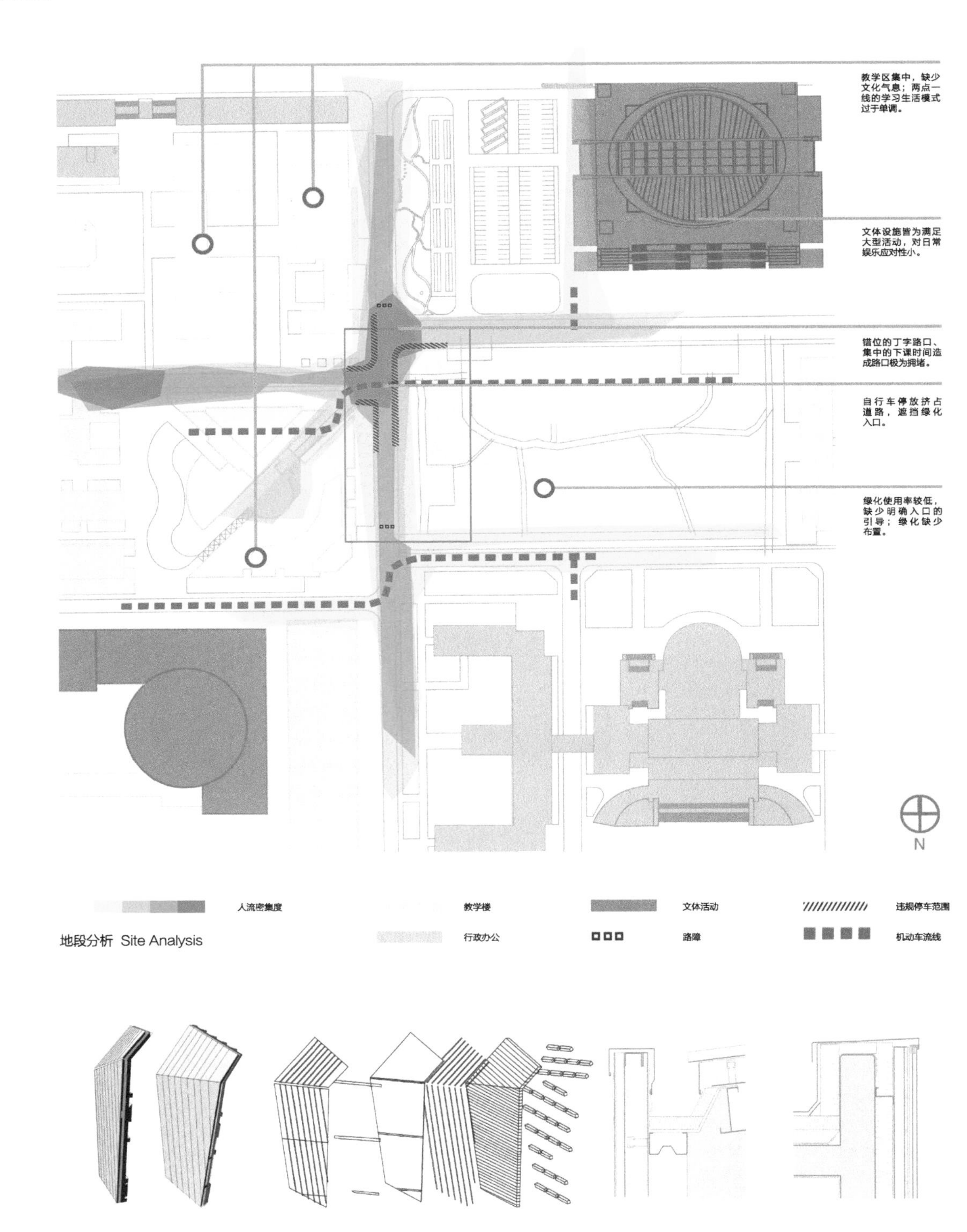

地段分析 Site Analysis

细部设计 Detail Design

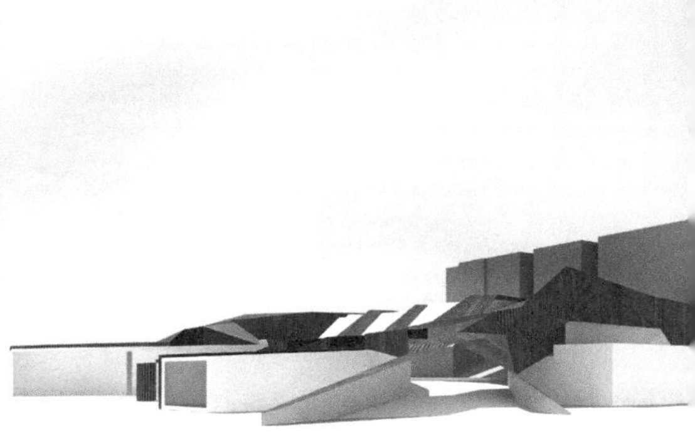

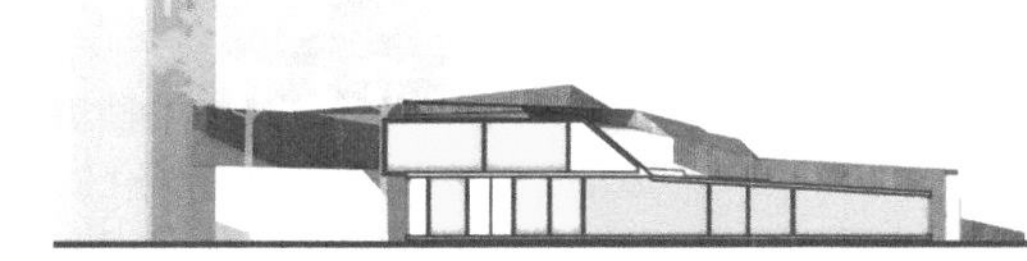

B-B 剖面图 B-B Section

A-A 剖面图 A-A Section

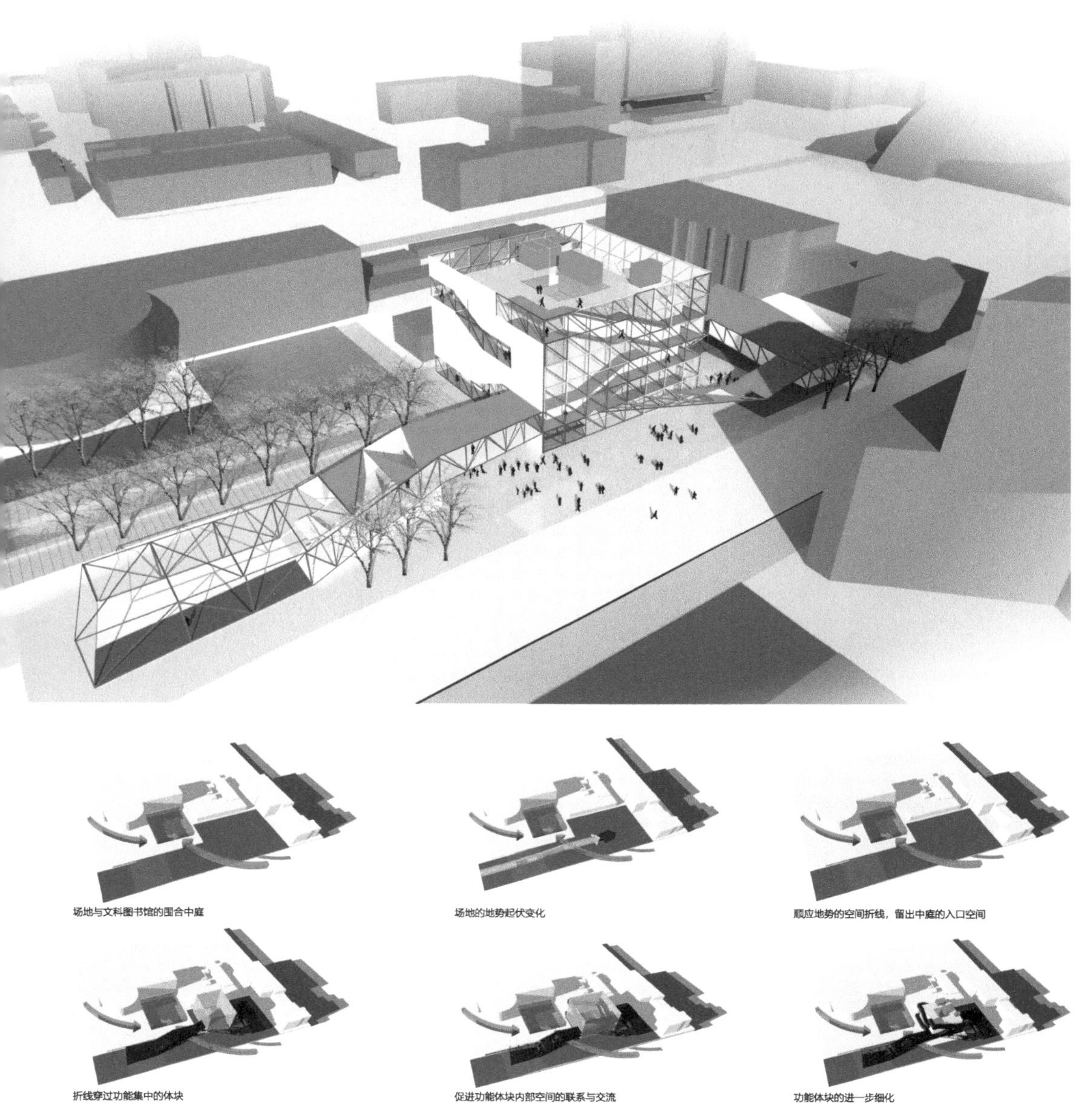

生成分析 Generation

舞动

WANDERING

方案设计：周辰
指导教师：程晓喜
完成时间：2013年

[教师点评 COMMENT]

校园建筑既要求新颖美观，又注重经济实用。该方案将规整的主体功能集中在规则的矩形体量内，而将少数的、特殊活跃的空间集中在一条曲折变化的廊道空间内。廊道随地形上升、转折，包裹建筑各层空间，提供室内外交流空间的同时成为建筑立面上最主要的表现。

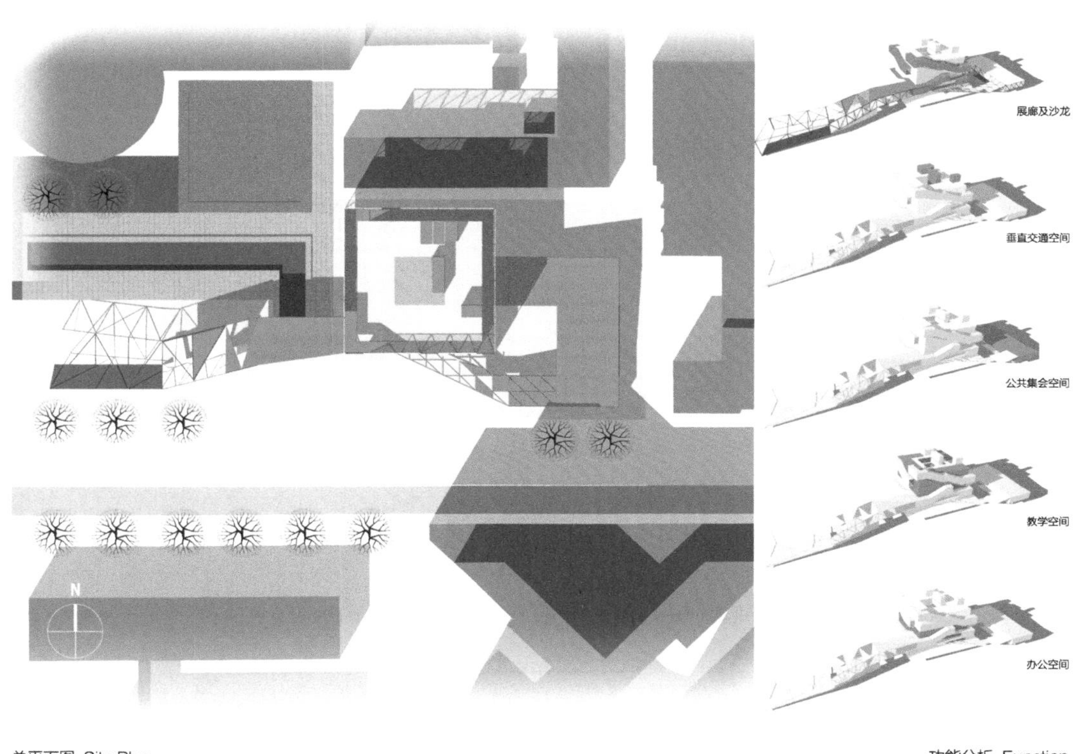

总平面图 Site Plan

功能分析 Function

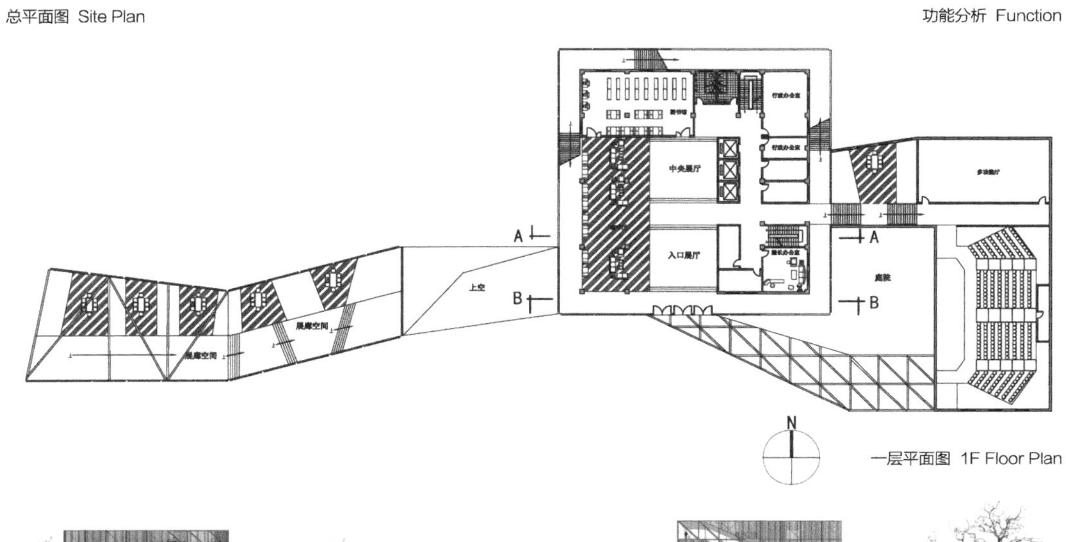

一层平面图 1F Floor Plan

西立面图 West Elevation

南立面图 South Elevation

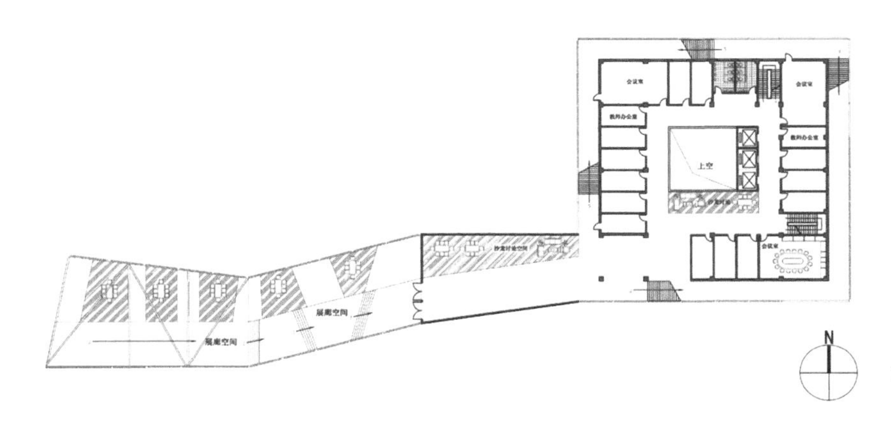

二层平面图 2F Floor Plan

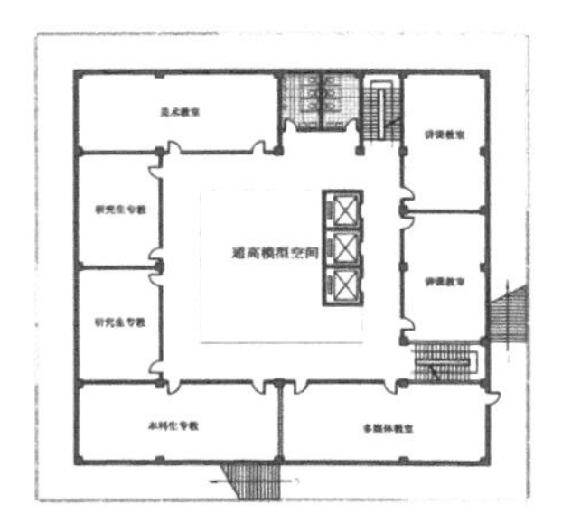

三层平面图 3F Floor Plan

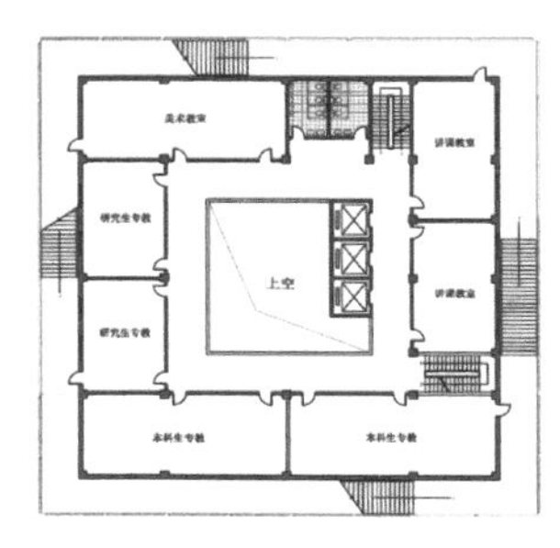

四层平面图 4F Floor Plan

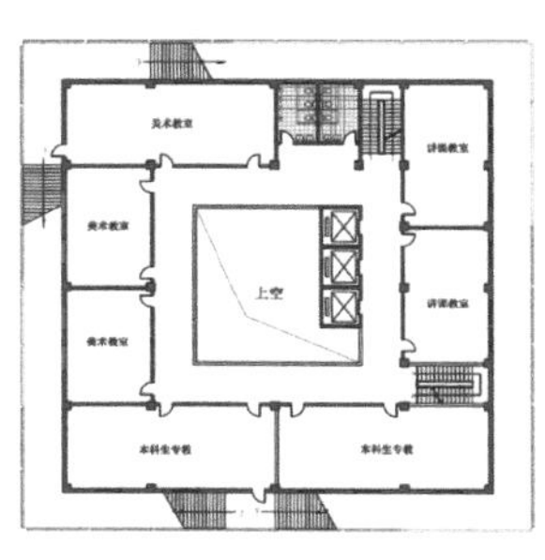

五层平面图 5F Floor Plan

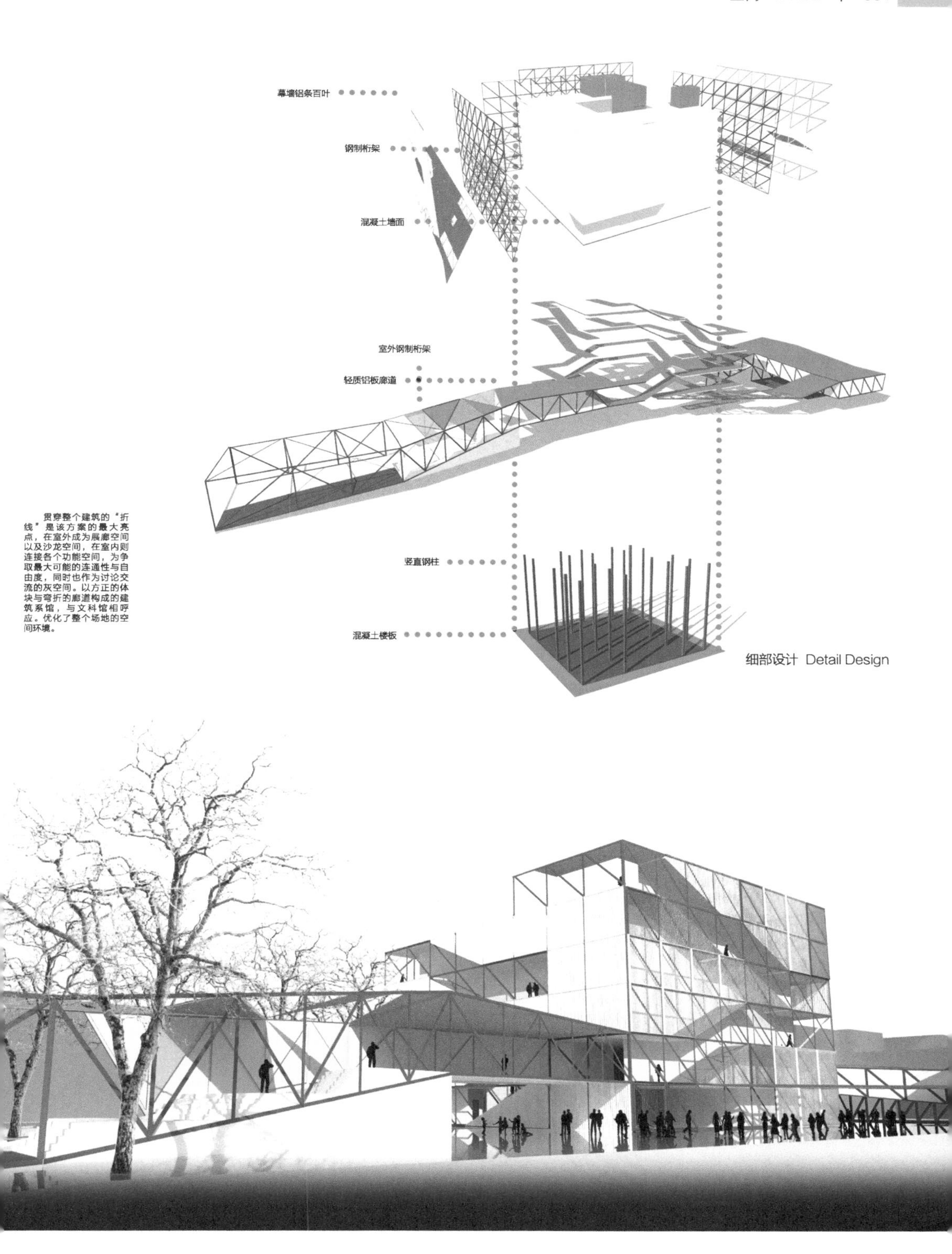

细部设计 Detail Design

贯穿整个建筑的“折线”是该方案的最大亮点，在室外成为展廊空间以及沙龙空间，在室内则连接各个功能空间，为争取最大可能的连通性与自由度，同时也作为讨论交流的灰空间。以方正的体块与弯折的廊道构成的建筑系馆，与文科馆相呼应。优化了整个场地的空间环境。

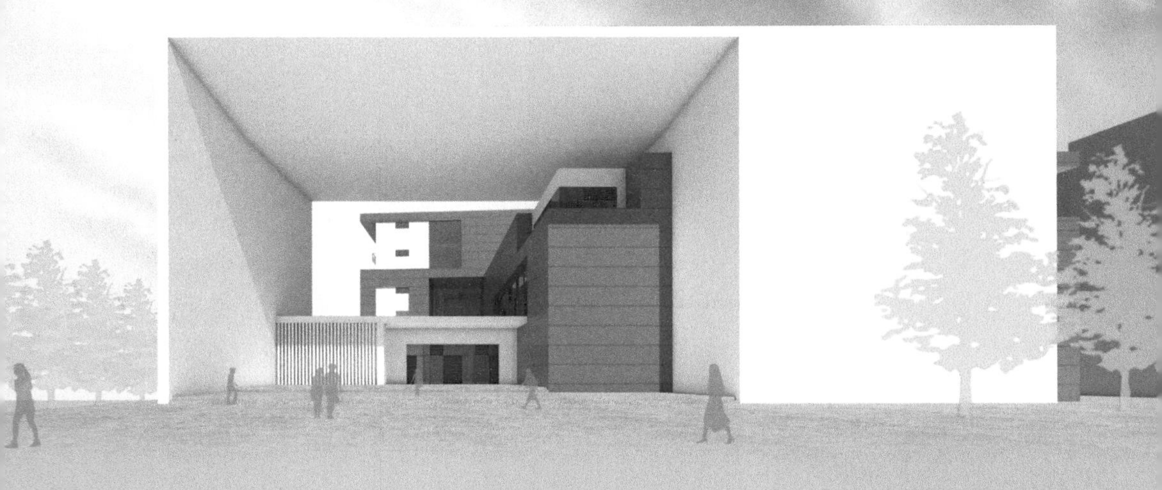

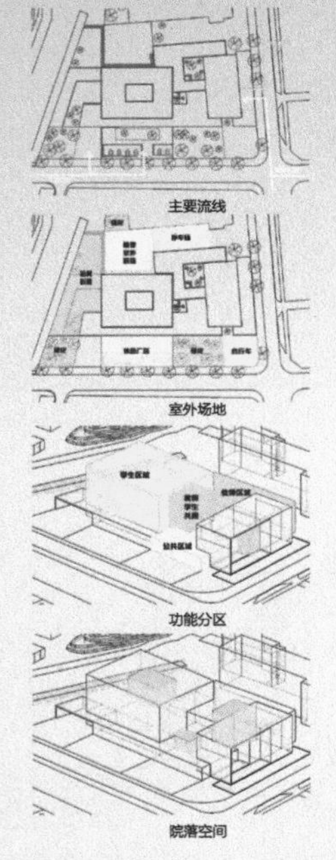

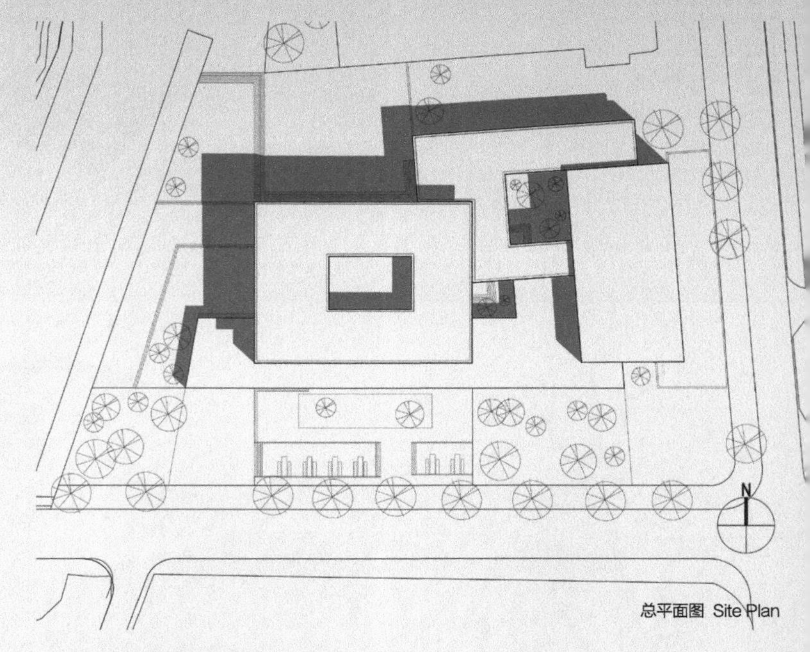

总平面图 Site Plan

艺术之门

GATE OF ARTS

方案设计：李智

指导教师：王毅

完成时间：2014年

[教师点评 COMMENT]

场地周边已有建筑的尺度差异巨大，本建筑力图成为它们之间的平衡与过渡。建筑东端通过设置巨门化零为整，建筑西端通过体形退让化整为零。建筑语汇追求逻辑和层级关系，简洁明了中透出各层级的承接与变化。

1.“门”的形态，有引导作用，呈欢迎态势

2.“门”与实体的各种组合

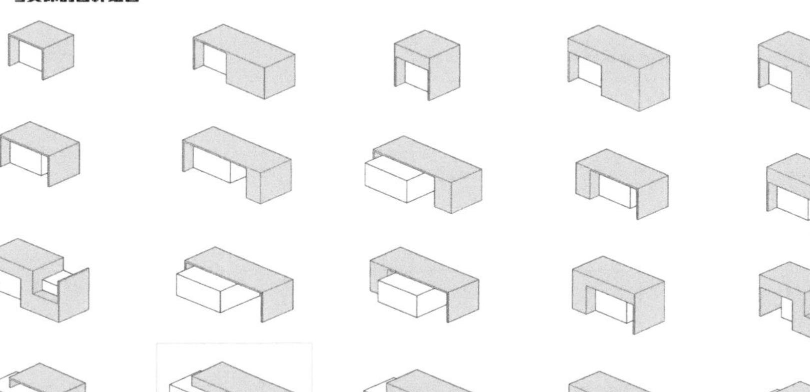

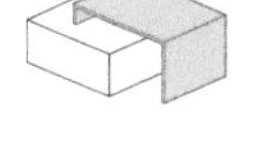

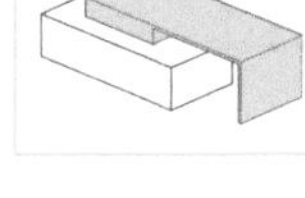

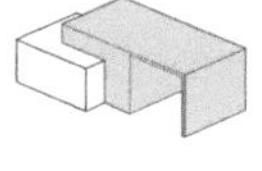

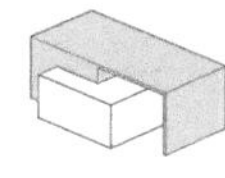

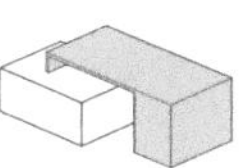

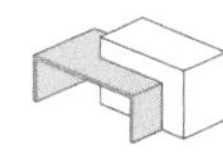

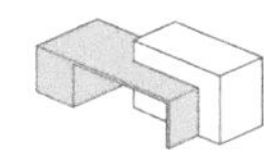

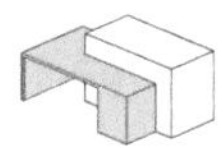

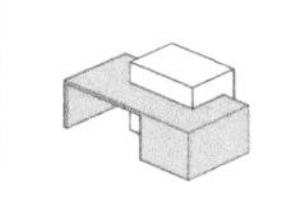

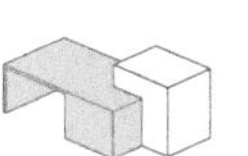

3.取两种进行组合，两个“门”分别呼应场地

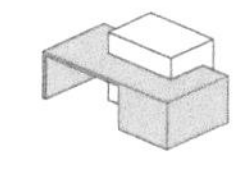

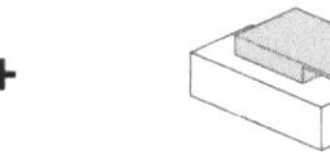

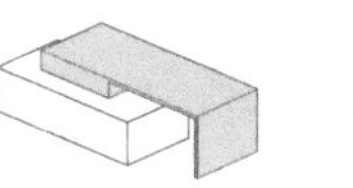

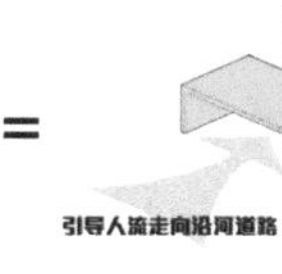

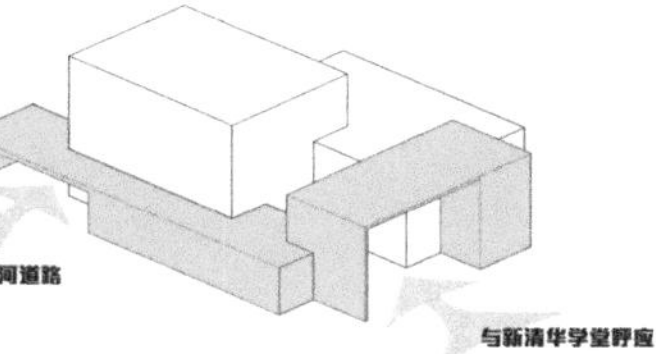

4.扭转小角度，更适应场地条件

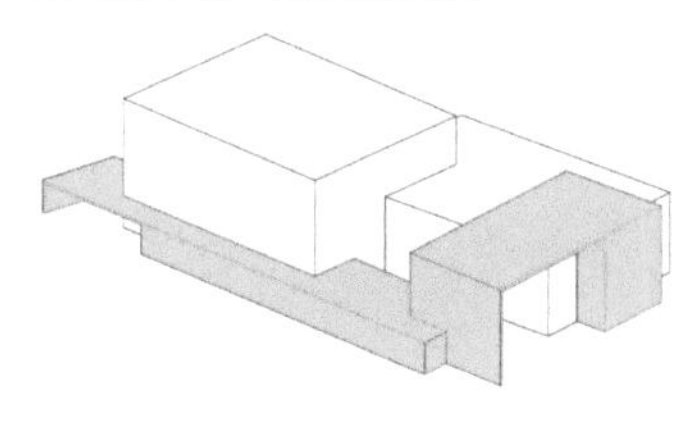

5.添加院落，丰富空间

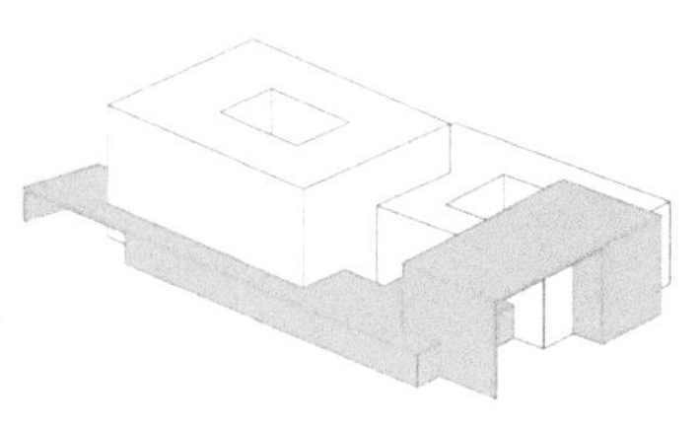

生成分析 Generation

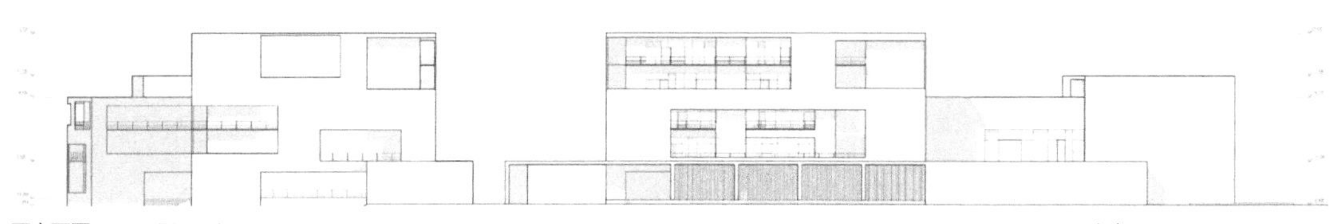

西立面图 West Elevation

南立面图 South Elevation

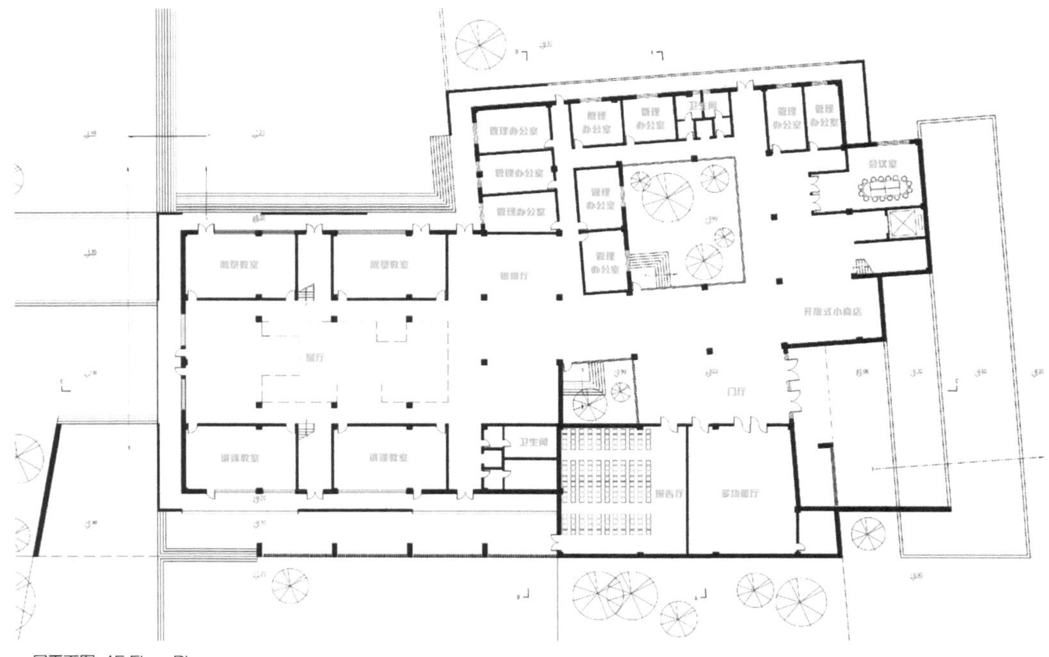

一层平面图 1F Floor Plan

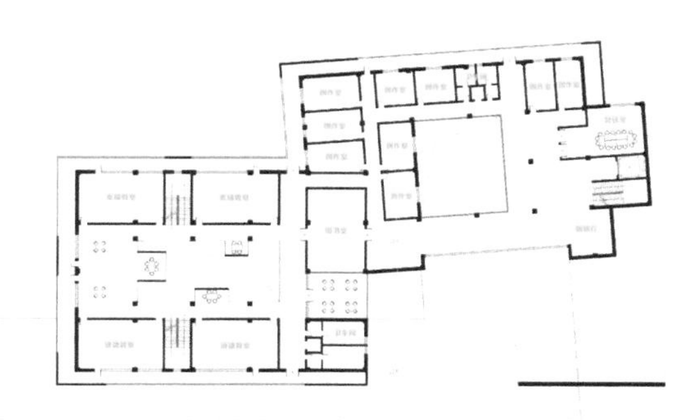

二层平面图 2F Floor Plan

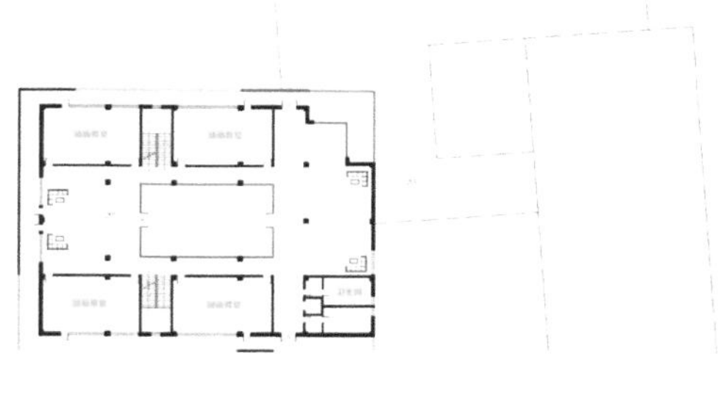
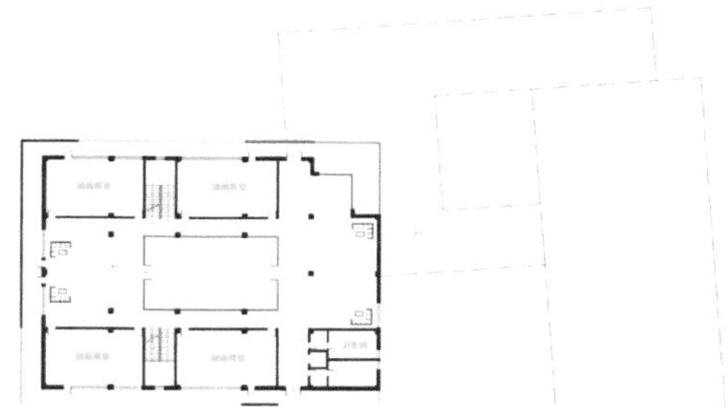

四层平面图 4F Floor Plan

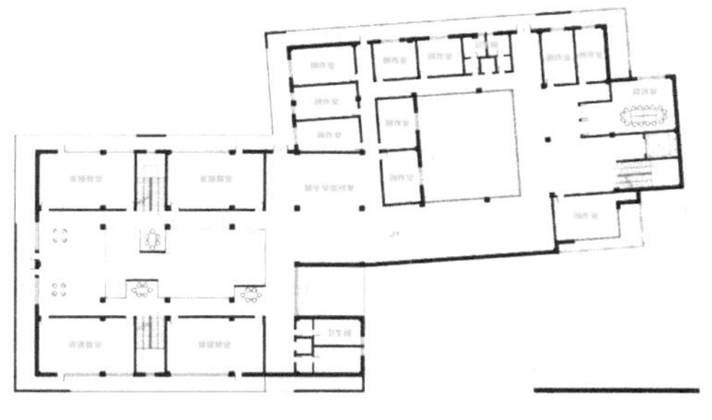

三层平面图 3F Floor Plan

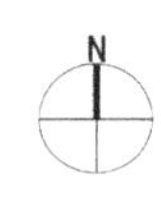

五层平面图 5F Floor Plan

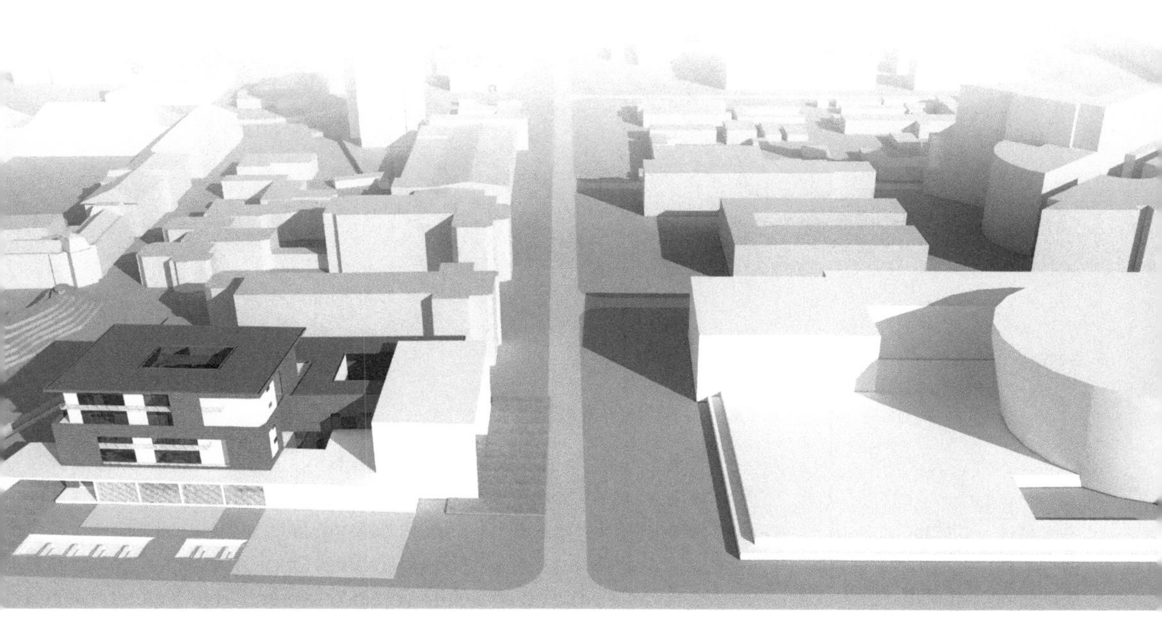

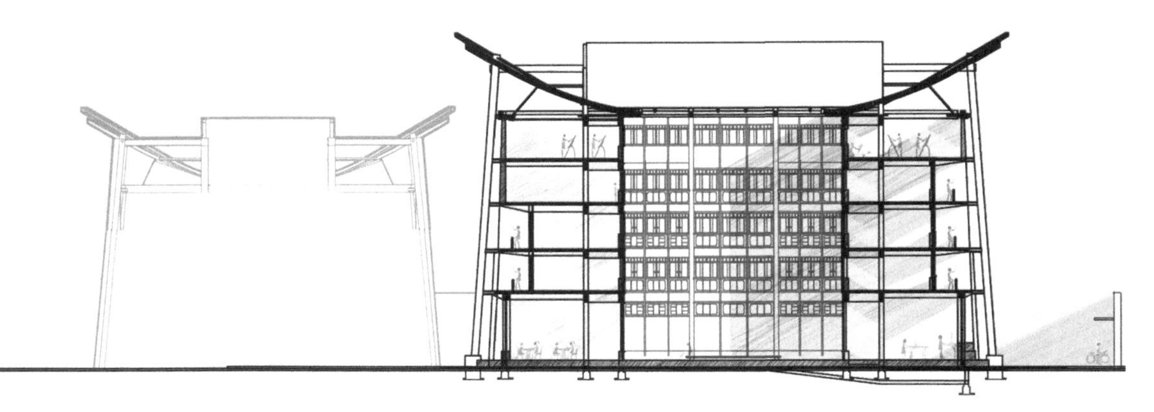

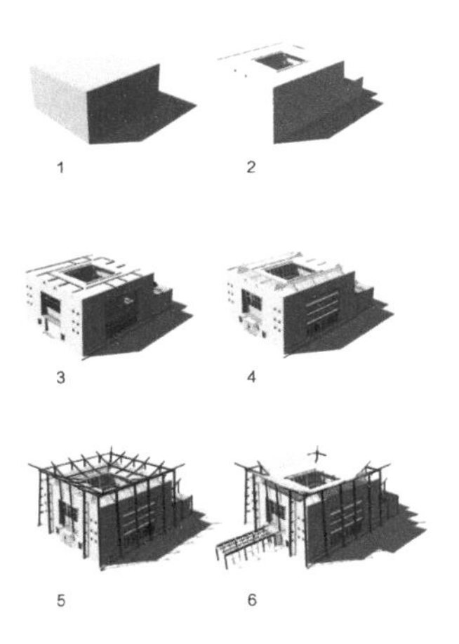

生成分析 Generation

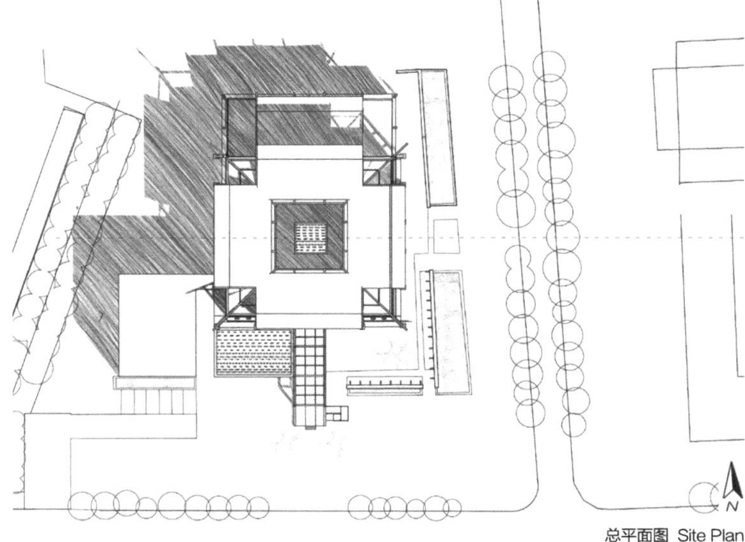

总平面图 Site Plan

重构传统

REDISCOVERY OF TRADITION

方案设计：刘启豪
指导教师：柯瑞
完成时间：2015年

[教师点评 COMMENT]

This project is an excellent exploration in how to adapt traditional form in a contemporary context. With a deep understanding of the site and the building type, Qihao spent time testing and experimenting with various volumes and space arrangements. Once establishing a general (and workable) volume and plan, he then researched and experimented

一层平面图 1F Floor Plan

with several historic and regional traditions, seeking insight into the rules of propotion, hierarchy of form, and use of materials. Through multiple iterations and testing of details, Qihao gradually discovered the building he imagined and a design vocabulary in which to express it.

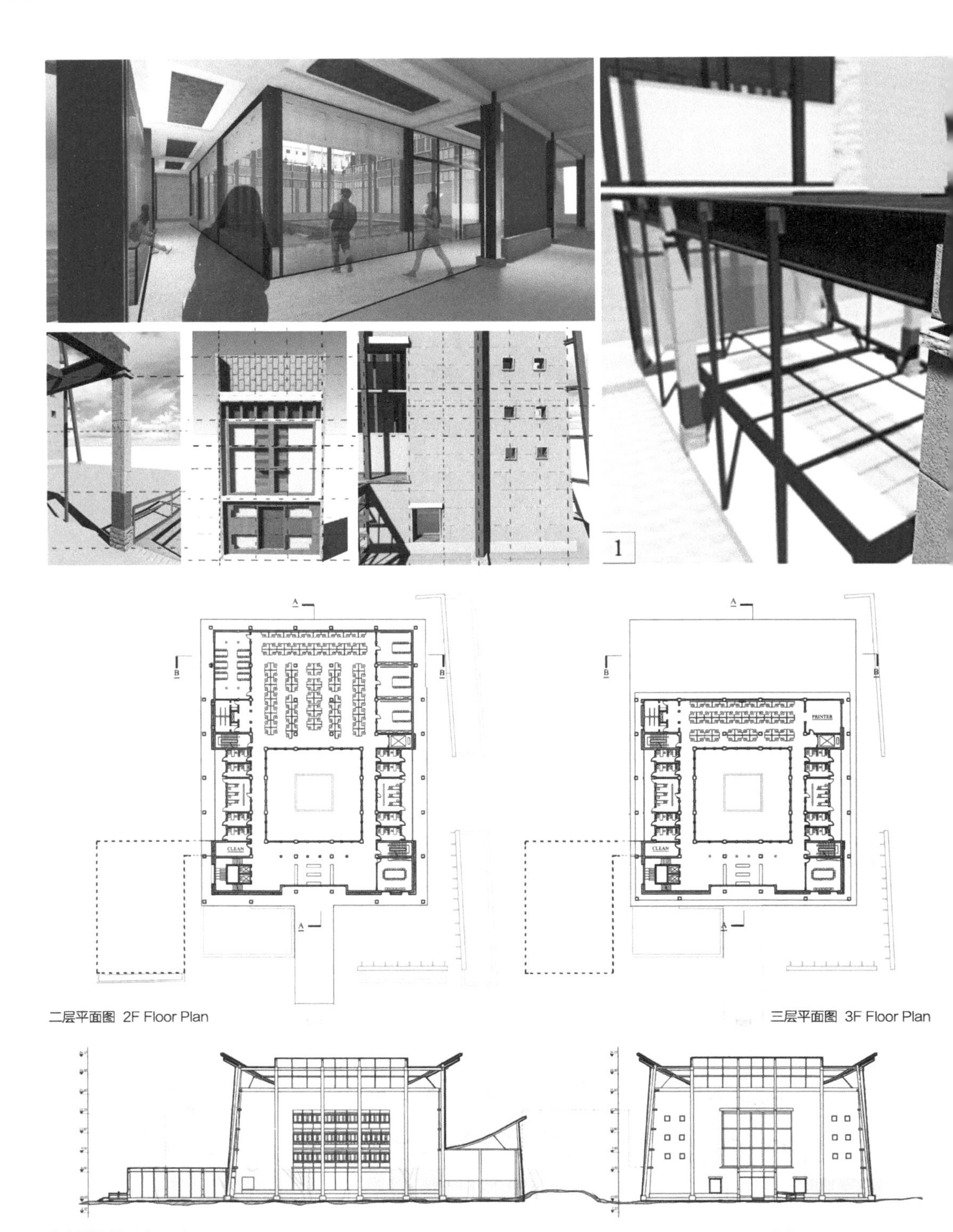

二层平面图 2F Floor Plan

三层平面图 3F Floor Plan

东立面图 East Elevation

南立面图 South Elevation

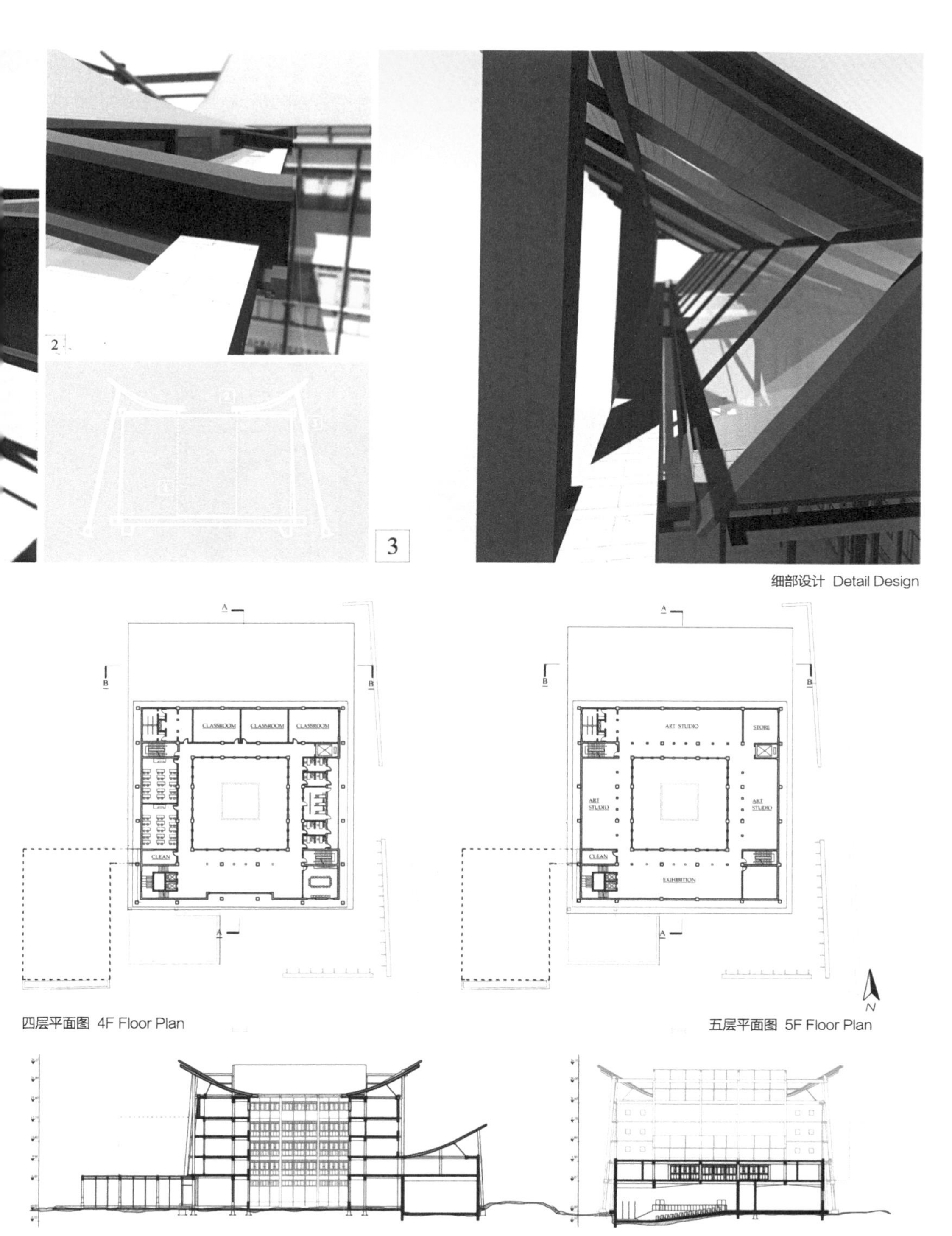

细部设计 Detail Design

四层平面图 4F Floor Plan

五层平面图 5F Floor Plan

A-A 剖面图 A-A Section

B-B 剖面图 B-B Section

建馆谜梦

PUZZLE OF DREAM

方案设计：李芸芸
指导教师：青峰
完成时间：2011年

[教师点评 COMMENT]

从城市的混杂性出发，到新理性主义的类型纪念性，最终抵达基里科形而上学风格绘画中的神秘忧伤。作为建筑系馆，这个设计以特别的方式呈现了对建筑的沉思，就像沉睡的阿里阿德涅，终将在忒修斯与狄奥尼索斯、清醒与沉醉、理智与情感之间沉浮。

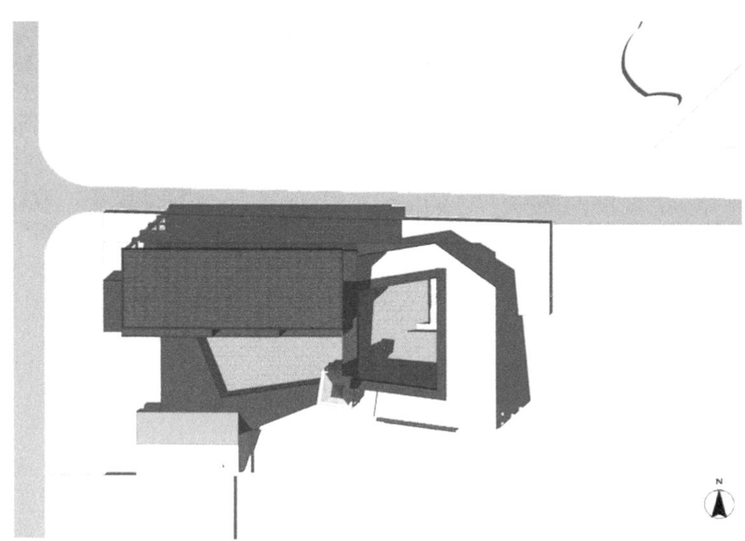

总平面图 Site Plan

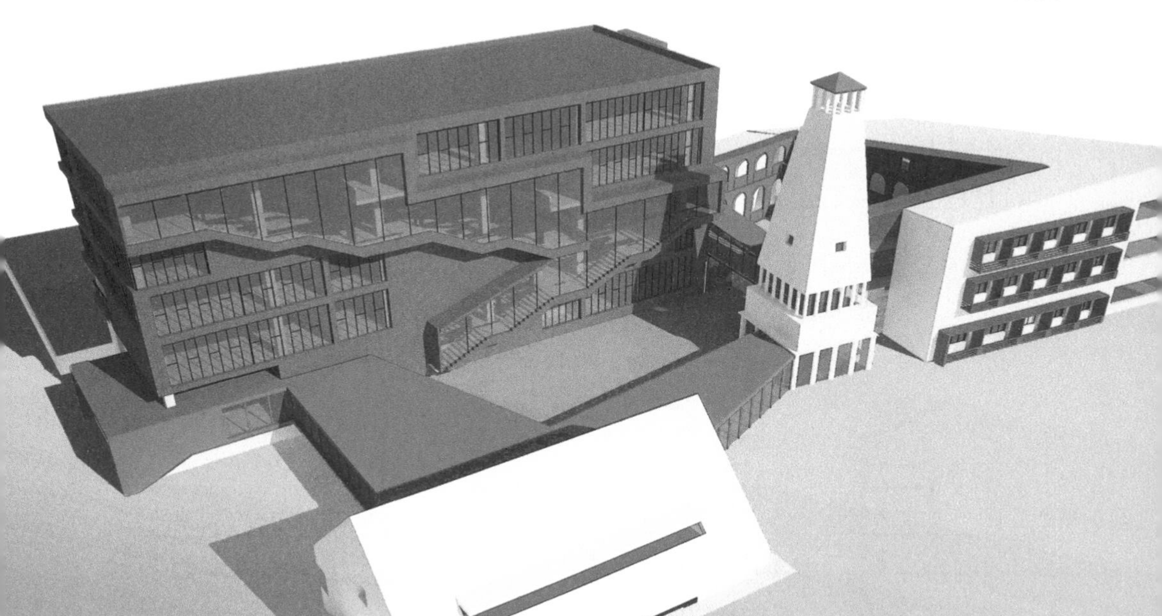

体量分析 Form Analysis

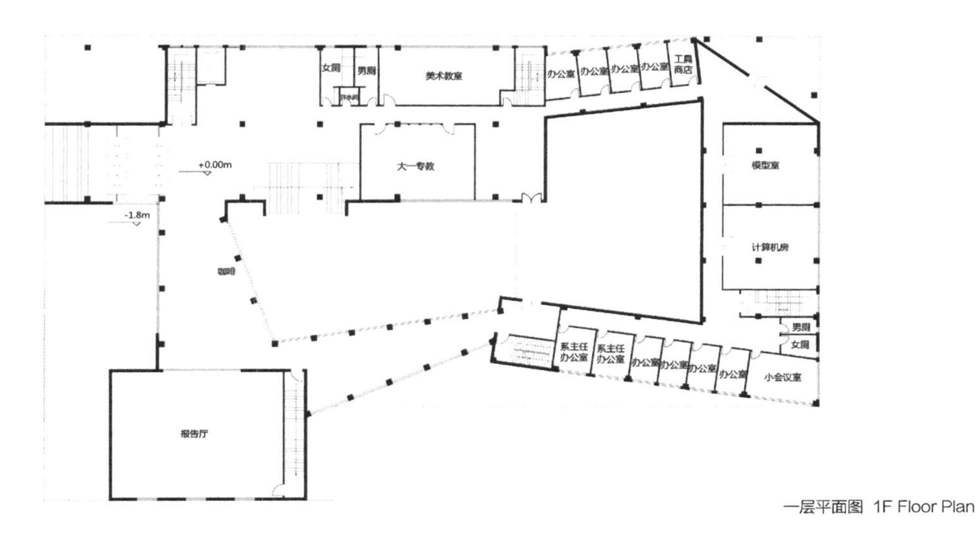

一层平面图 1F Floor Plan

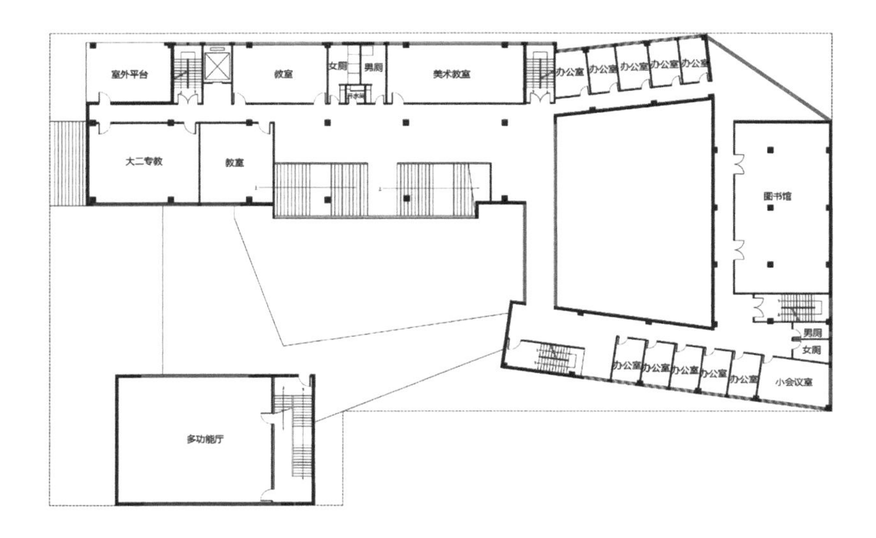

二层平面图 2F Floor Plan

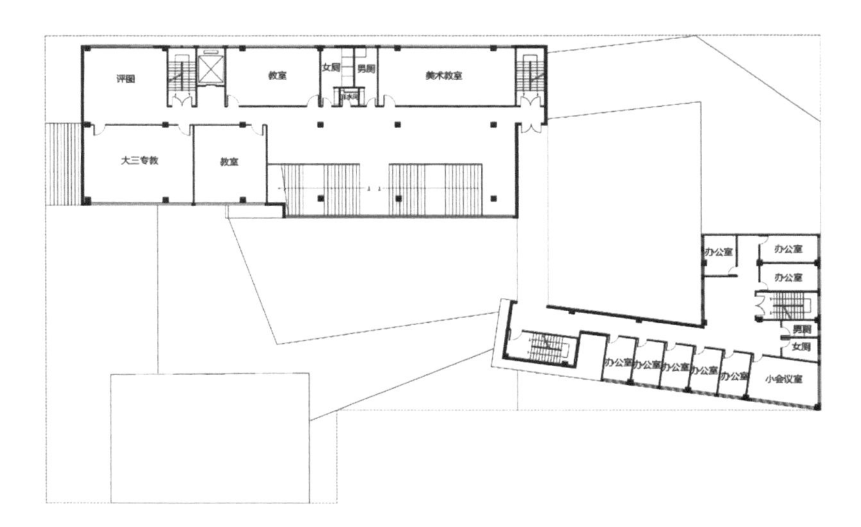

三层平面图 3F Floor Plan

南立面图 South Elevation

西立面图 West Elevation

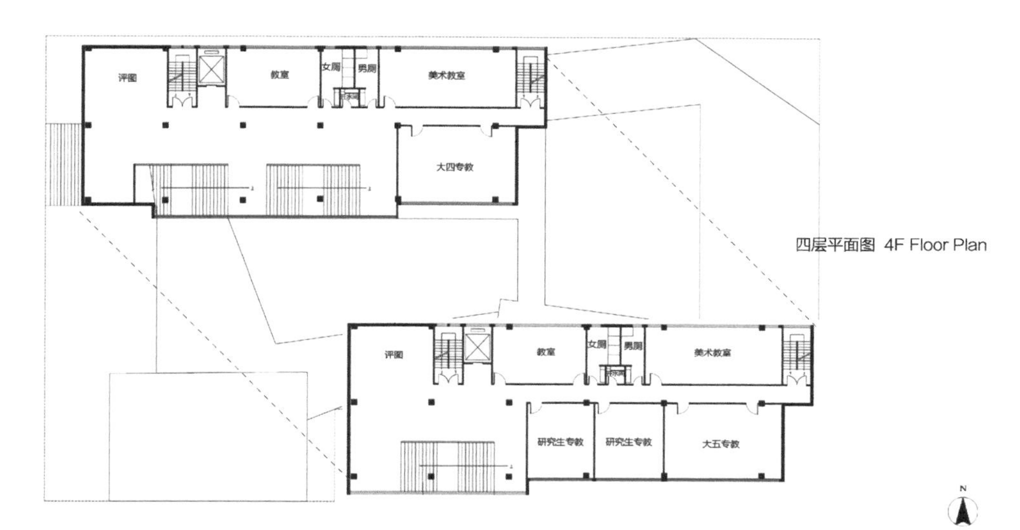

四层平面图 4F Floor Plan

五层平面图 5F Floor Plan

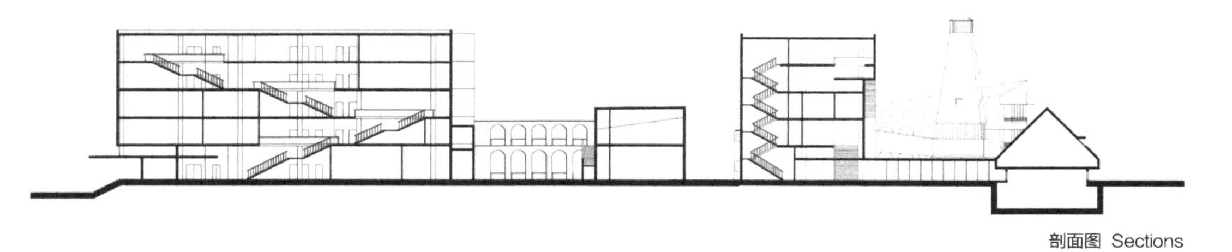

剖面图 Sections

舞台上

ON THE STEPS

方案设计：范孟辰
指导教师：王南
完成时间：2013年

[教师点评 COMMENT]

以一组大台阶作为整个建筑平面布局和剖面构成的主线，为整个学院营造了一个精神中心，各类教室和功能用房在南北两侧有条不紊地展开。整座建筑采取简洁的现代造型，大面积实墙与玻璃形成虚实对比，精炼的建筑模数设计使得建筑整体取得和谐。台阶尽头是一座伸向树林中的天桥，意境悠长。

总平面图 Site Plan

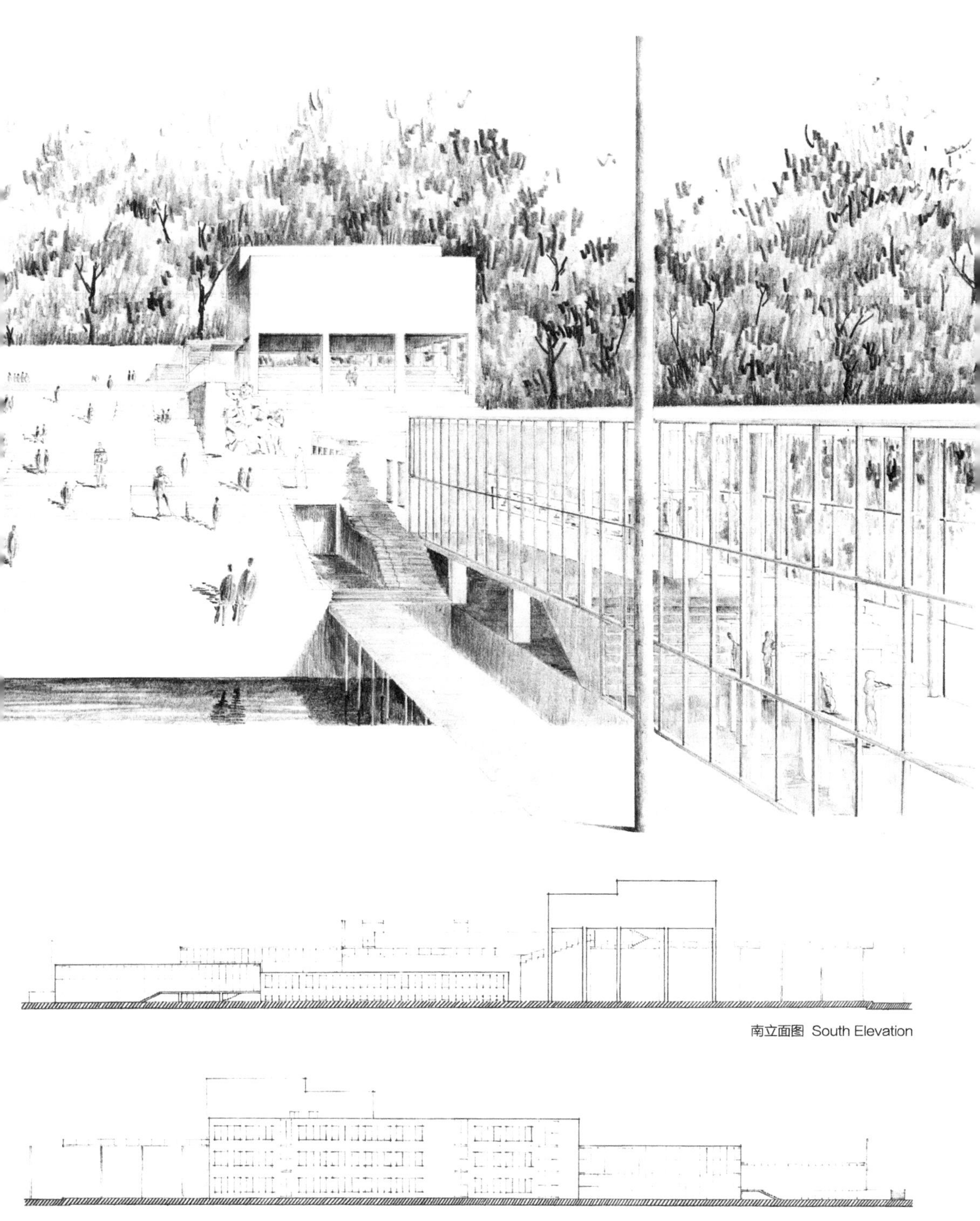

南立面图 South Elevation

北立面图 North Elevation

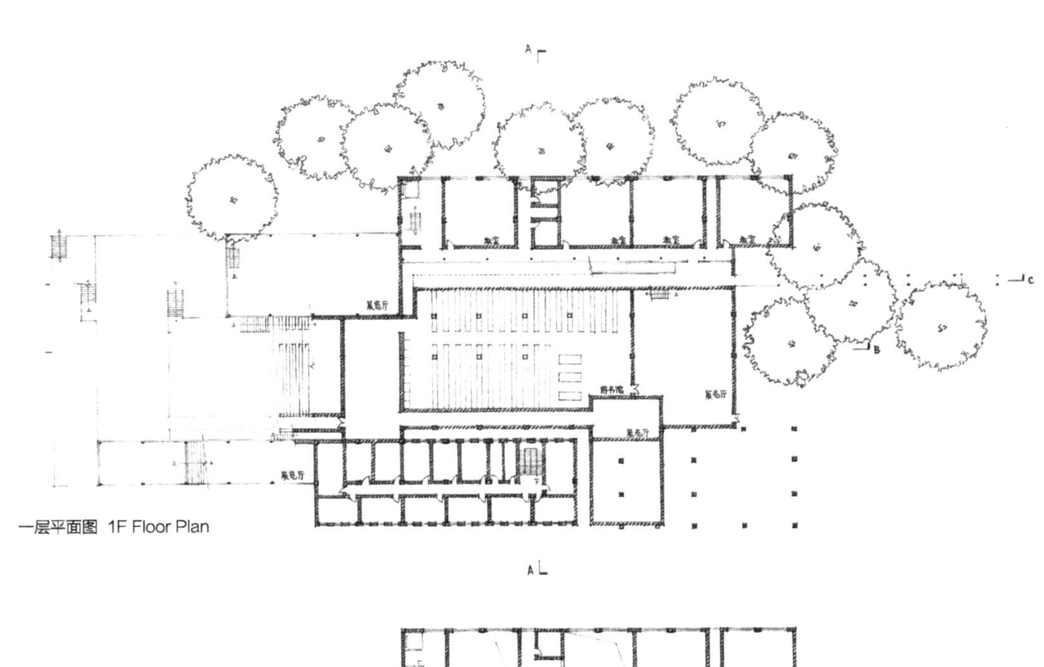

一层平面图 1F Floor Plan

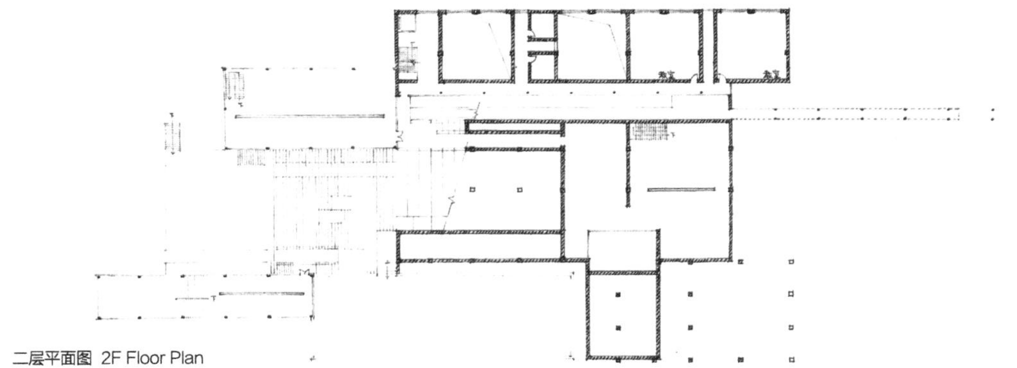

二层平面图 2F Floor Plan

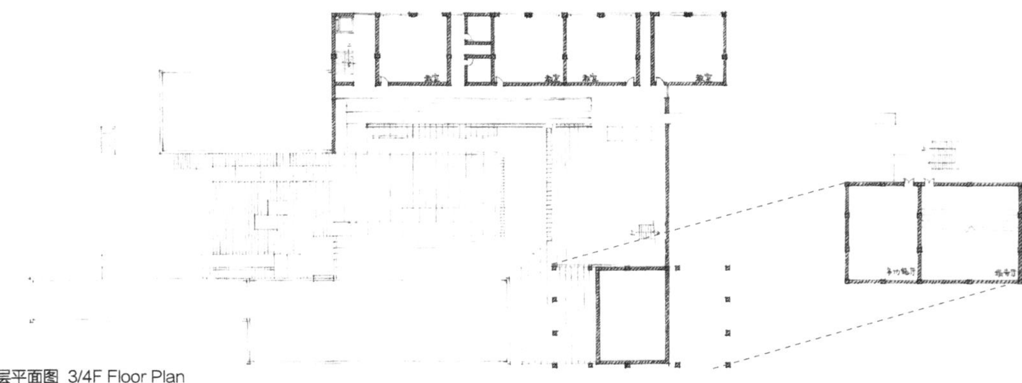

三 / 四层平面图 3/4F Floor Plan

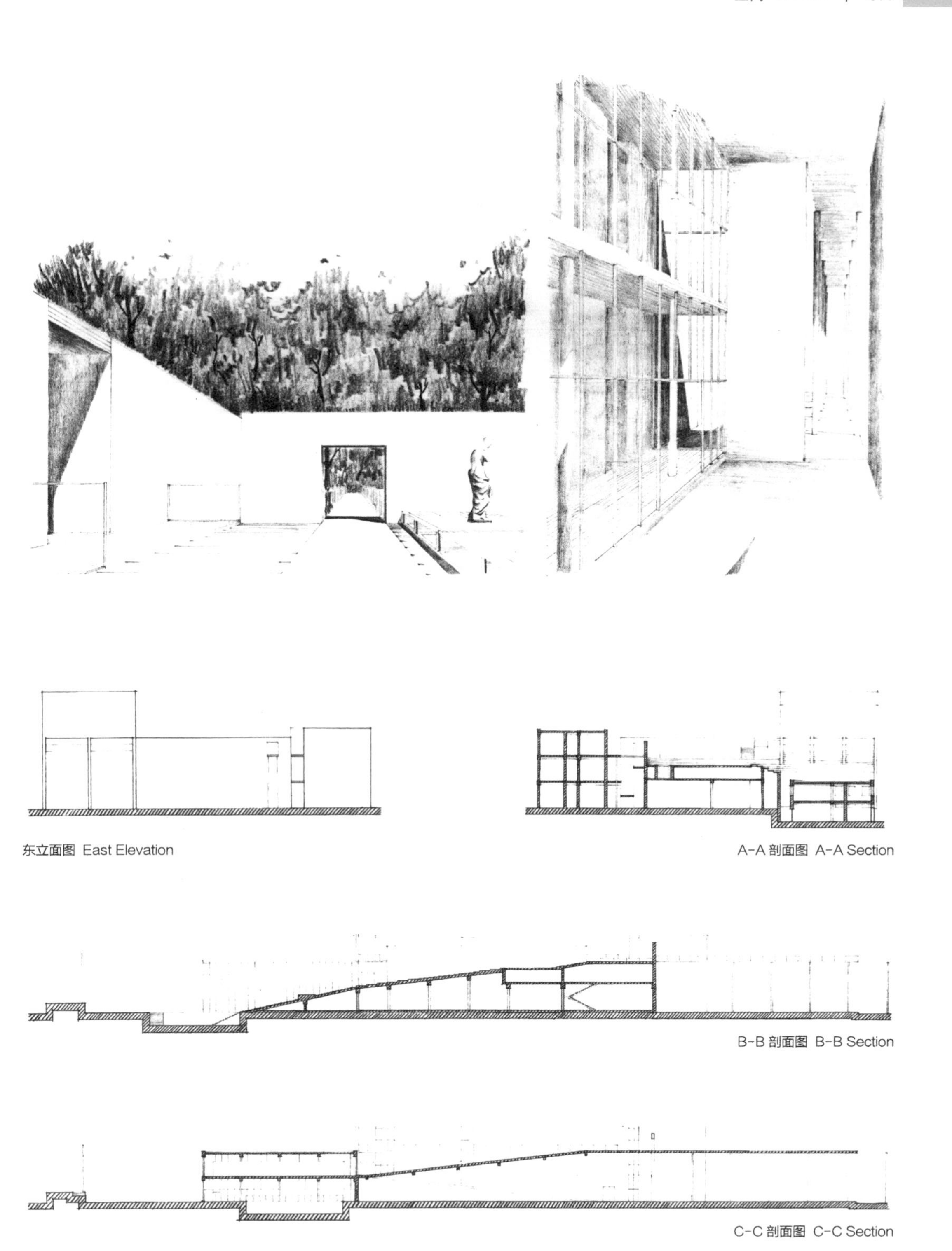

东立面图 East Elevation

A-A 剖面图 A-A Section

B-B 剖面图 B-B Section

C-C 剖面图 C-C Section

内外之间

IN & OUT

方案设计：沙烨星
指导教师：庄惟敏/胡林
完成时间：2014年

[教师点评 COMMENT]

该方案将建筑分为三个体量，通过三个体量之间的关联及对场地高差的利用，较好地处理了建筑毗邻清华百年讲堂、文科楼、校河的场所及校园肌理关系。建筑造型简洁，室内外空间严整而丰富。

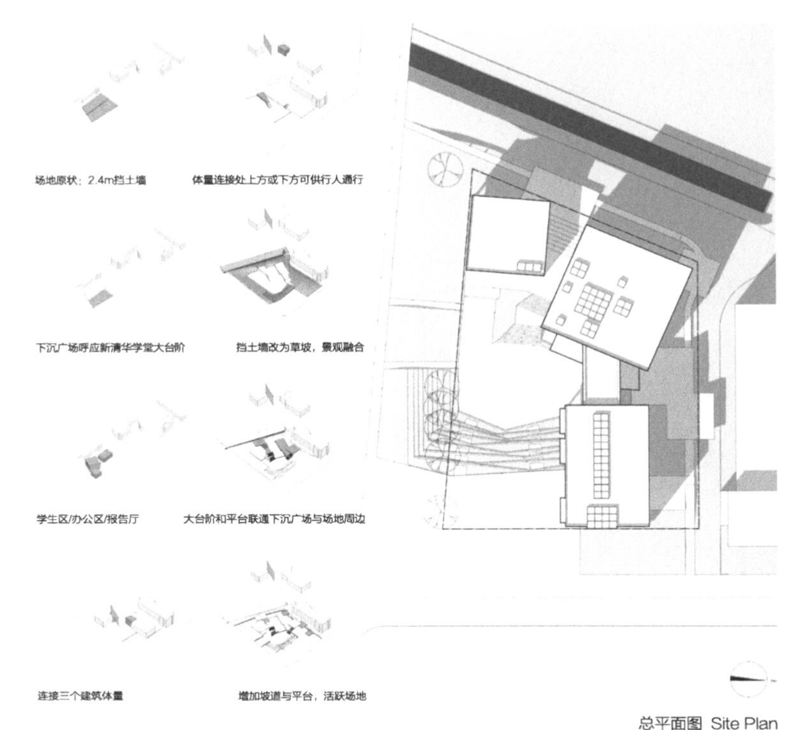

总平面图 Site Plan

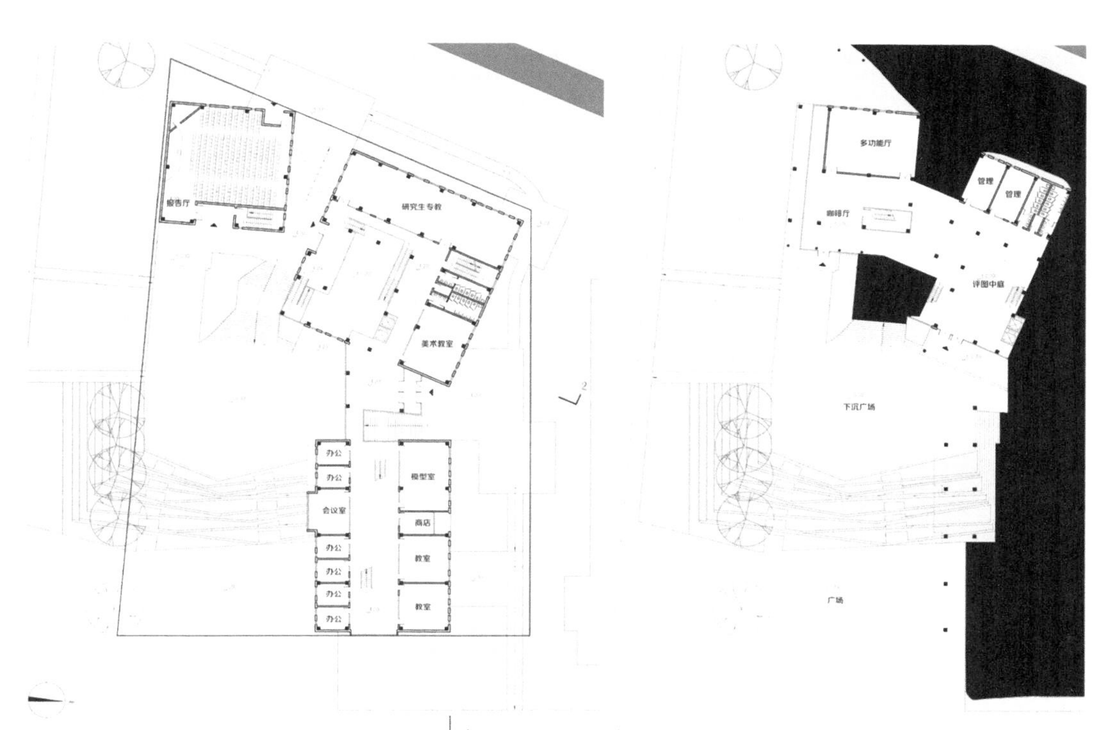

一层平面图 1F Floor Plan

二层平面图 2F Floor Plan

南立面图 South Elevation

北立面图 North Elevation

轴测分析 Axonometric Analysis

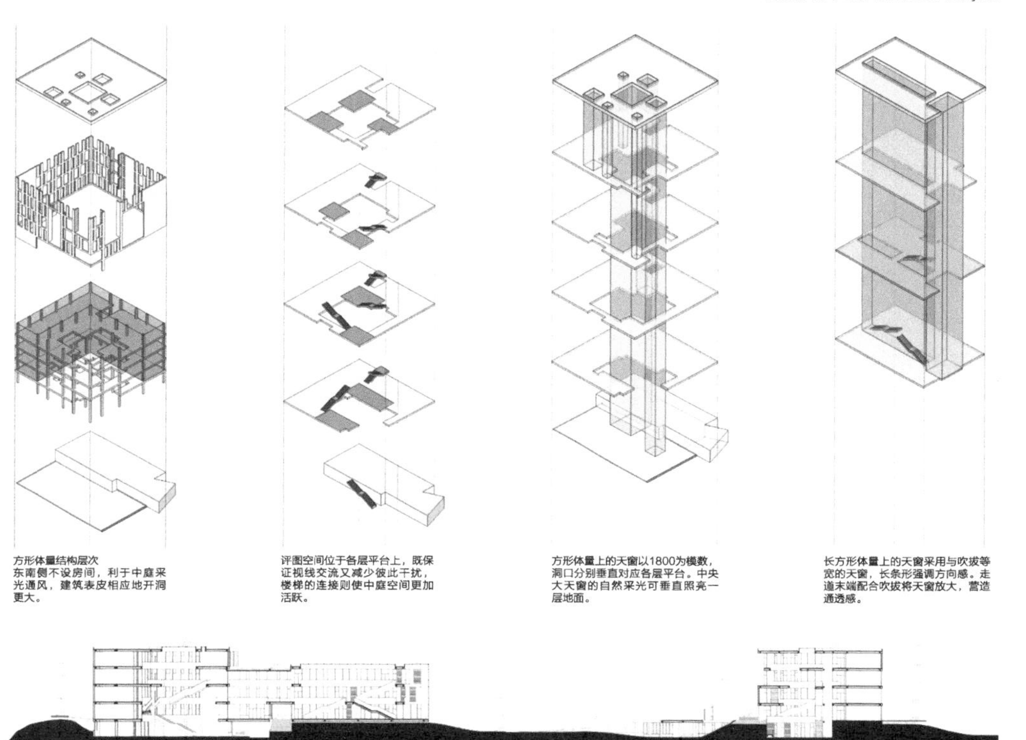

方形体量结构层次
东南侧不设房间，利于中庭采光通风，建筑表皮相应地开洞更大。

评图空间位于各层平台上，既保证视线交流又减少彼此干扰，楼梯的连接则使中庭空间更加活跃。

方形体量上的天窗以1800为模数，洞口分别垂直对应各层平台。中央大天窗的自然采光可垂直照亮一层地面。

长方形体量上的天窗采用与吹拔等宽的天窗，长条形强调方向感。走道末端配合吹拔将天窗放大，营造通透感。

1-1 剖面图 1-1 Section

2-2 剖面图 2-2 Section

塔与窟

TOWER & CAVE

方案设计：唐思齐
　　　　　刘炫育
指导教师：庄惟敏/胡林
完成时间：2014年

[教师点评 COMMENT]

设计者初次尝试合作即很好地诠释了“和而不同”的理念，两座系馆既具备明显的识别性又和谐共处，巧妙的地形处理构成丰富的室外活动空间，传统石窟原型被抽象地运用于建筑造型和室内中庭，进一步契合了主题的艺术氛围。

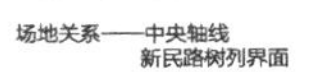

场地关系——中央轴线
新民路树列界面

交通流线——交通交汇
吞吐人流

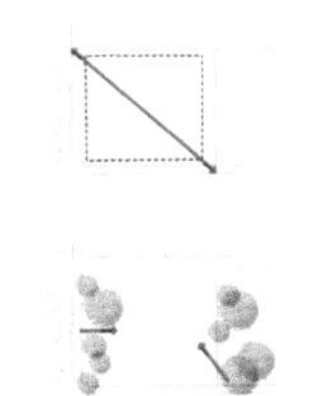

场地策略——开辟对角路径
纳入两侧景观

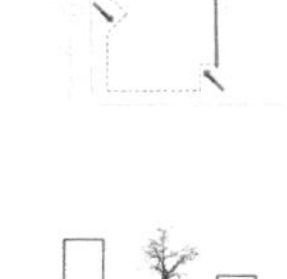

体型策略——退让西侧景观
引入东侧林地

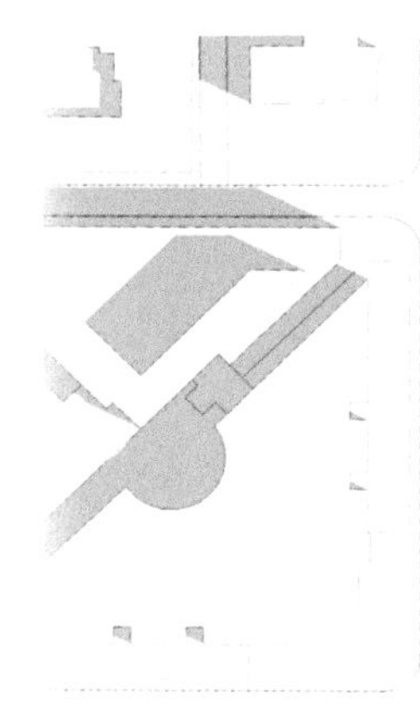

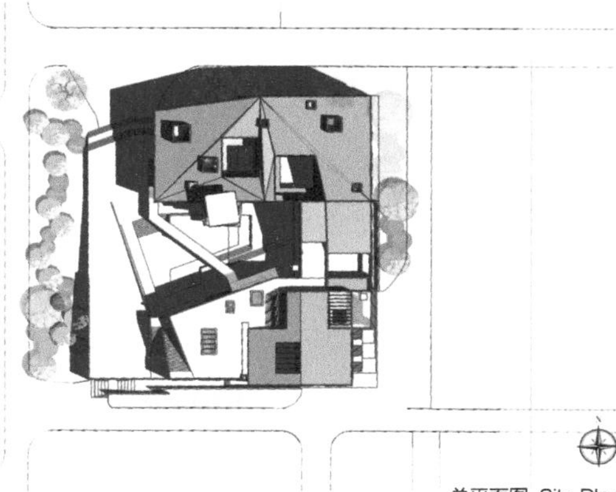

总平面图 Site Plan

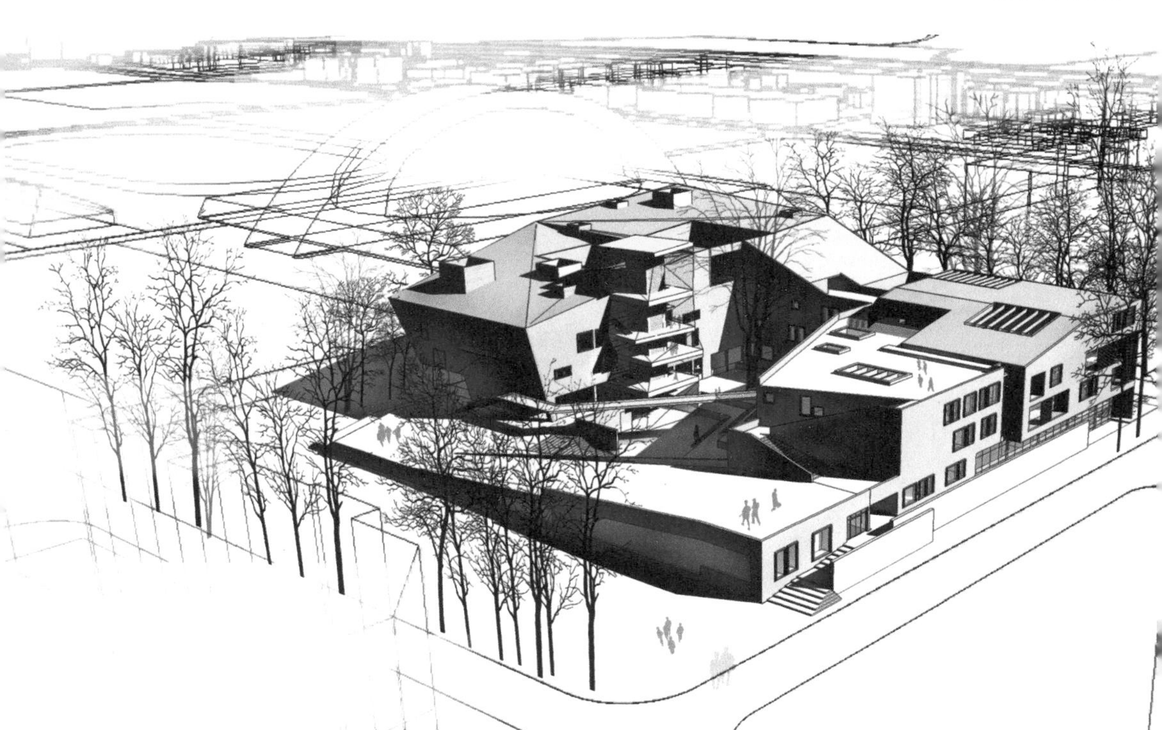

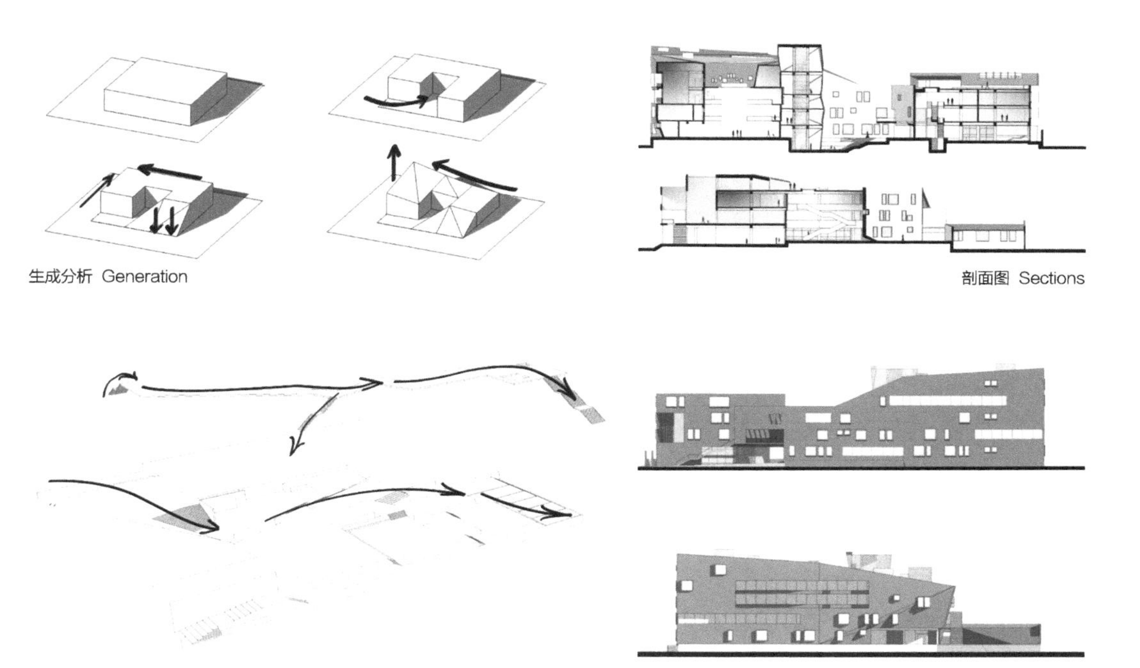

生成分析 Generation

剖面图 Sections

室外共享空间 Outdoor Public Space

立面图 Elevations

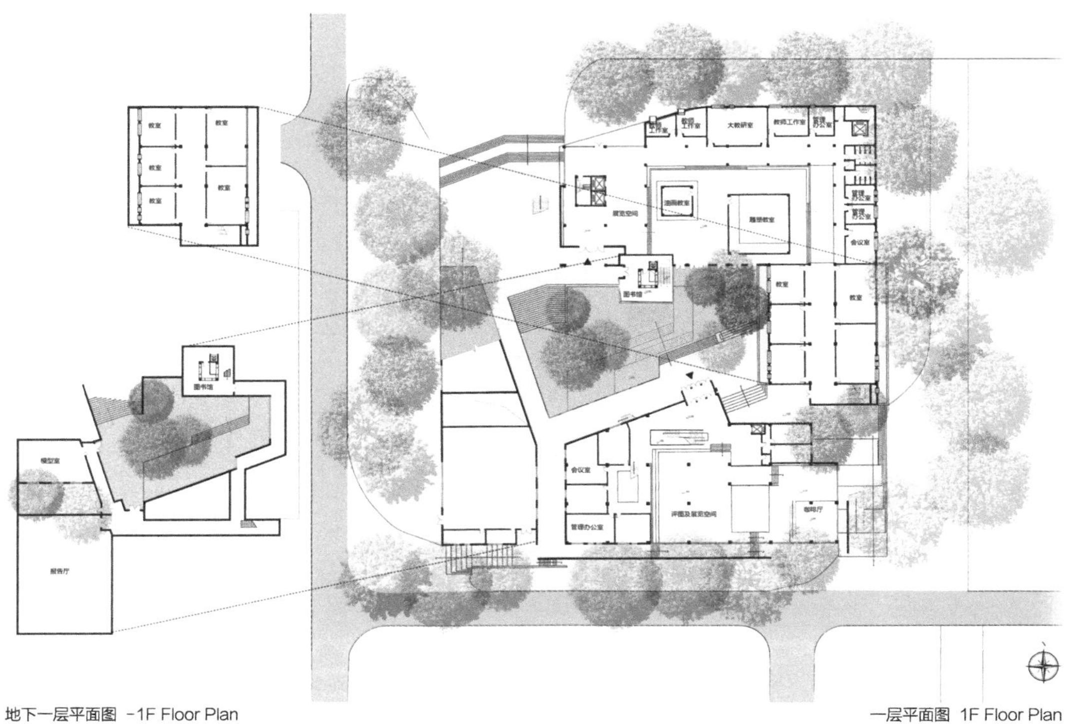

地下一层平面图 -1F Floor Plan

一层平面图 1F Floor Plan

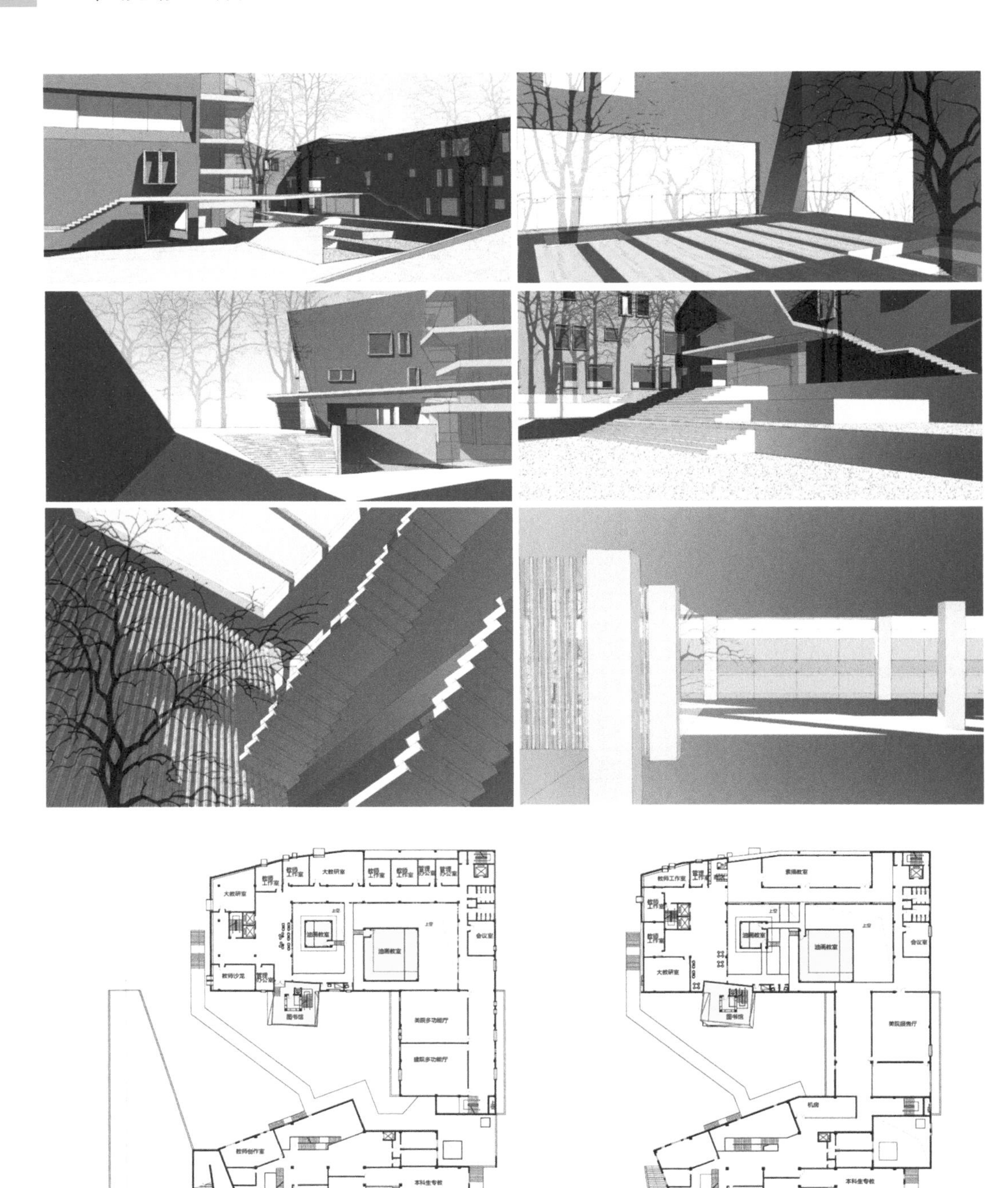

二层平面图 2F Floor Plan

三层平面图 3F Floor Plan

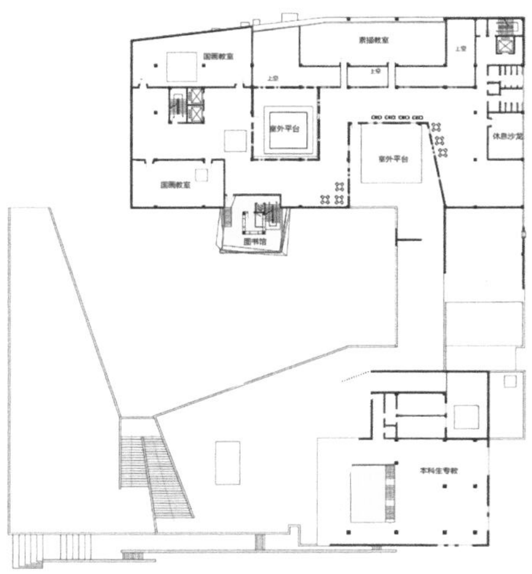

四层平面图 4F Floor Plan

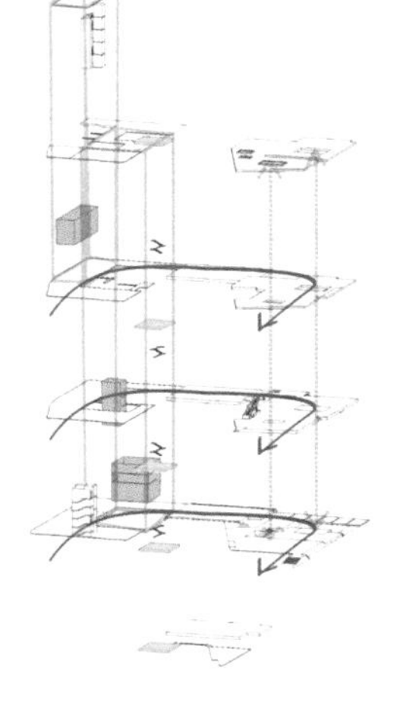

流线分析 Circulation

方·线

CUBE·LINE

方案设计：苏天宇
指导教师：王丽方
完成时间：2014年

[教师点评 COMMENT]

用地周边现存建筑体量很大，造型强势。作业敢于与建筑大师的作品对话。从造型入手，结合不同功能的表达来深化设计，得出了尺度堪与周边相匹敌、造型更为灵动的方案。功能合理，空间丰富。系馆的建筑面积虽小，但显得颇有气派，同时也使周边环境更为积极和有趣味。

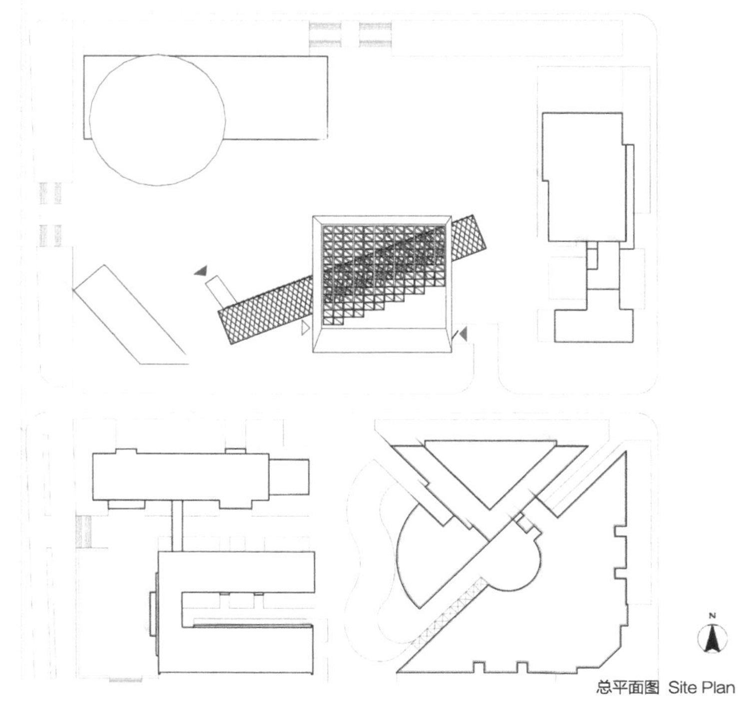

总平面图 Site Plan

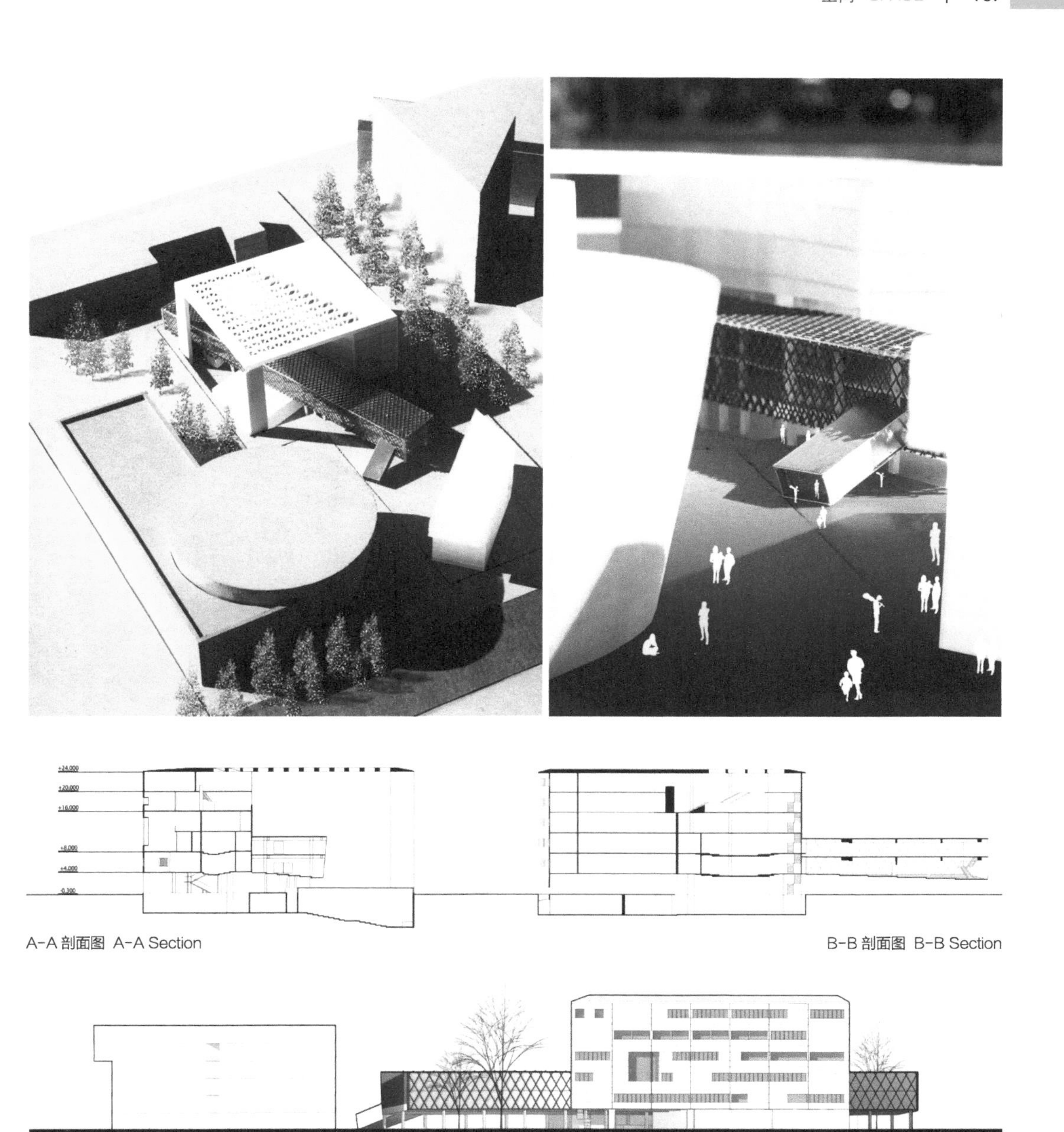

A-A 剖面图 A-A Section

B-B 剖面图 B-B Section

南立面图 South Elevation

东立面图 East Elevation

西立面图 West Elevation

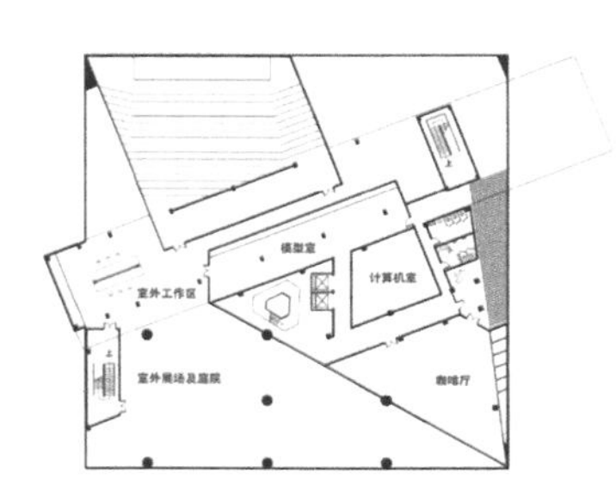

地下一层平面图 -1F Floor Plan

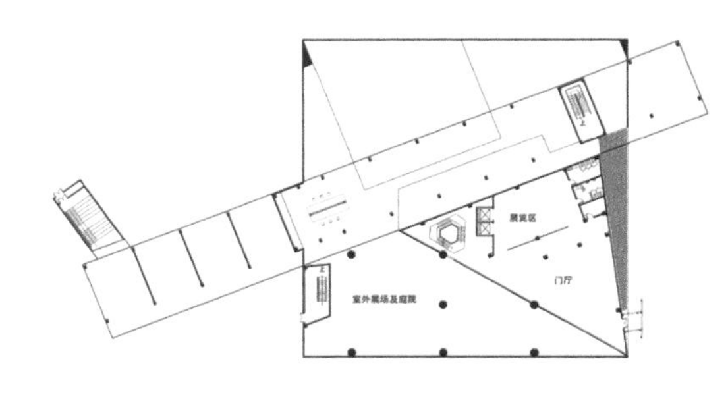

一层平面图 1F Floor Plan

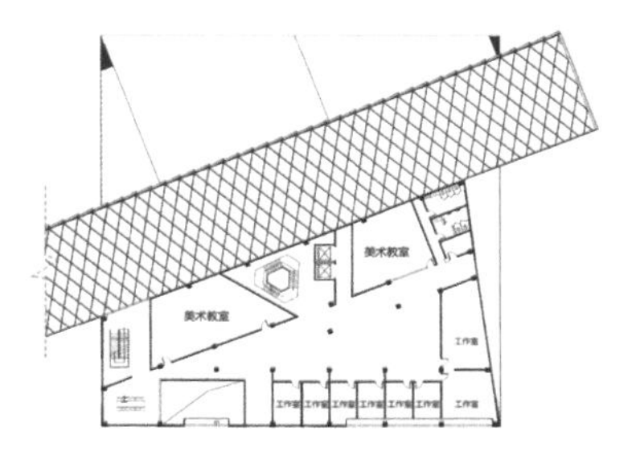

四层平面图 4F Floor Plan

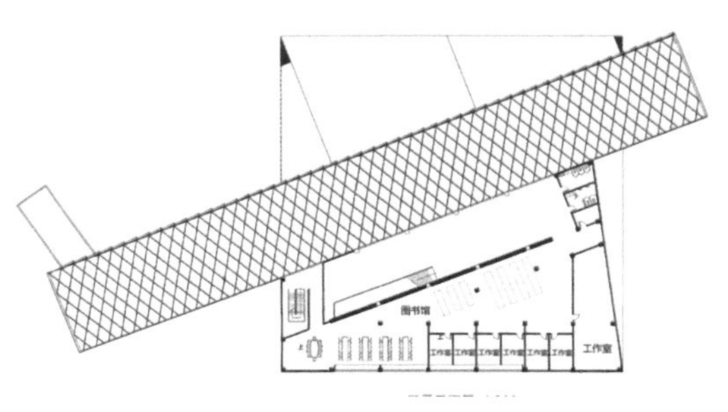

五层平面图 5F Floor Plan

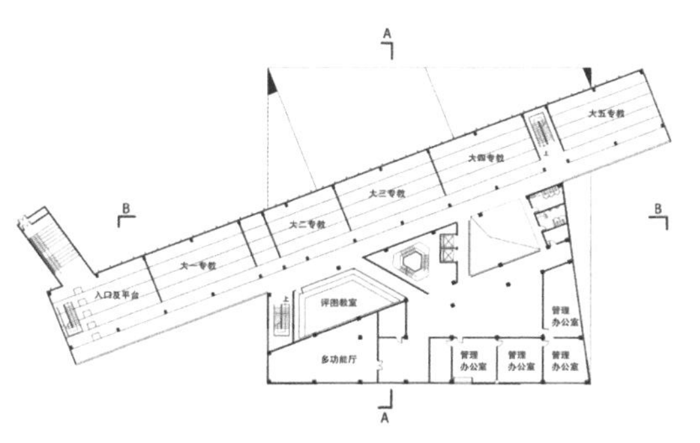

二层平面图 2F Floor Plan

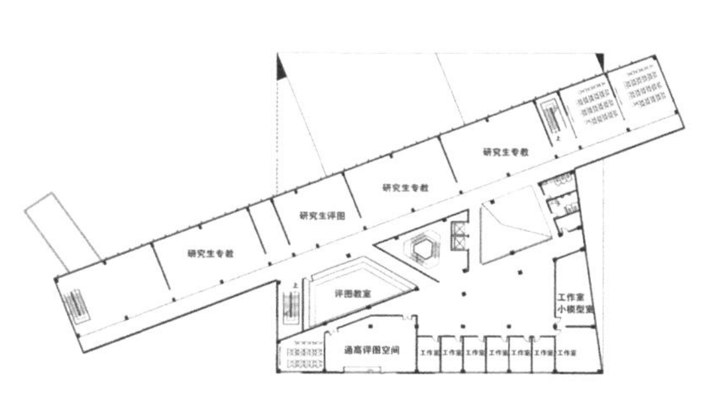

三层平面图 3F Floor Plan

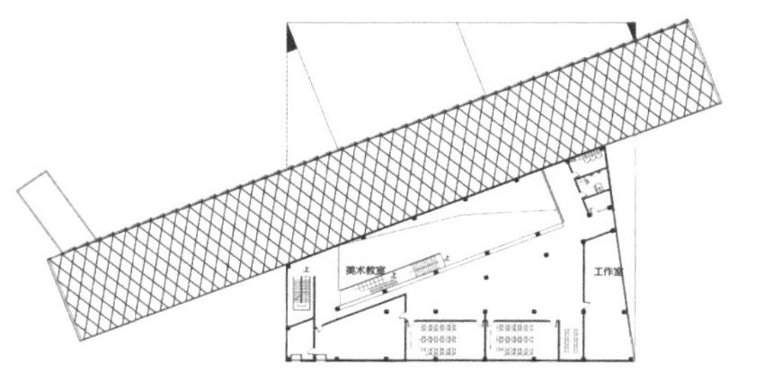

六层平面图 6F Floor Plan

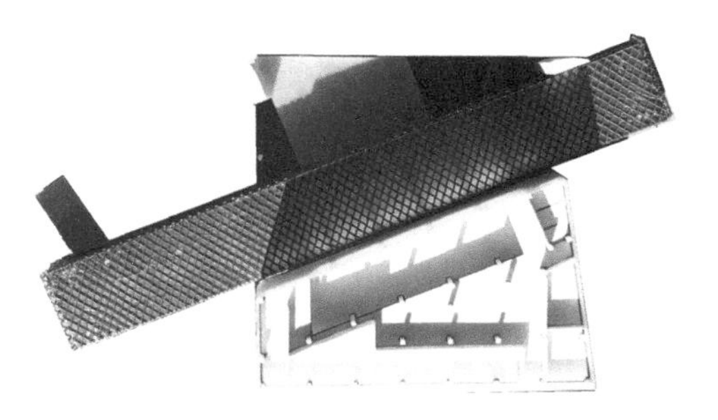

模型照片 Model

塔居林

FOREST OF TOWERS

方案设计：邓乔乔
指导教师：吕富珣
完成时间：2015年

[教师点评 COMMENT]

各种不同形式的院落与不同体形的垂直塔楼的有机组合，形成了较为丰富的空间景观与造型效果，各种不同使用功能的组织与各种空间意象的塑造也取得了较好的统一，建筑周边环境氛围的营造也力求现有绿植资源的充分利用以及整体自然环境的和谐。

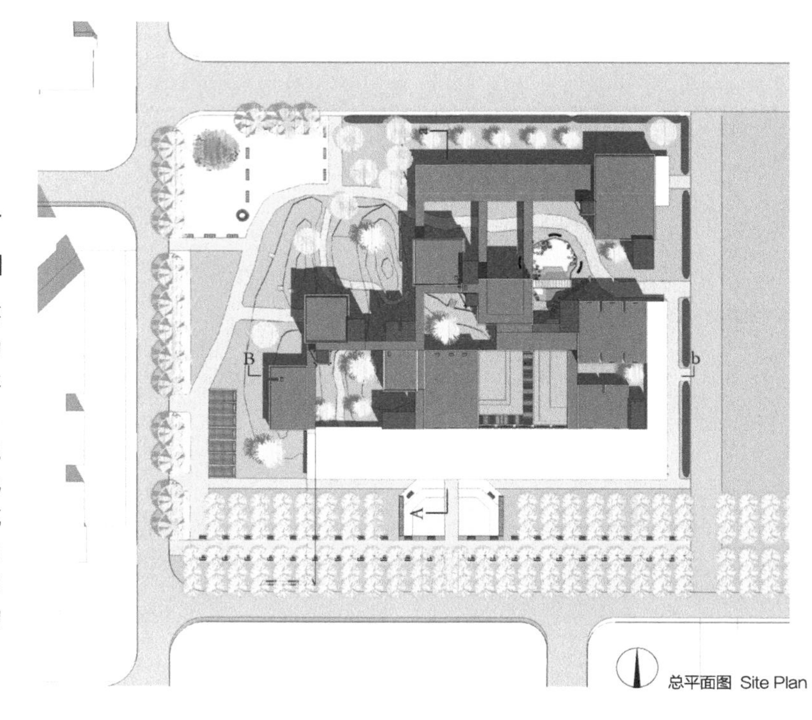

总平面图 Site Plan

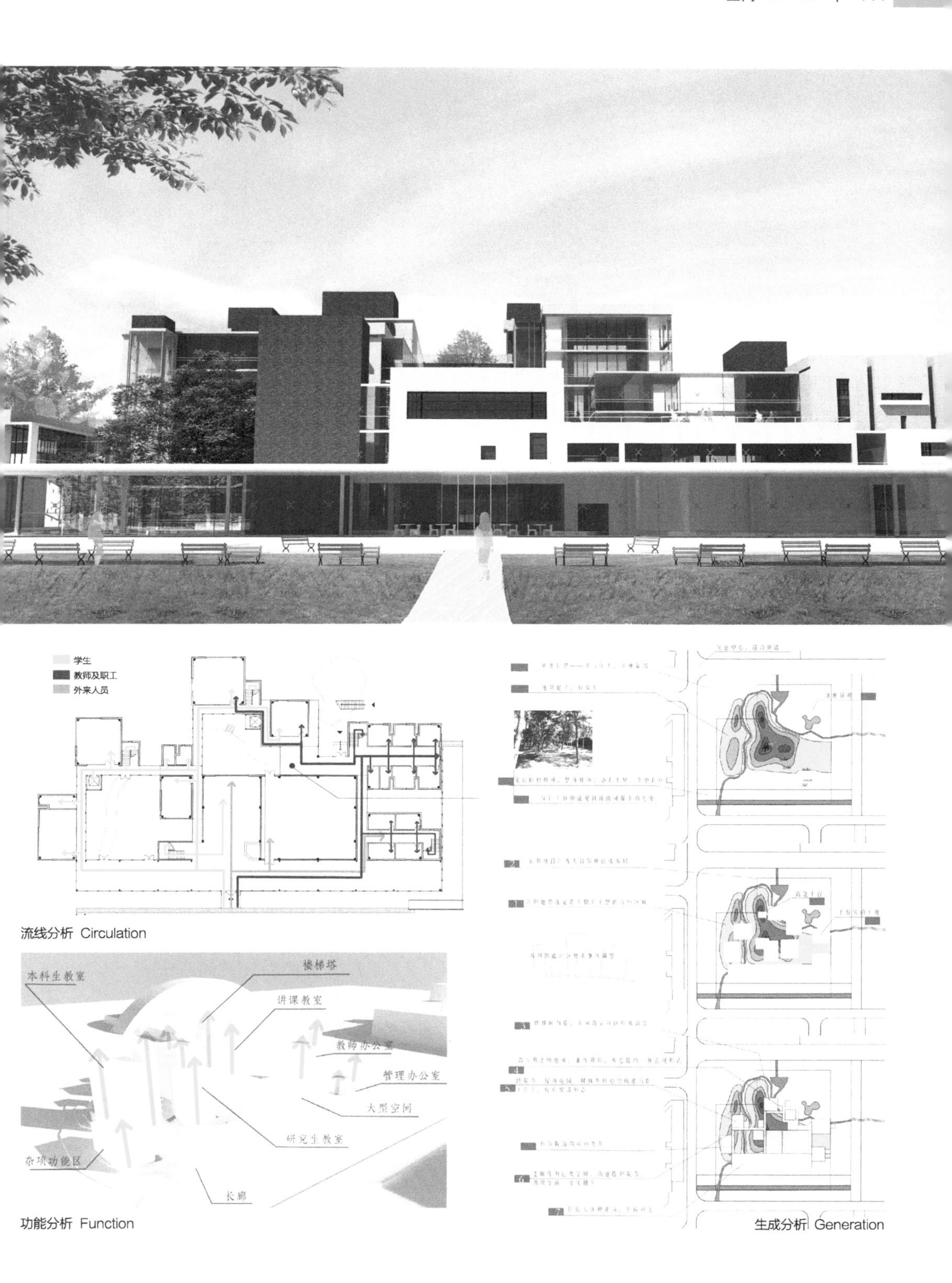

流线分析 Circulation

功能分析 Function

生成分析 Generation

一层平面图 1F Floor Plan

二层平面图 2F Floor Plan

A-A 剖面图 A-A Section

B-B 剖面图 B-B Section

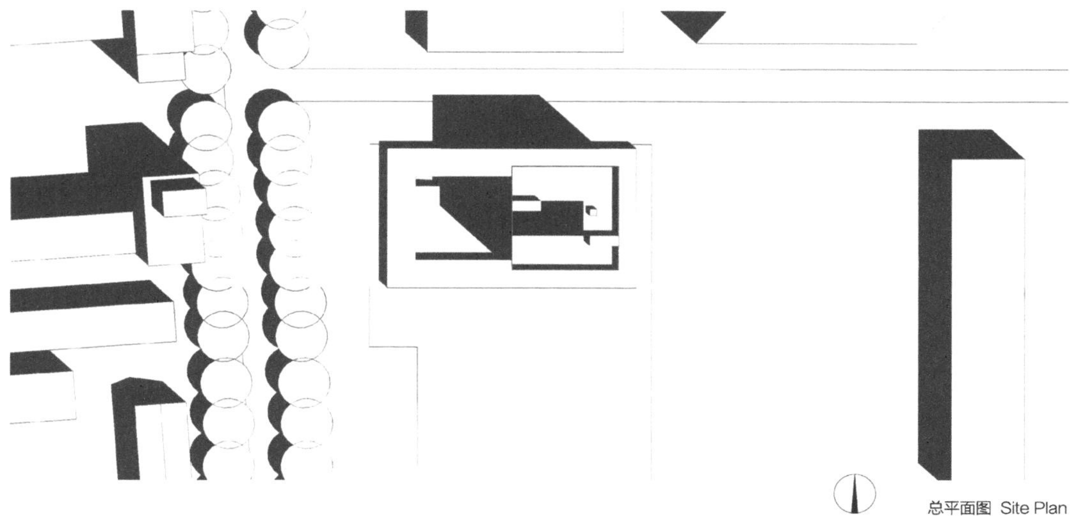

总平面图 Site Plan

方·圆

SQUARE·CIRCLE

方案设计：孙旭东
指导教师：王辉
完成时间：2012年

[教师点评 COMMENT]

设计者试图通过深入思考与逻辑演绎实现对于场所精神与空间品质的追求，创造出了具有一定力量感与精神内涵的校园建筑。方案逻辑清晰，对室内外空间进行了精心组织与处理，很好地诠释了方与圆、院与体、大气与细腻的平衡与交织，是一份较有设计深度的学生作业。

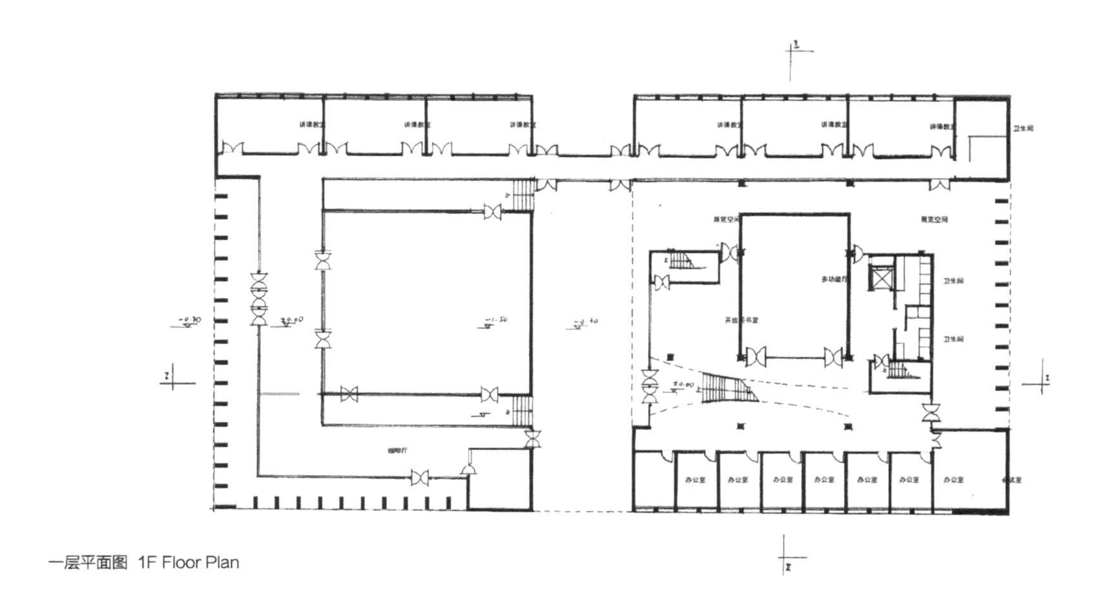

一层平面图 1F Floor Plan

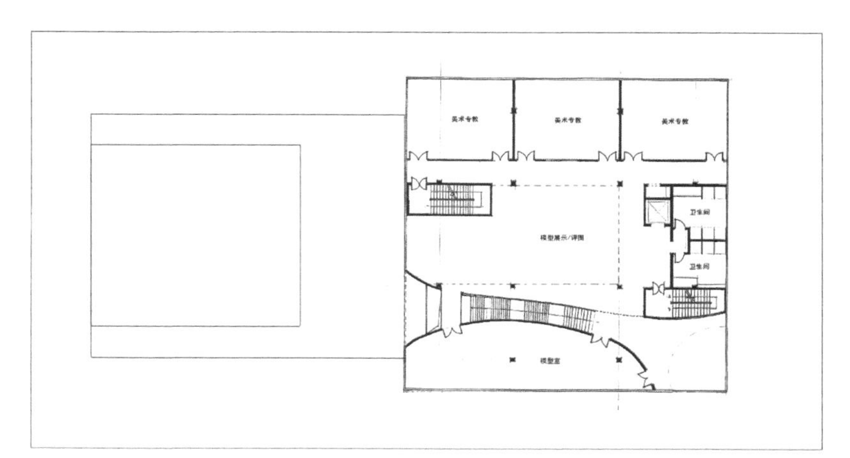

二层平面图 2F Floor Plan

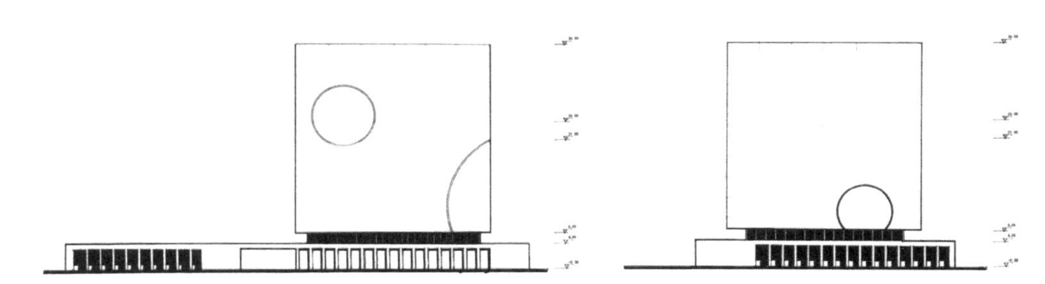

南立面图 South Elevation

西立面图 West Elevation

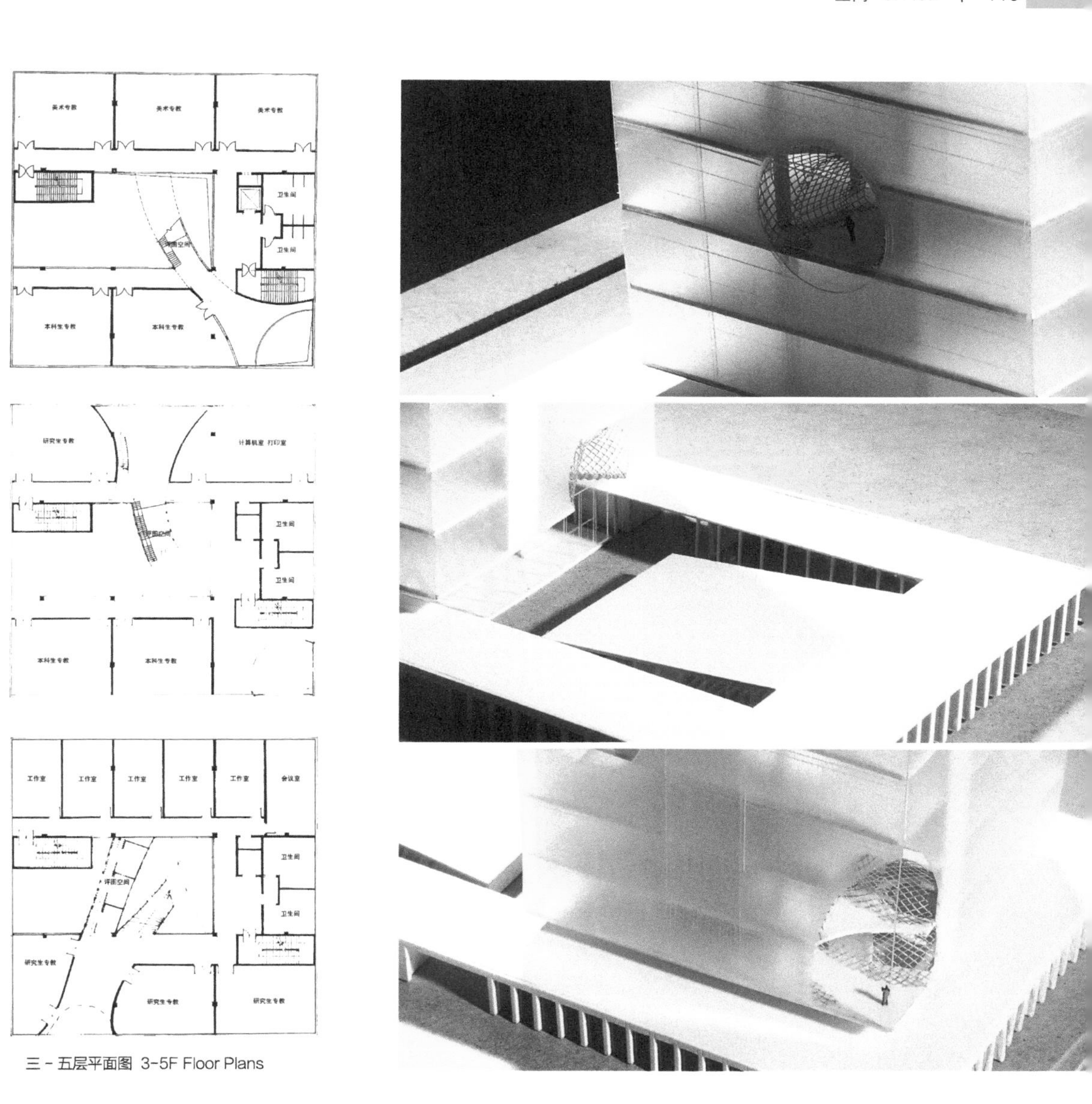

三 - 五层平面图 3-5F Floor Plans

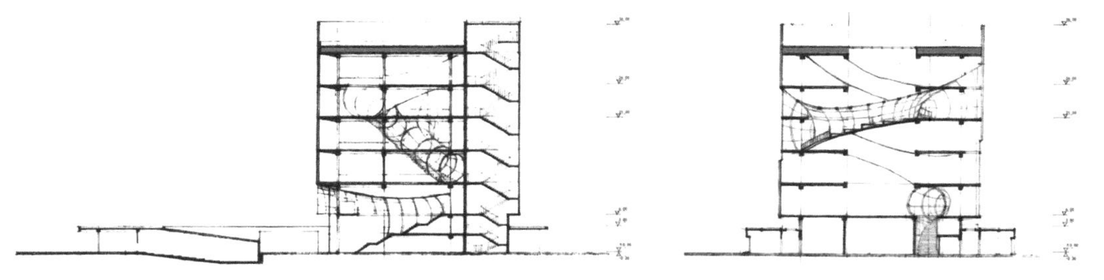

1-1 剖面图 1-1 Section

2-2 剖面图 2-2 Section

4

ORDER

秩序

秩序 | ORDER
——基于秩序要素的设计训练

1. 课程目的

1）本设计专题是“建筑设计4”的第二个模块——基于秩序要素的设计训练。秩序是理性的、逻辑的层级关系和建构框架，可以体现在从建筑空间到城市空间的各个层面。本设计专题使学生初步建立“建成环境”的概念，并初步具备应对复杂的现状条件的能力。

2）本设计专题强调理性的分析和逻辑的手段，强调在对原有建筑室内外空间结构的充分分析和理解的基础上，对混乱的建成环境进行梳理和调整，并建立起新的空间秩序，使其在使用功能和空间体验上得以提升。

2. 设计要点

1）本设计专题曾在北京焦化厂、天津大沽船厂以及清华大学校园内多处选址，其中选用的清华大学照澜院社区的4块地块彼此相邻。学生自选其中一个地块进行设计，同时鼓励同学间自行合作设计，对4个地块进行整体总图设计。

2）在实地调研基础上，对现状较为混杂的环境问题进行梳理。通过整治室外现状环境的不足，重点营造良好的室外公共场所和步行环境，提升“建成环境”的整体品质。

3）充分利用原有建筑进行改扩建，以满足新的功能要求。扩建或对原有建筑的重新使用均要充分考虑与周边环境的关系，要合理巧妙地利用原有建筑结构，进行适宜性的改造再利用。

◀ 地段实景

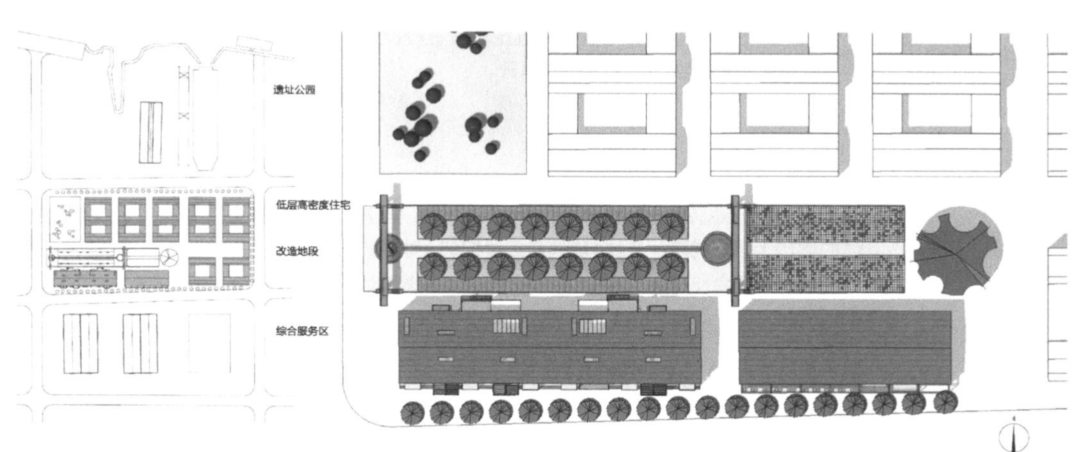

总平面图 Site Plan

变

FLEXIBILITY

方案设计：林超
指导教师：邹欢
完成时间：2009年

[教师点评 COMMENT]

将原厂房区转变为居住区，为城市发展提供新的契机。选取一幢厂房改造为loft住宅和办公综合体，巧妙地利用原有建筑结构和空间，尺度适宜。引入集装箱概念进行建筑空间设计，既隐含了造船厂的历史意义，又丰富了空间语言，是一个浪漫而又现实的设计方案。

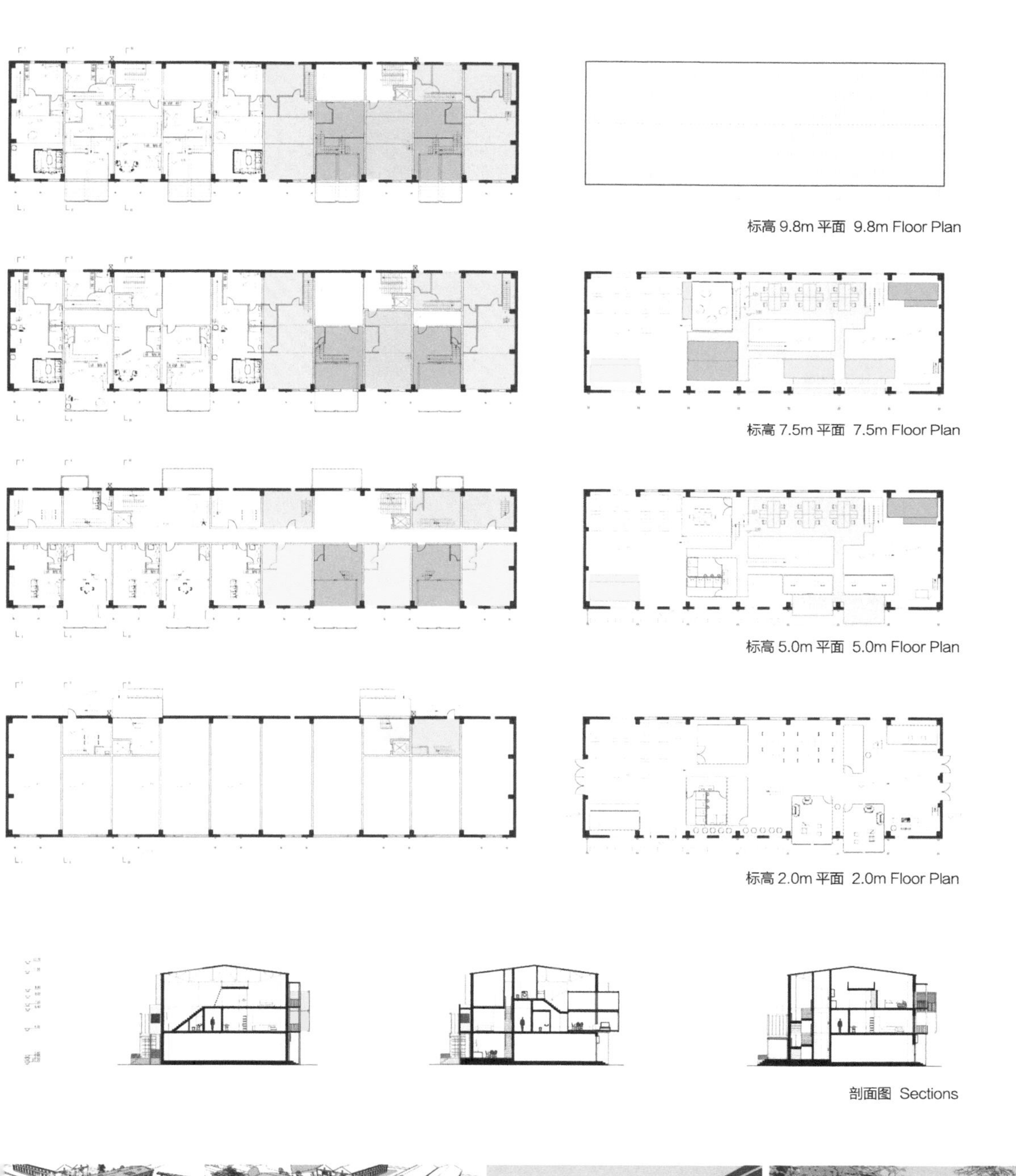

标高 9.8m 平面 9.8m Floor Plan

标高 7.5m 平面 7.5m Floor Plan

标高 5.0m 平面 5.0m Floor Plan

标高 2.0m 平面 2.0m Floor Plan

剖面图 Sections

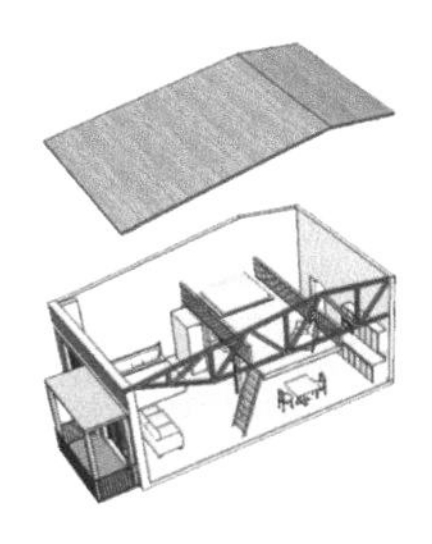

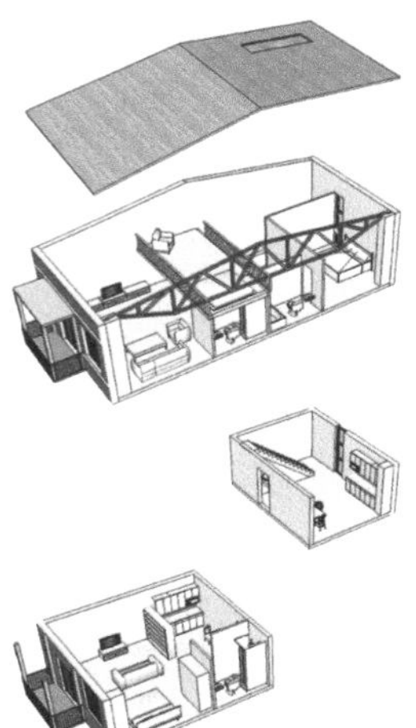

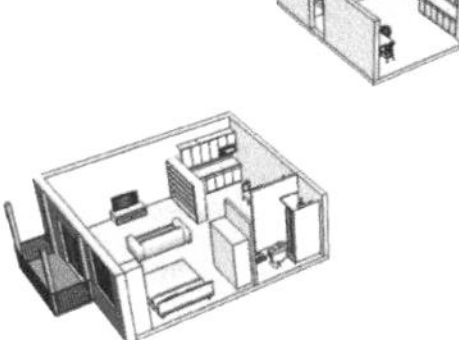

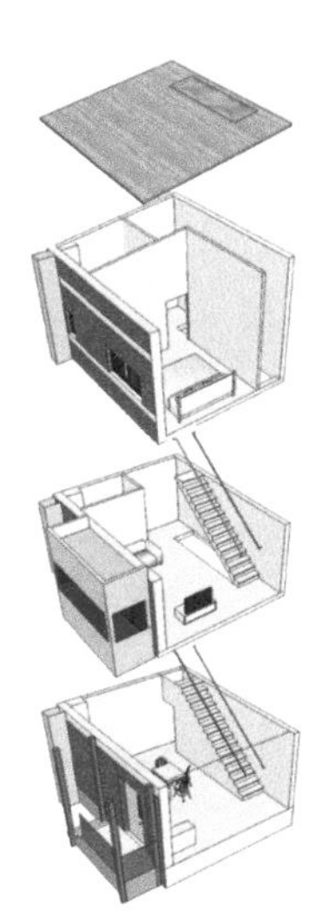

住宅部分各房间大小相近，分隔灵活，功能可互换

住宅模块 Modules

南立面图 South Elevation

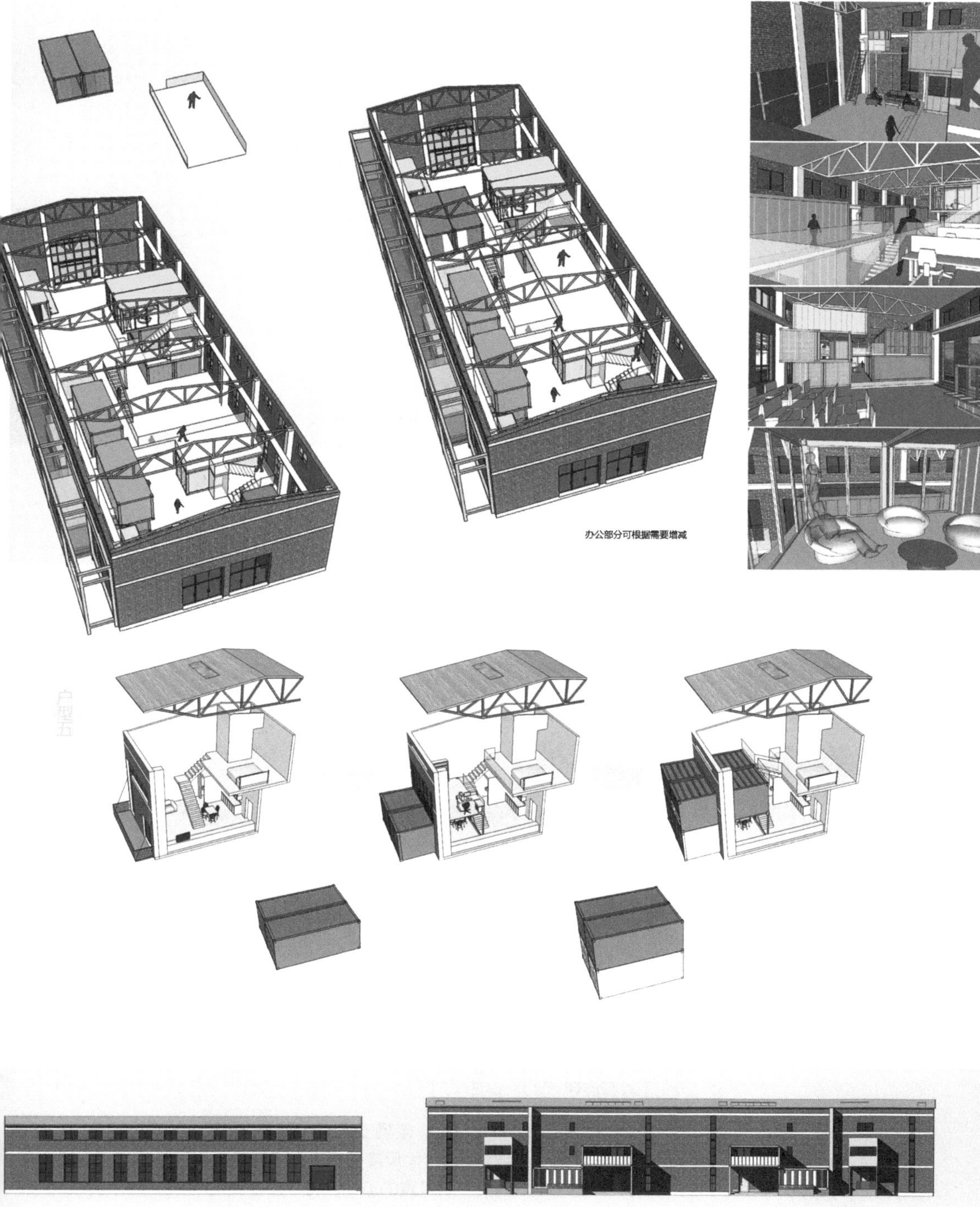

北立面图 North Elevation

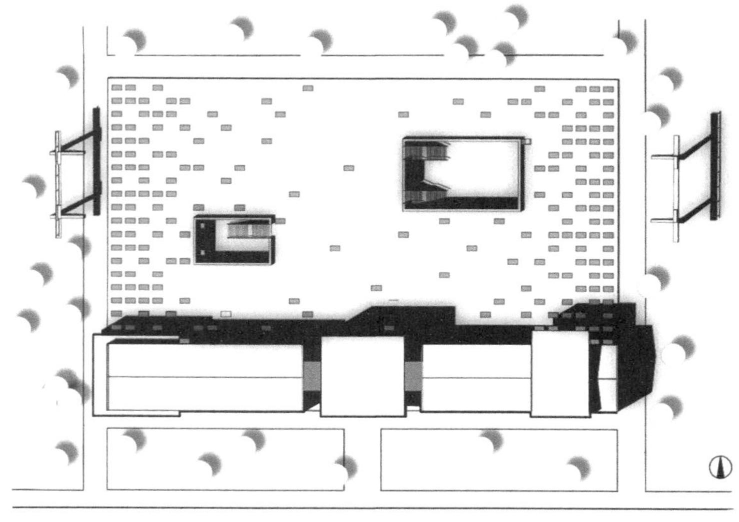

总平面图 Site Plan

墙·景

WALL·VIEW

方案设计：傅隽声
指导教师：范路
完成时间：2009年

[教师点评 COMMENT]

大沽船厂的2个旧厂房，阻隔了基地与海河对岸规划CBD的视线联系。针对这一问题，该设计以3个大尺度景框嵌入旧厂房之中，既打通了河两岸景观，又整合了旧建筑。新设置的流线，将不断变换指向和氛围的空间串联起来。而新增的地下空间，闭合了流线，并使建筑与场地融为一体。

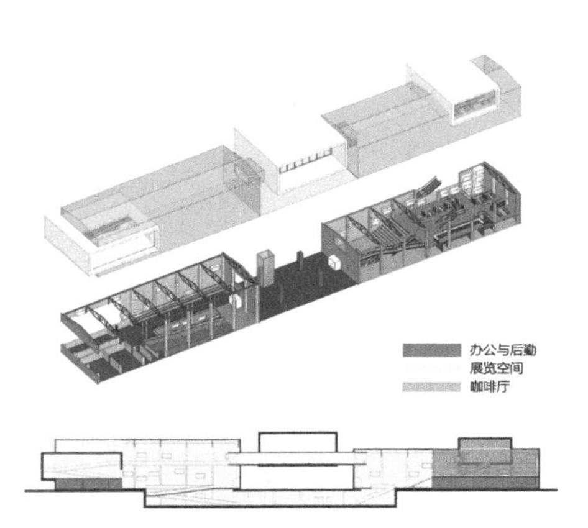

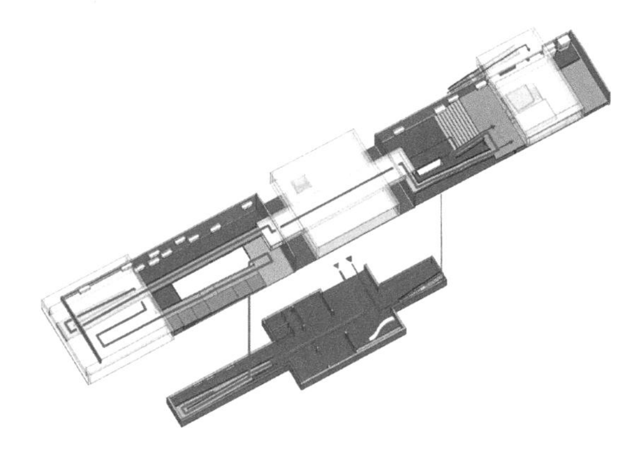

对岸CBD区轴线穿过原T-2A厂房，拆除此部分以打开轴线上的视野，同时加入脱开的盒子连接A、B单体。T2-A厂房以坡道组织空间，在端头插入长向盒子以延长观展流线。在盒子中观者沿坡道上升同时看城市景色。T2-B厂房以楼梯组织空间，在屋顶插入盒子，作为咖啡厅的一部分，拥有良好看海河视野，解决了B单体空间高度不足的问题。与大楼梯于室外相连向城市打开。

结合地铁站台与地下商业街，将展馆主入口设于地下一层。观者沿坡道向上行走过程中观展，同时通过小景框看到城市片断。进入大盒子，视野忽然打开，眼前是连绵不绝的城市景观。
展馆规模较小，避免流线往复。观者在连续行走过程中，通过明暗节奏变化，感受厂房空间。
咖啡厅与展馆相连，可作为观展结束后流线的延续。同时咖啡厅还多设出入口，向广场打开，增加易入性。

功能分析 Function

流线分析 Circulation

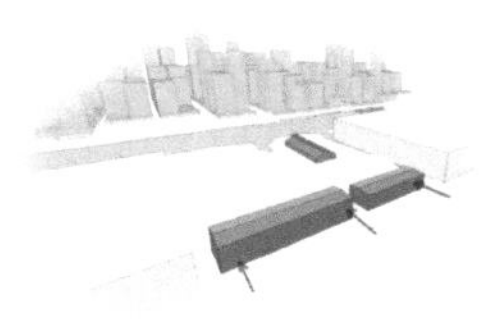

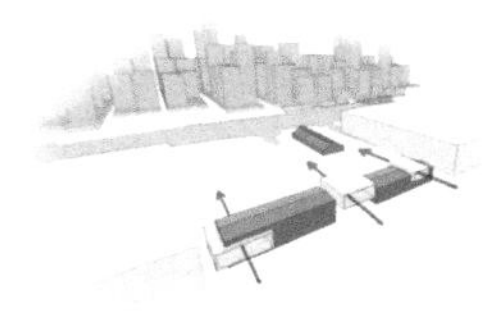

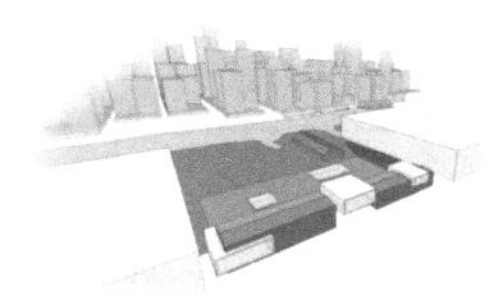

生成分析 Generation

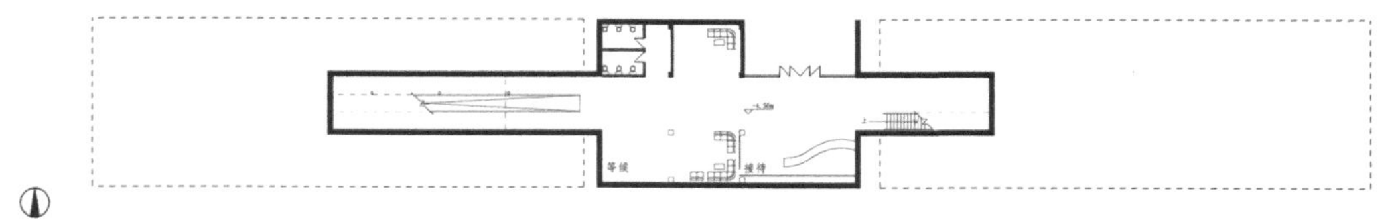

地下一层平面图 -1F Floor Plan

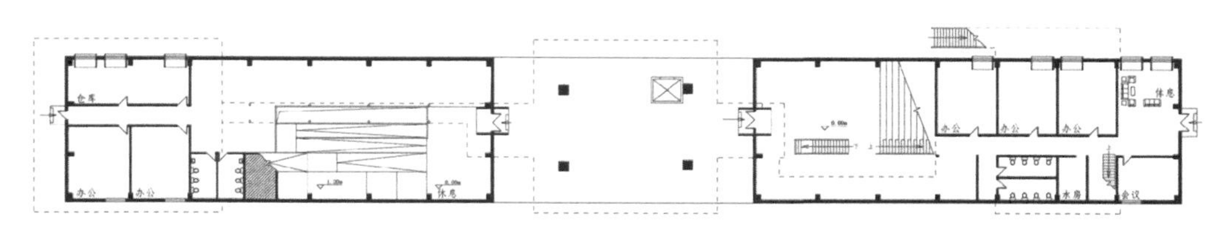

一层平面图 1F Floor Plan

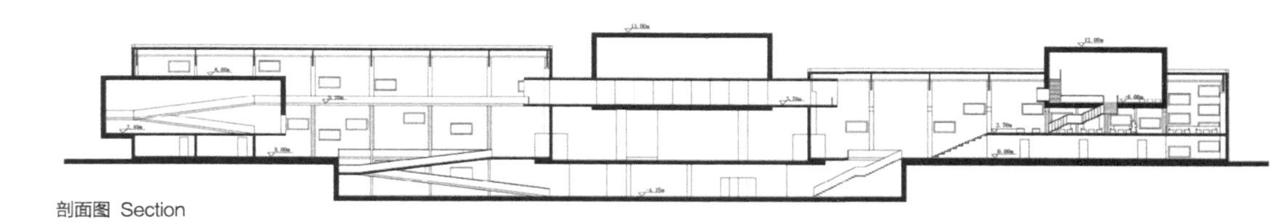

剖面图 Section

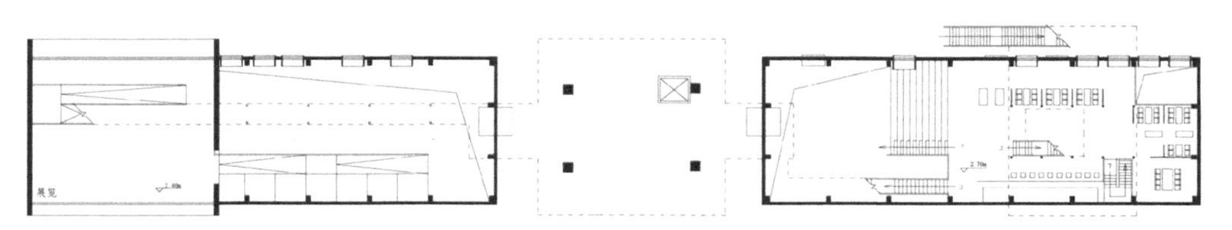

二层平面图 2F Floor Plan

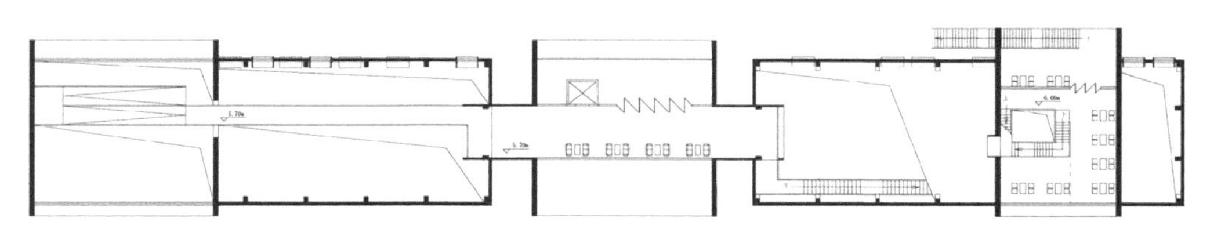

三层平面图 3F Floor Plan

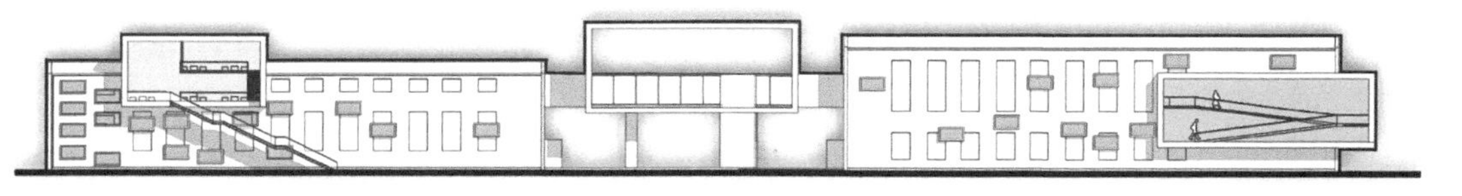

北立面图 North Elevation

4S店
4S SHOP

方案设计：刘芸
指导教师：李亮
完成时间：2009年

[教师点评 COMMENT]

通过复制一个新的玻璃体使原有工业构筑物具有了新的意义，水平的四个形体和细节上的处理保留了工业建筑特点，并形成了一种粗野与精致两种美感的对比效果。方案用非常简洁的方式在垂直和水平两个方向上解决了功能和形式的问题。

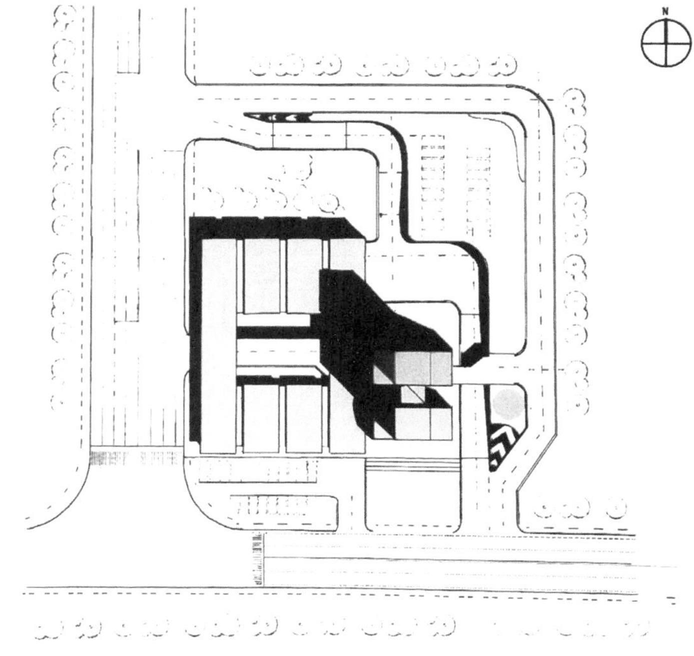

总平面图 Site Plan

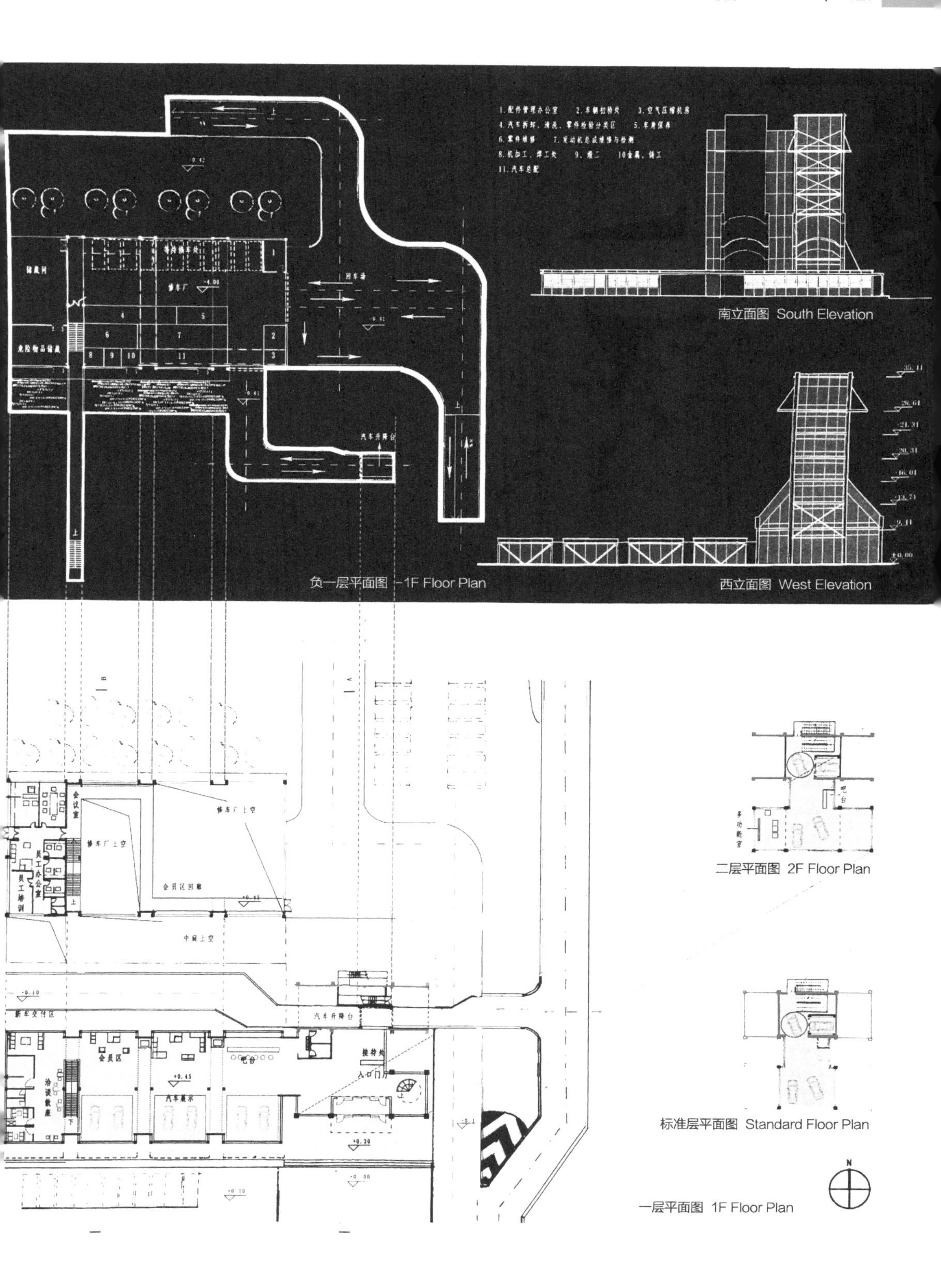

南立面图 South Elevation

西立面图 West Elevation

负一层平面图 -1F Floor Plan

二层平面图 2F Floor Plan

标准层平面图 Standard Floor Plan

一层平面图 1F Floor Plan

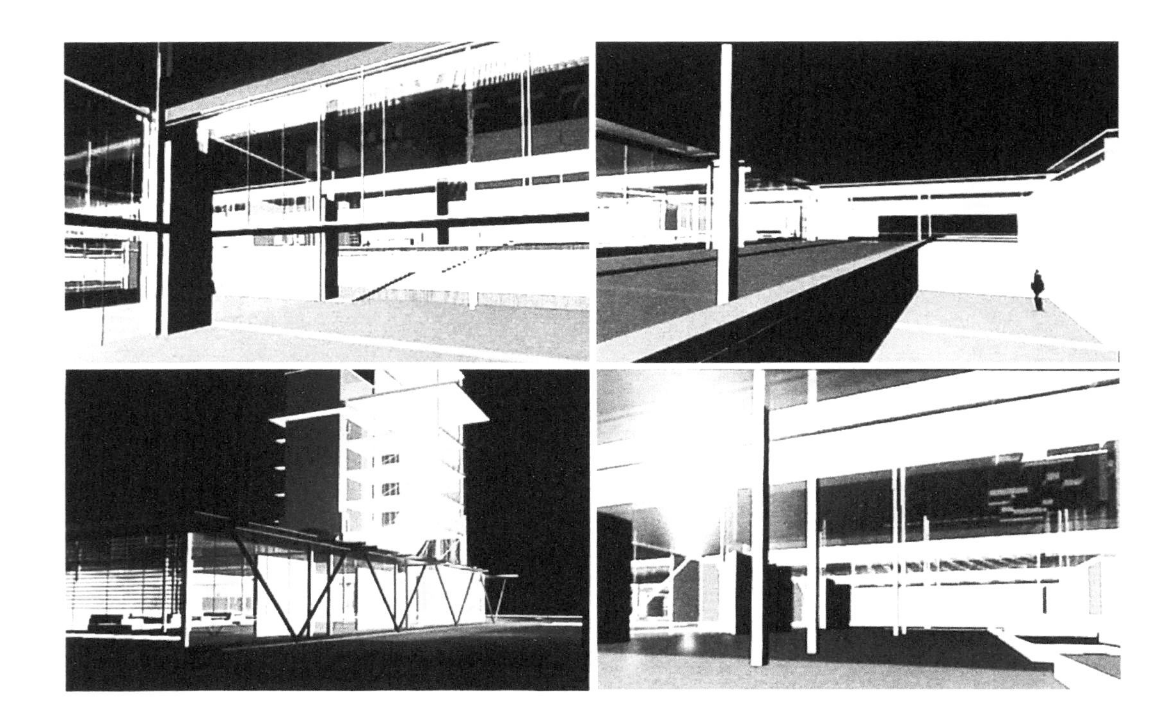

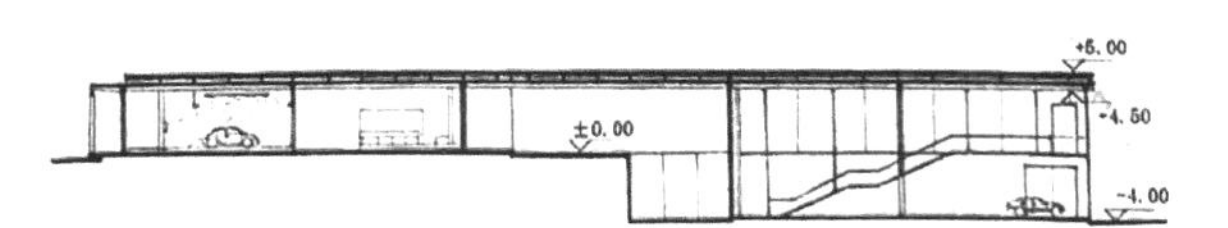

B-B 剖面图 B-B Section

车辆流线
消费者流线

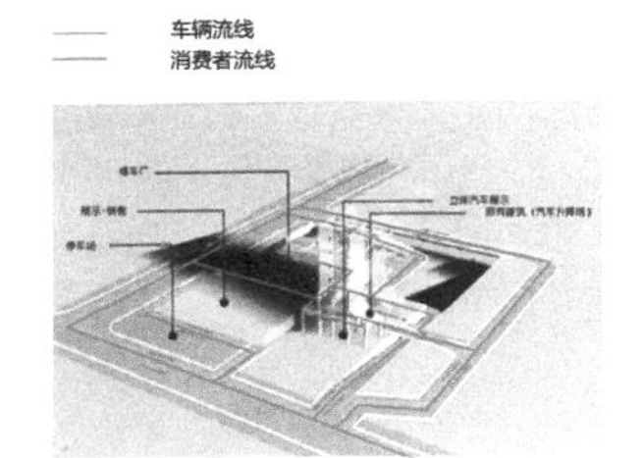

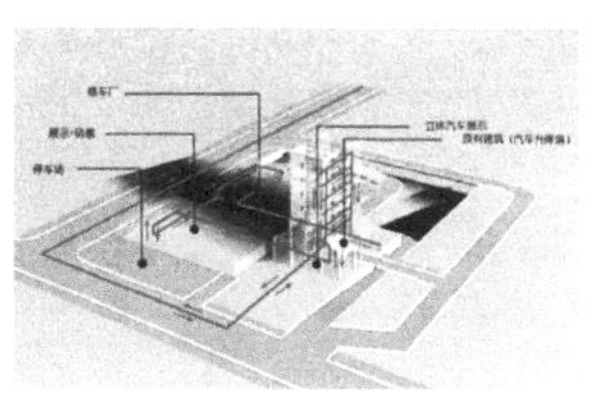

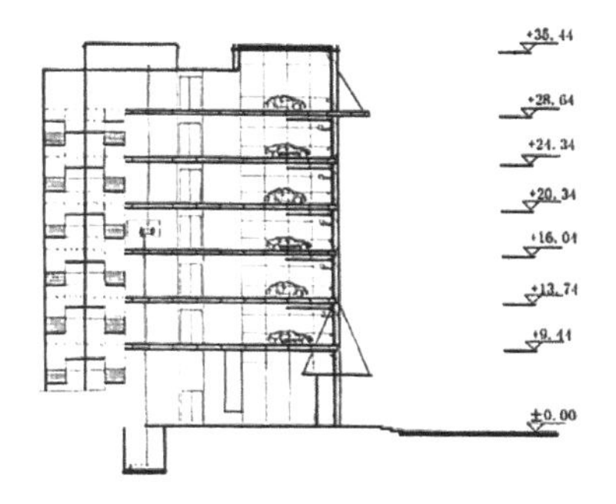

流线分析 Circulation

A-A 剖面图 A-A Section

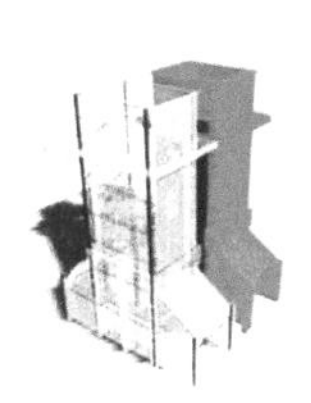

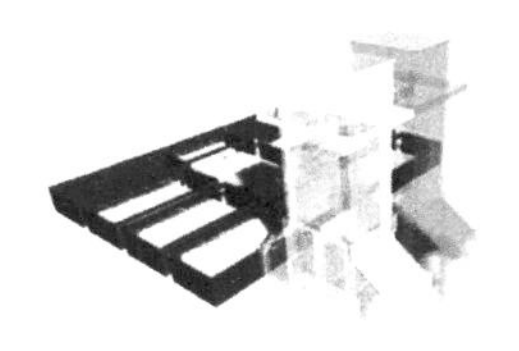

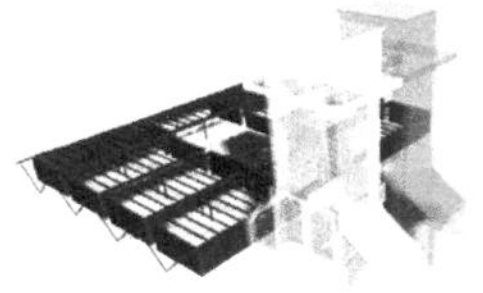

生成分析 Generation

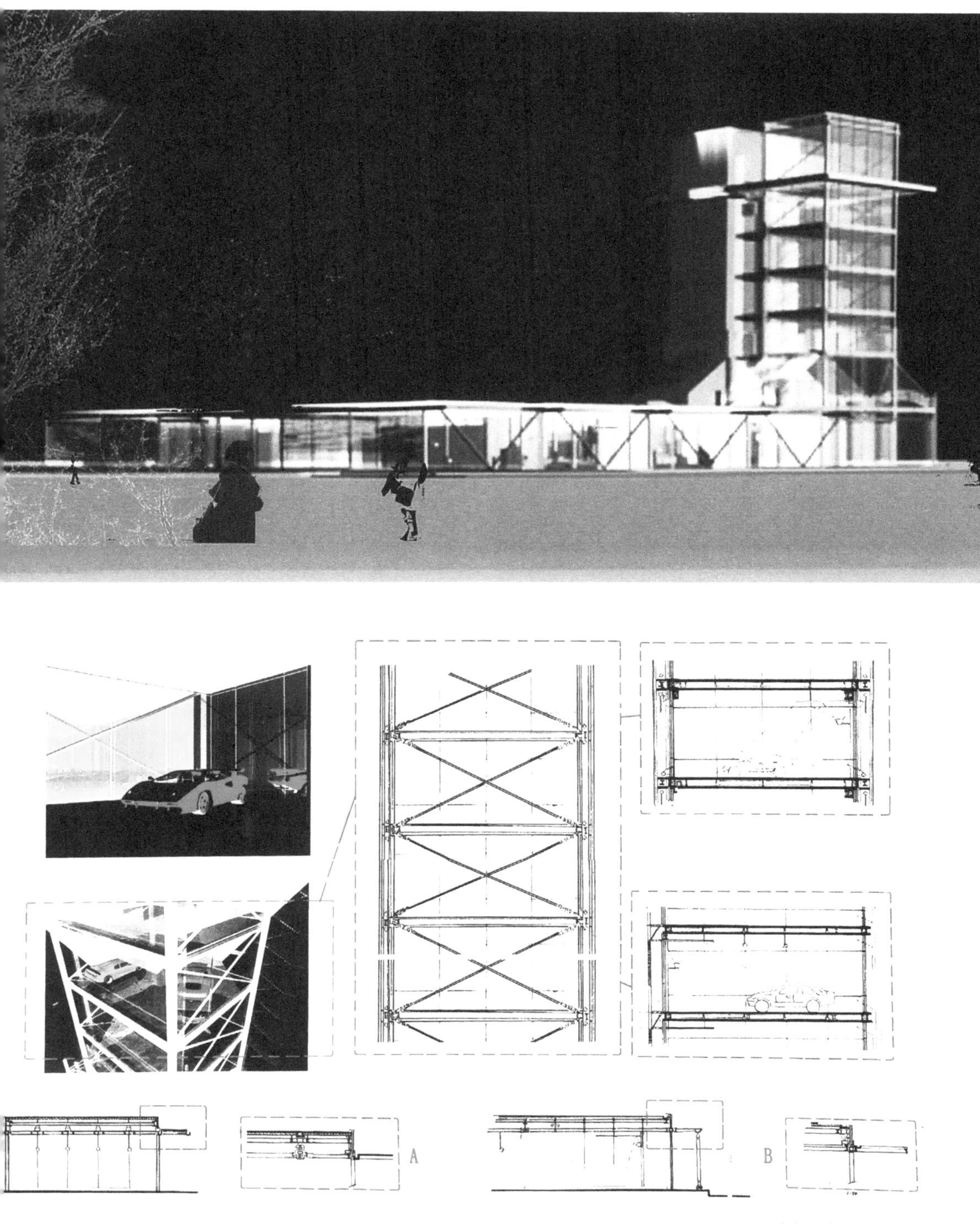
A
B

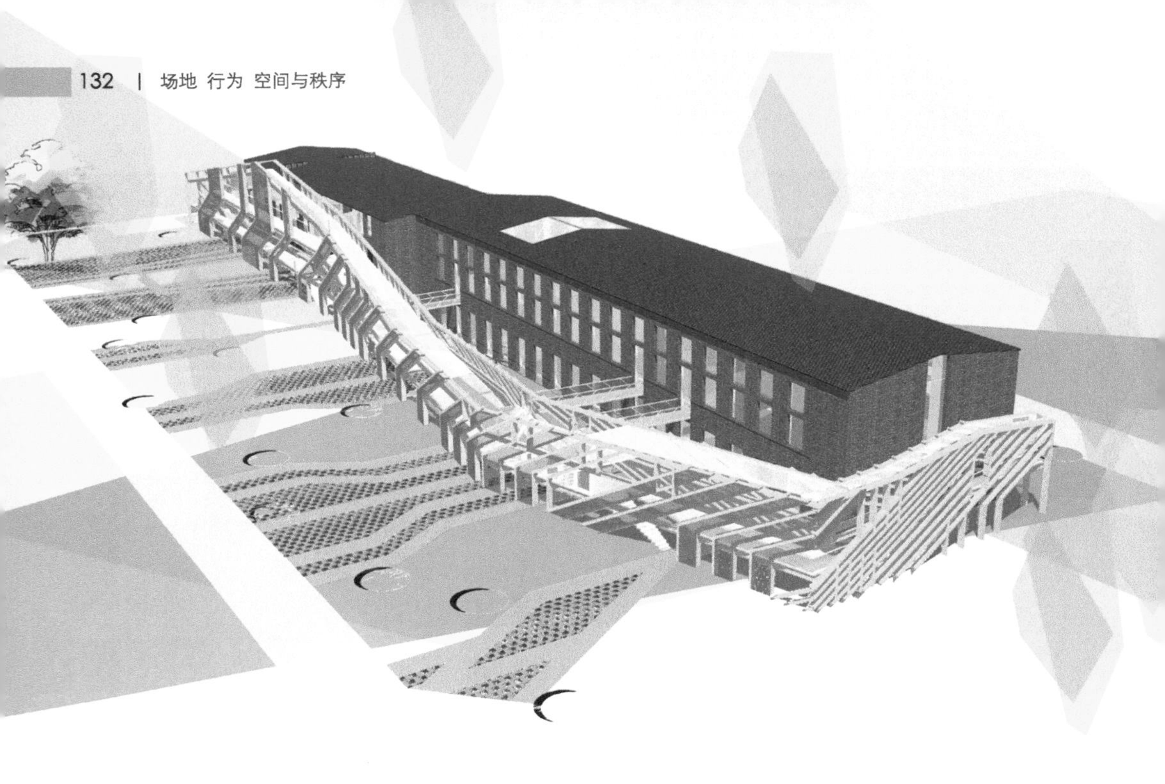

新陈代谢

REJUVENATION

方案设计：朱天禹
指导教师：王辉
完成时间：2009年

[教师点评 COMMENT]

设计者在梳理原有大尺度工业建筑空间与形式逻辑的基础上，通过植入新的功能体验和建筑形式，在新与旧的对立统一之中整合了建筑室外场地与内部空间，很好地处理了旧建筑改造中创新与记忆的问题。

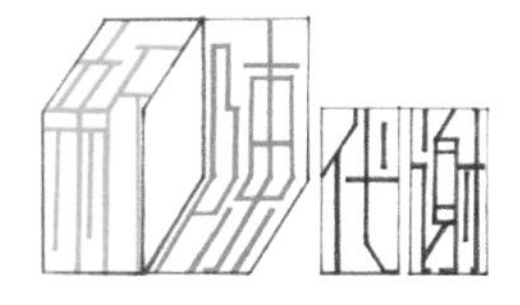

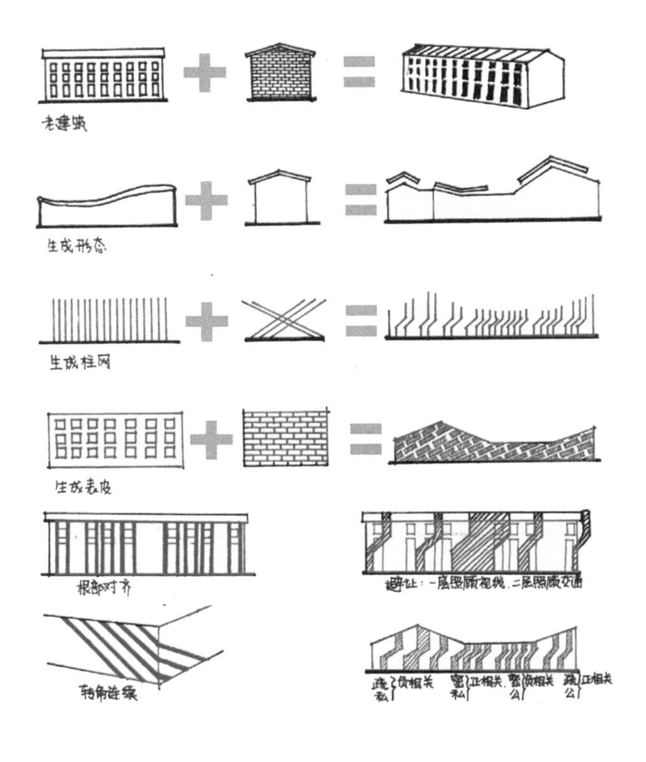

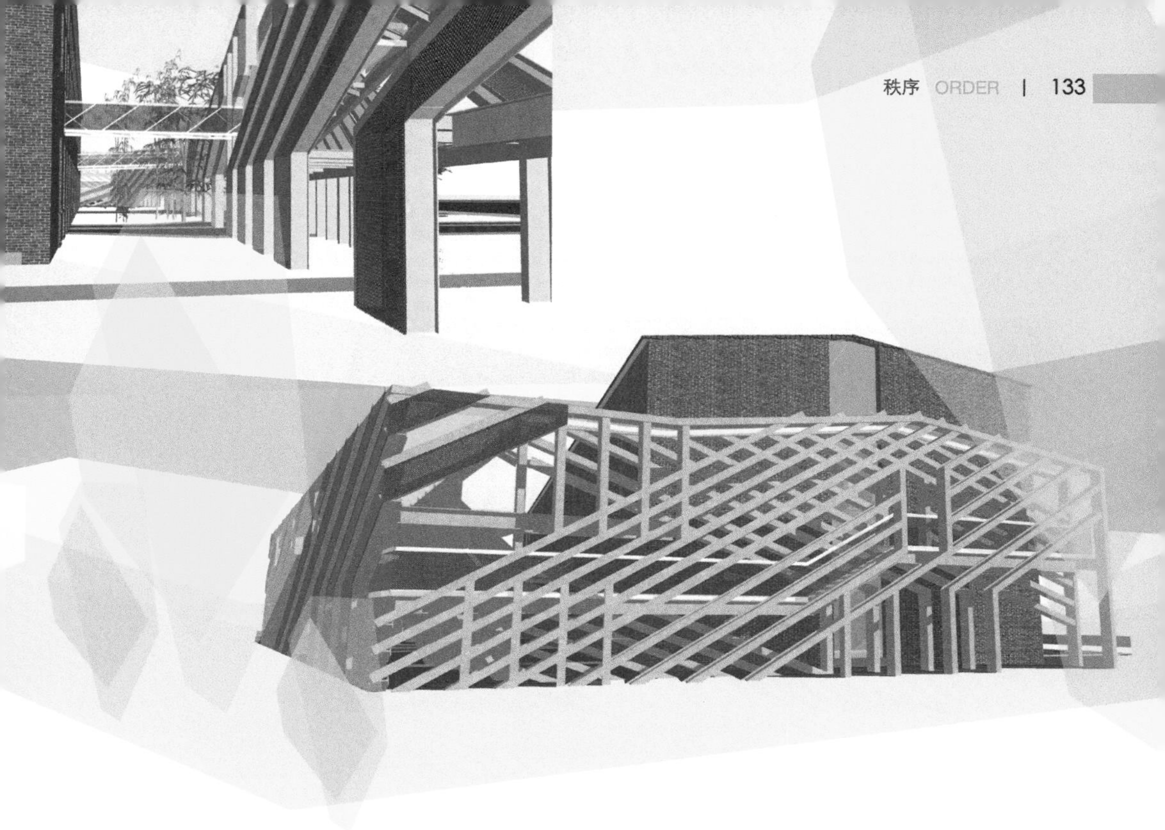

新旧营造 Compart

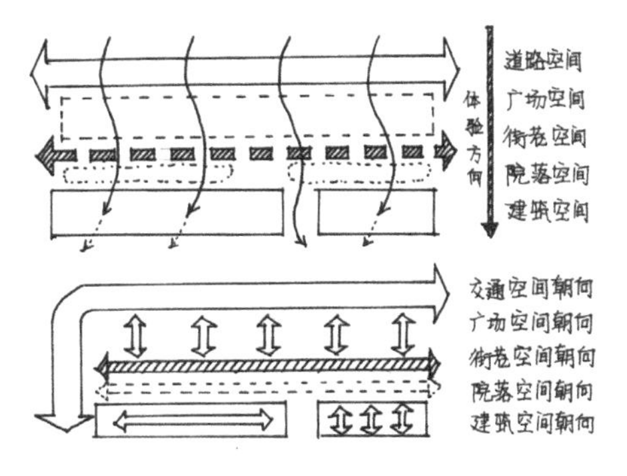

新旧退让 Compromise

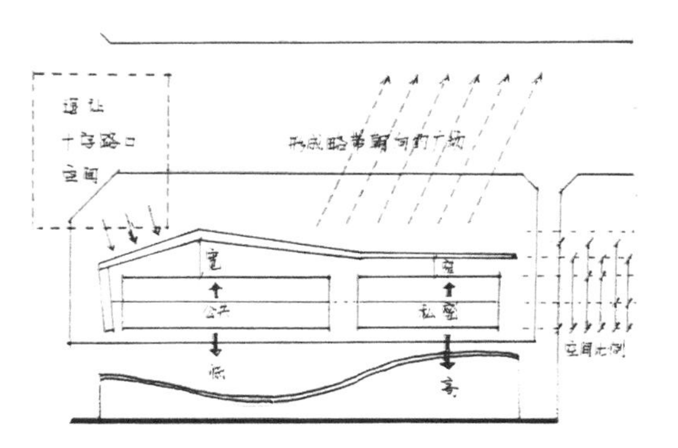

表皮

楼板

柱网

新旧矛盾 Contradict

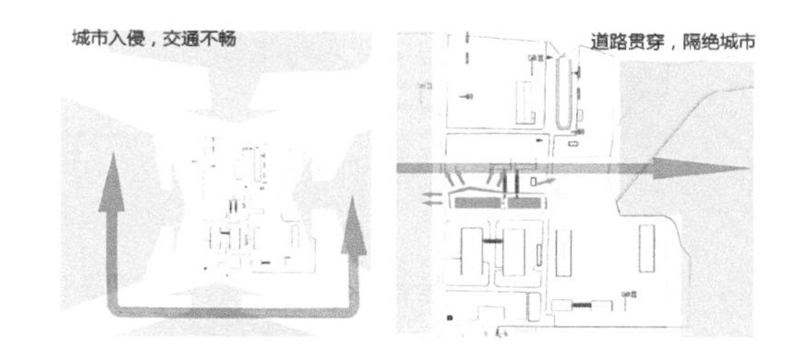

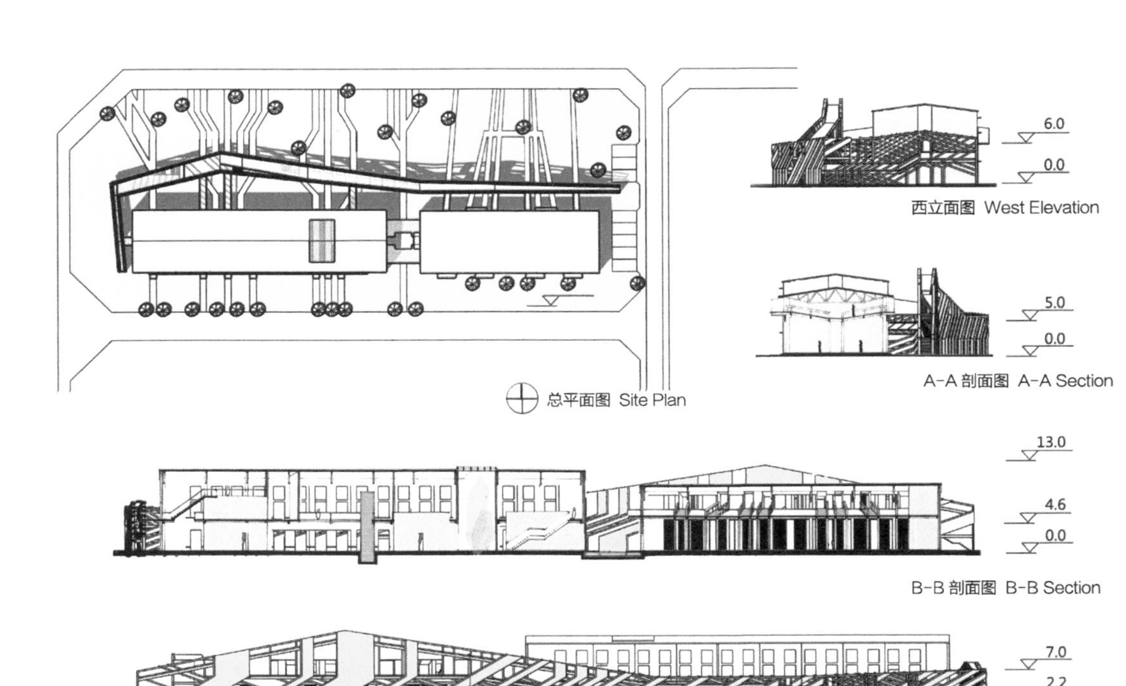

西立面图 West Elevation

A–A 剖面图 A–A Section

总平面图 Site Plan

B–B 剖面图 B–B Section

北立面图 North Elevation

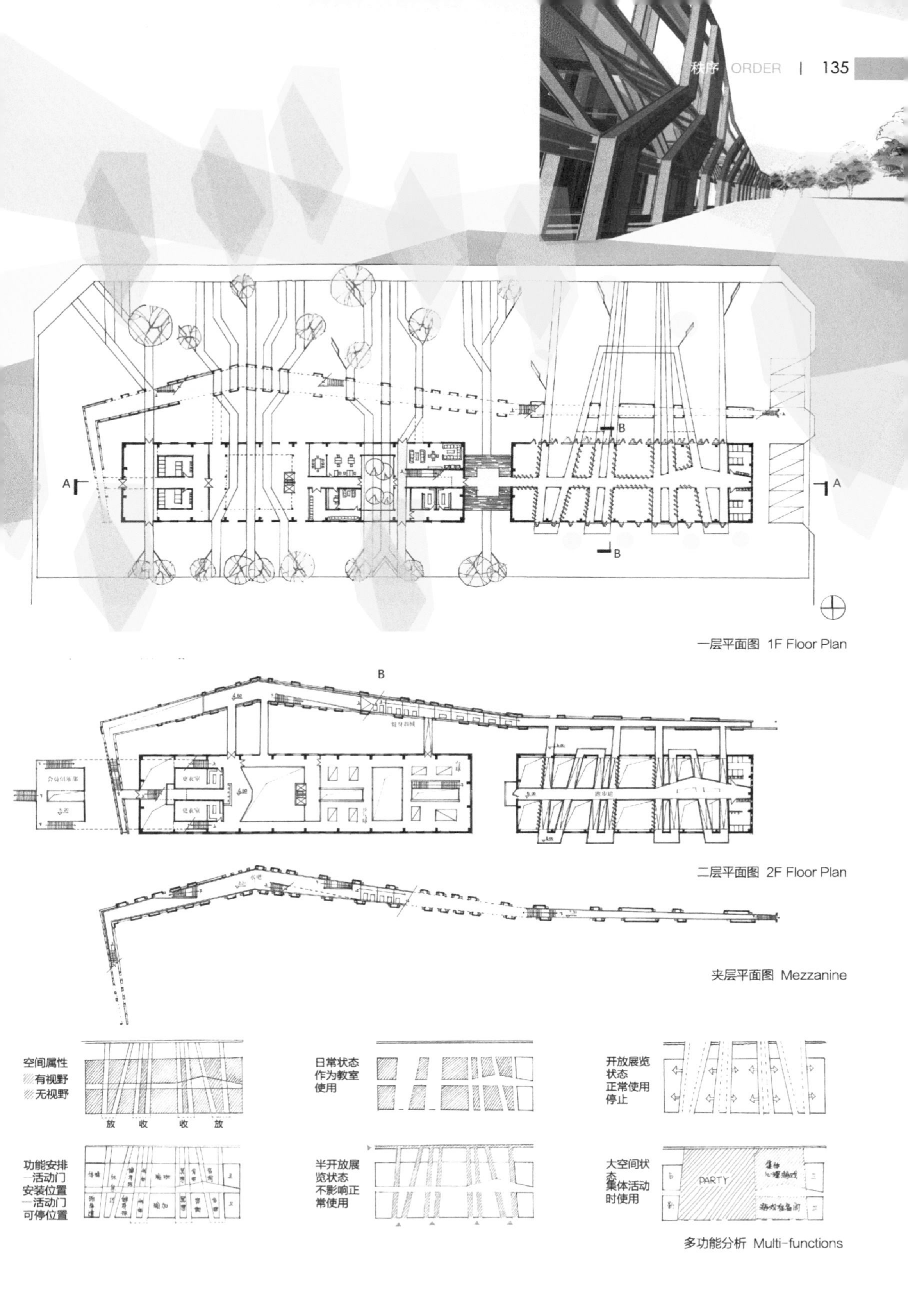

一层平面图 1F Floor Plan

二层平面图 2F Floor Plan

夹层平面图 Mezzanine

多功能分析 Multi-functions

在坡下

UNDER SLOPES

方案设计：杨明炎
指导教师：王丽方
完成时间：2013年

[教师点评 COMMENT]

3座老旧建筑，单坡屋顶，位置相当分散。设计延续坡顶的三角折面和坡起的形式逻辑，采用更为新颖的不规则三角折面去构建形体，将三座旧建筑“揽入怀中”，同时形成了有个性的建筑整体。

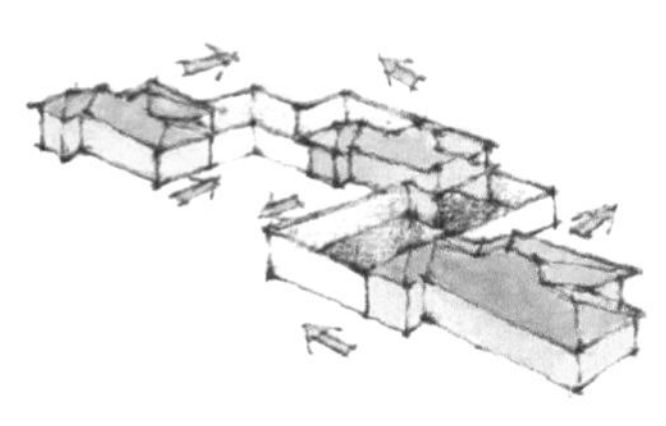

1延伸墙体

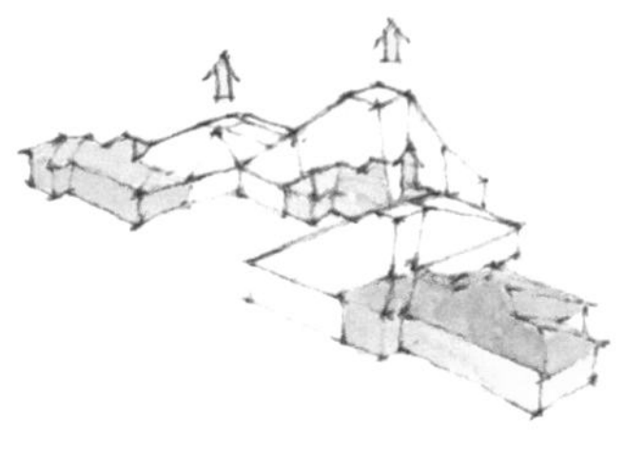

3缝合升起

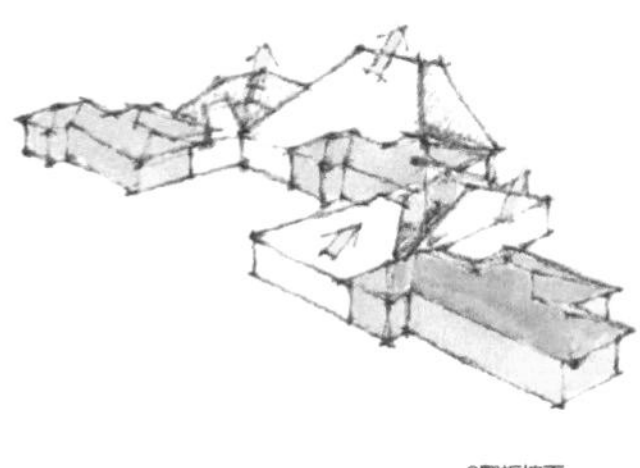

2翻折墙面

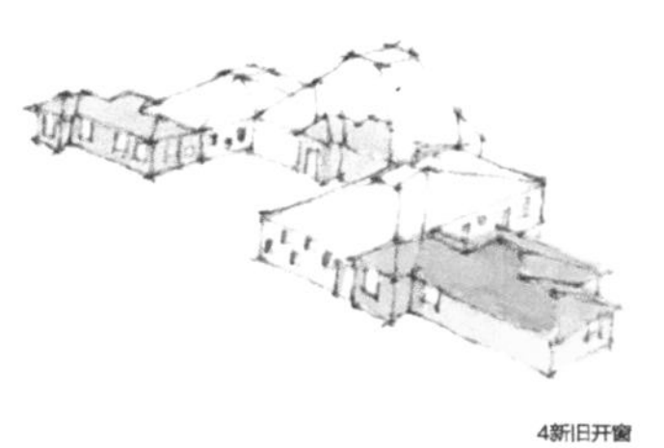

4新旧开窗

生成分析 Generation

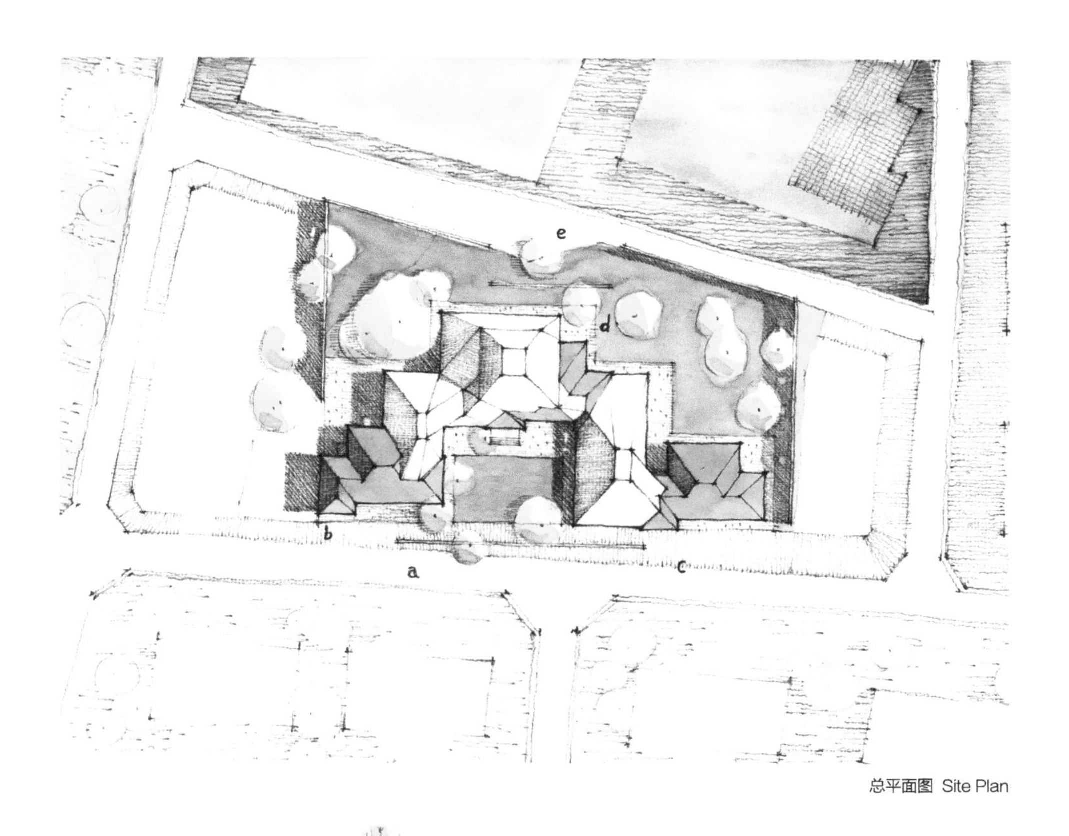

总平面图 Site Plan

西立面图 West Elevation

南立面图 South Elevation

平面图 Floor Plan

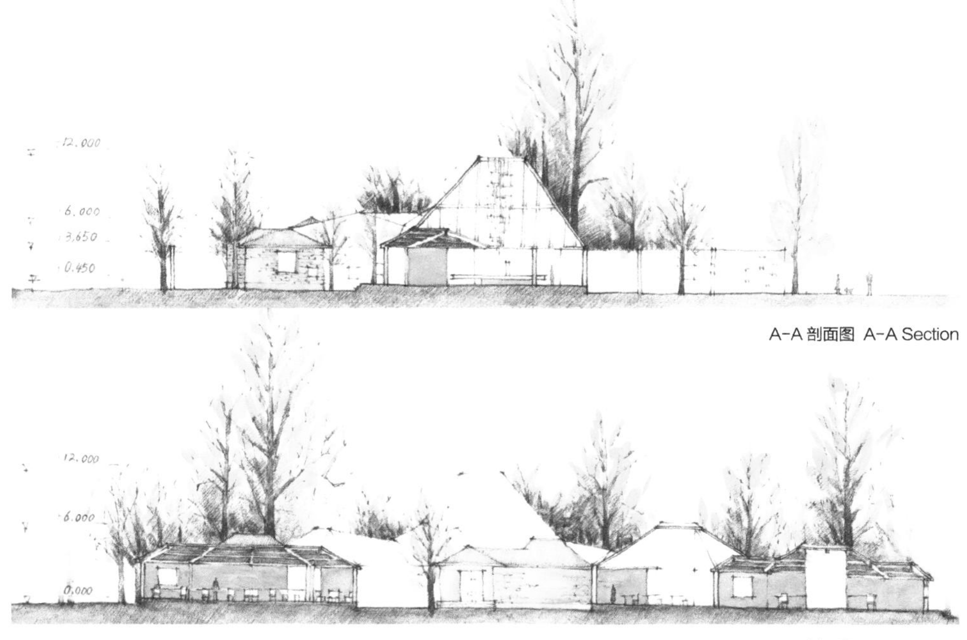

A-A 剖面图 A-A Section

B-B 剖面图 B-B Section

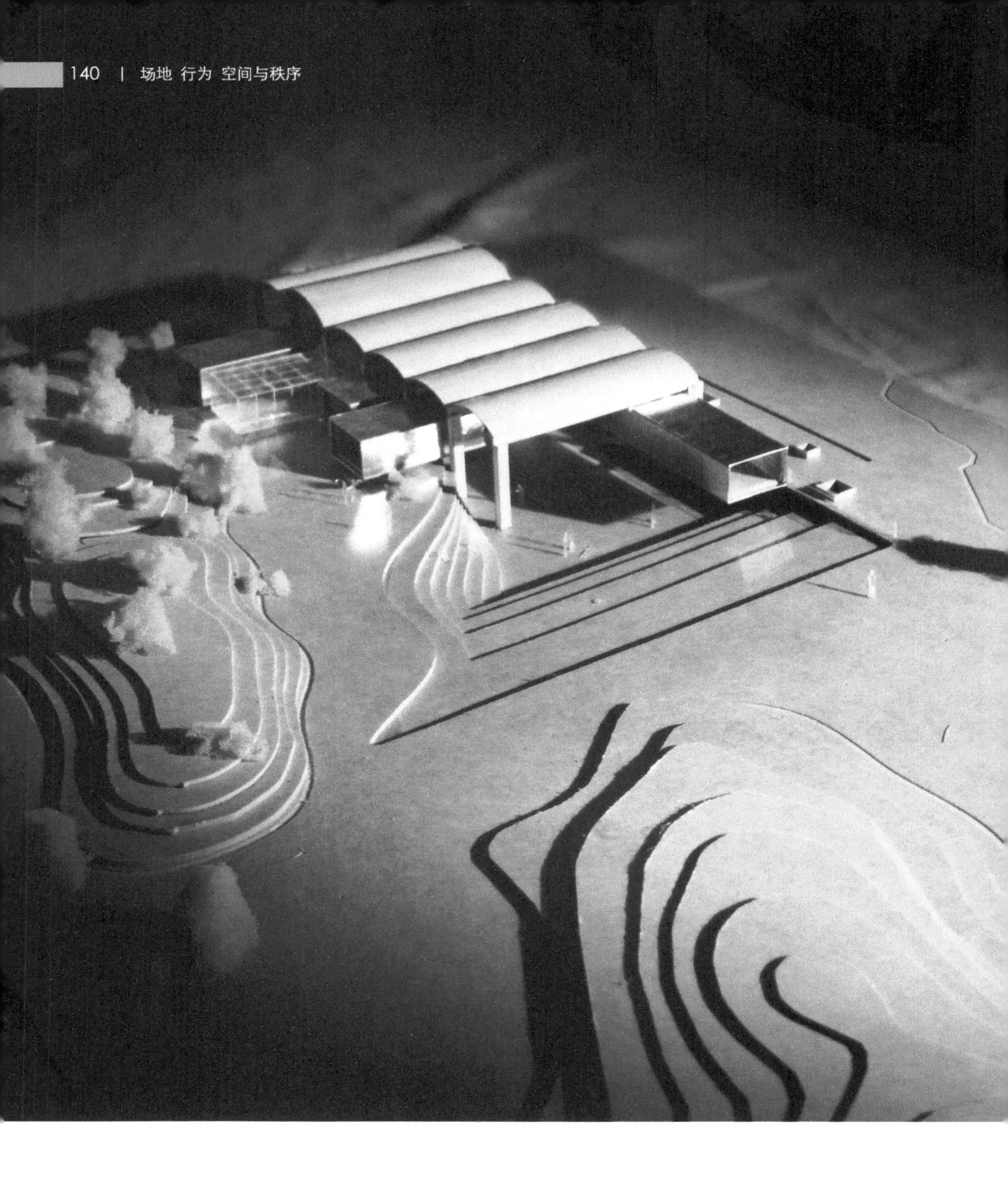

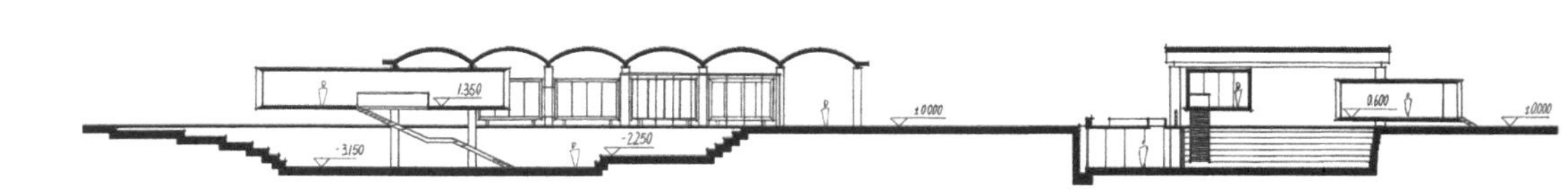

A-A 剖面图 A-A Section

B-B 剖面图 B-B Section

舞·俱乐部

WAVING AROUND

方案设计：周桐
指导教师：庄惟敏/胡林
完成时间：2013年

[教师点评 COMMENT]

该方案在新旧建筑、场地景观文脉之间达到了很好的平衡。下沉式舞台巧妙地将建筑与场地景观融合，以旧建筑拱形覆盖下沉式舞台及新建筑的极简体量，使新、旧建筑的建筑特征与时代特点得以清晰呈现，强化了改造方案与场地文脉的联系。

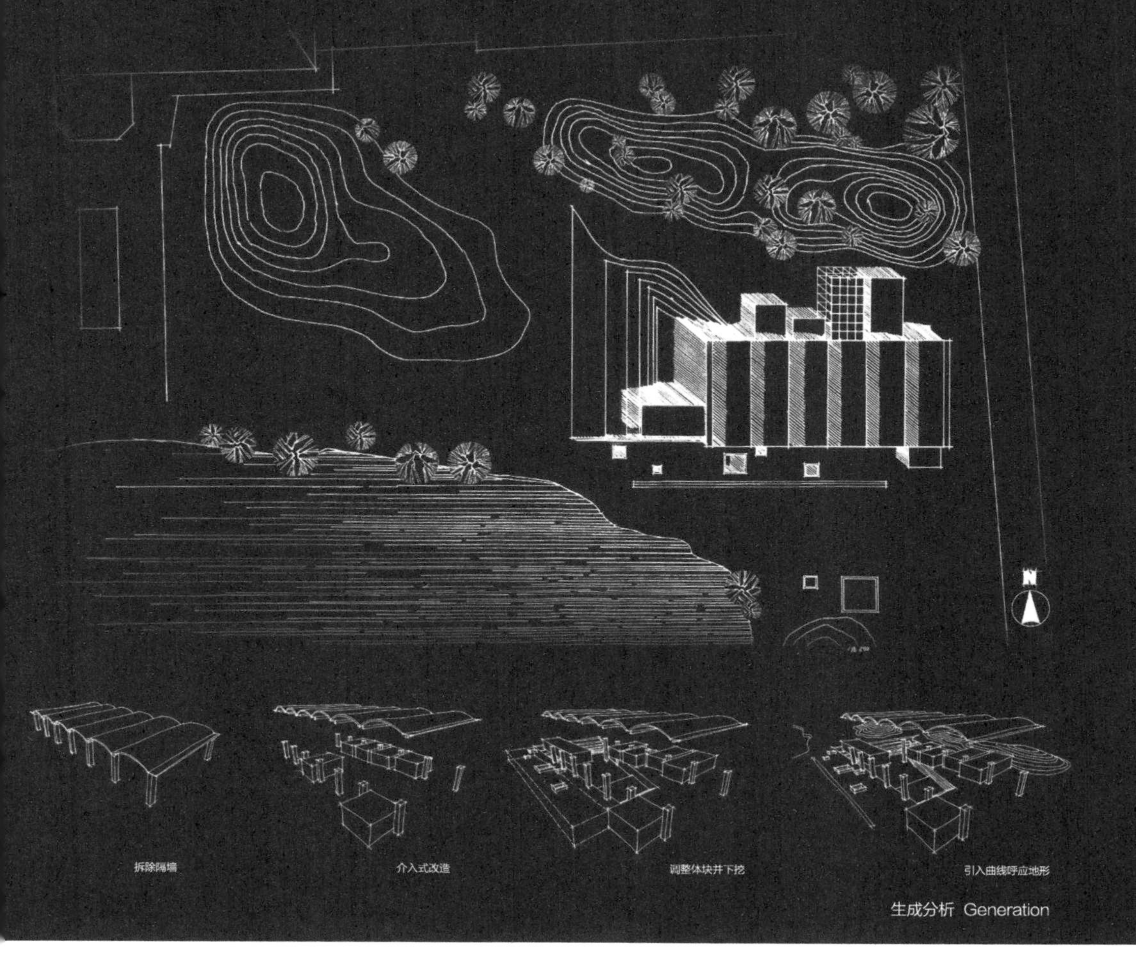

生成分析 Generation

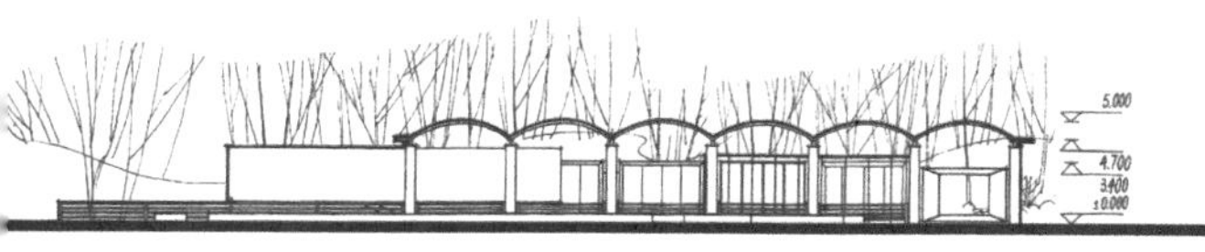

南立面图 South Elevation

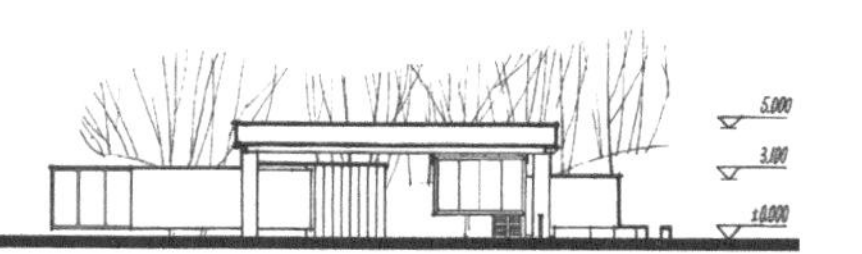

西立面图 West Elevation

2 1 4 3 5 6

±0.000 -3.150 -2.250 ±0.000 1.350 0.600

一层平面图 1F Floor Plan

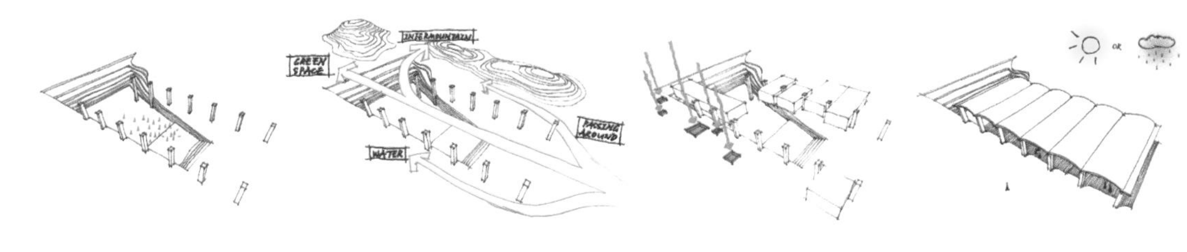

演出 Small Events Stage

呼应地景 Connect to the Landscape

底层天光 Skylight

遮阳避雨 Sun Shading and Rain Shelter

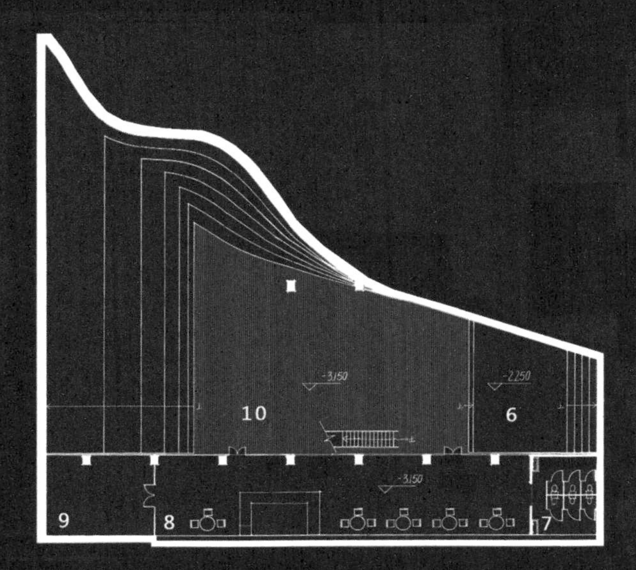

地下 1 层平面图 -1F Floor Plan

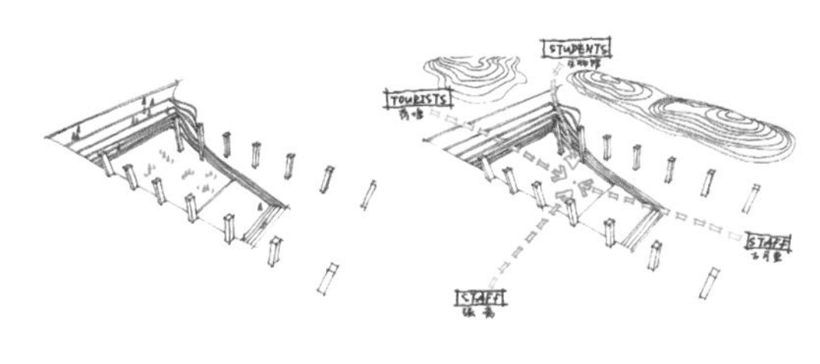

休憩与舞池 Leisure and Dance Pool

公共开放空间 Public Open Space

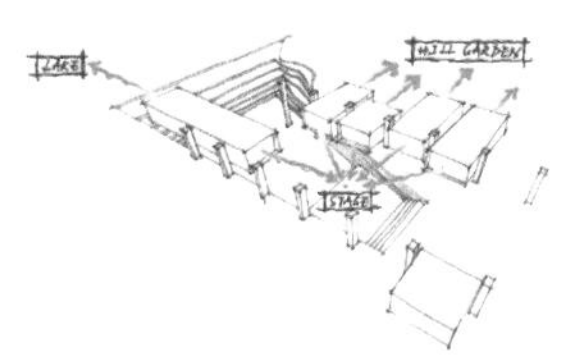

单元内视线 View of Containers

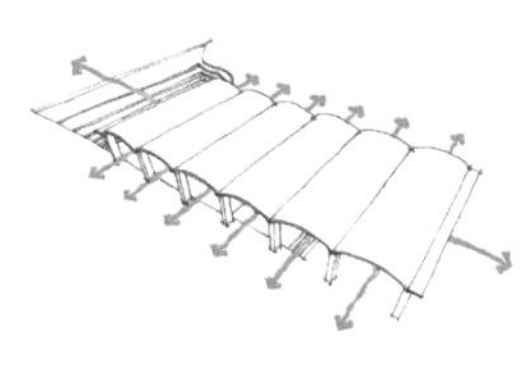

两向通透 Permeation in Two Directions

城市广场

AGORA

方案设计：黄也桐
指导教师：青峰
完成时间：2013年

[教师点评 COMMENT]

从主题（在Agora中重塑大学精神）到细节（克制、神奇与不可言说）再到表现，该方案所展现出的敏锐与坚定令人难忘。这个设计让我意识到学生的潜能是多么的不可思议，站在巨人（西扎）的肩膀上，一个大二的女生也可以触及神圣。

The Ancient Agora of Athens
构思来源于雅典市民广场——Agora，目的是营造一个引领校园思潮的空间，鼓励同学思辨，同时倡导苏格拉底“问答式”教学，表达其“不论广场、街头、作坊，哪里都是施教的场所”的理念。

Piero della Francesca Ideal City

概念分析 Concept

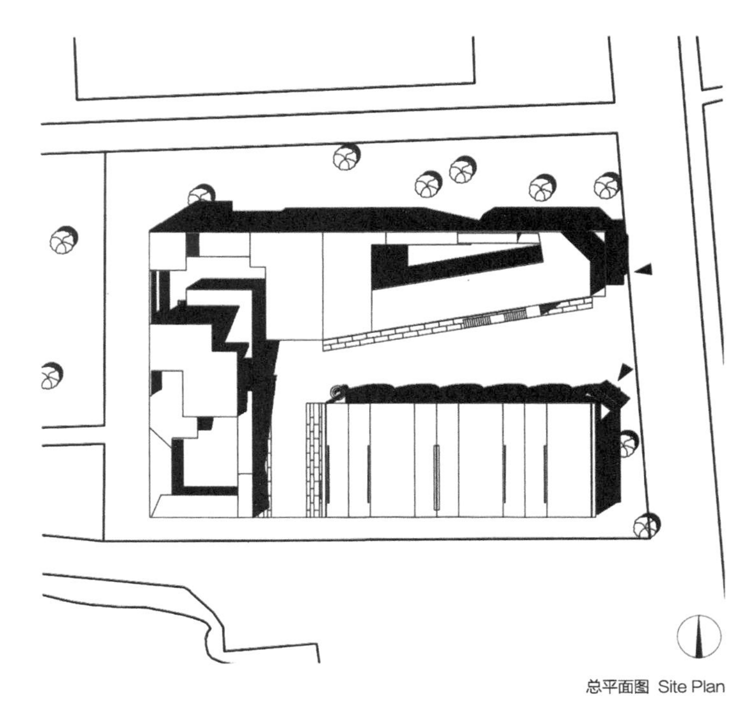

总平面图 Site Plan

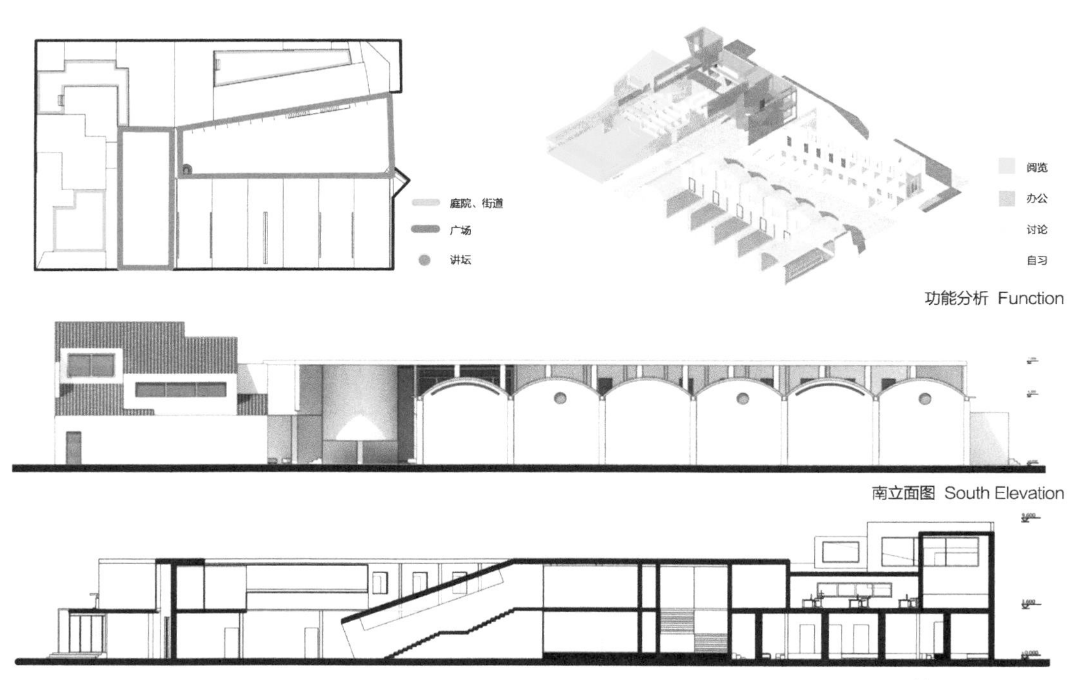

功能分析 Function

南立面图 South Elevation

B-B 剖面图 B-B Section

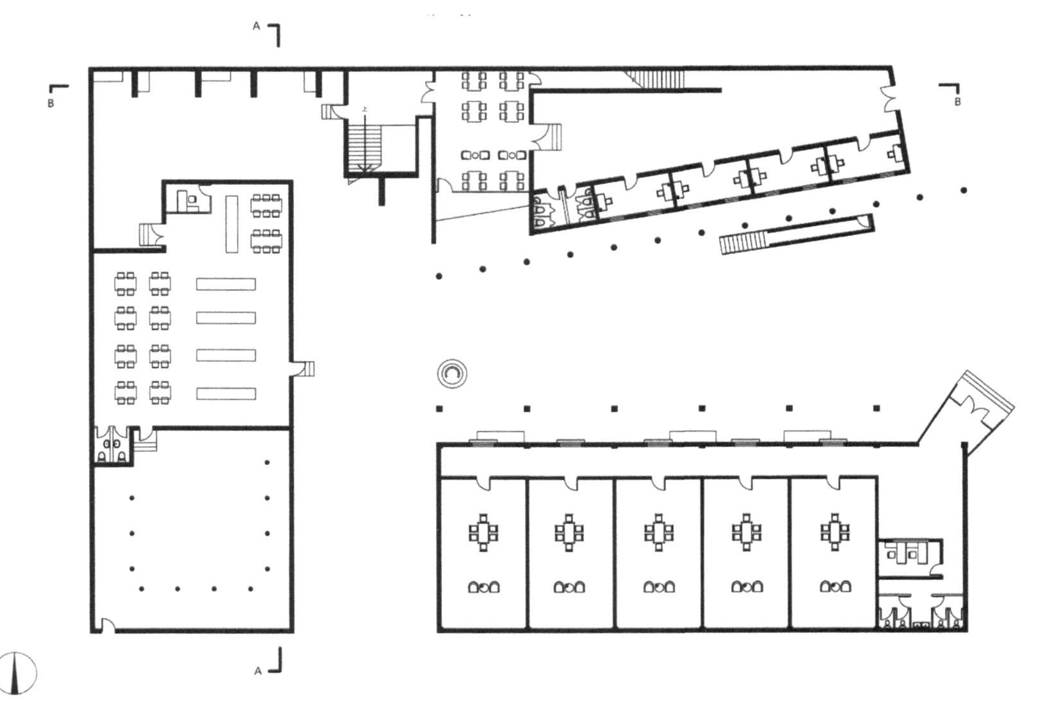

一层平面图 1F Floor Plan

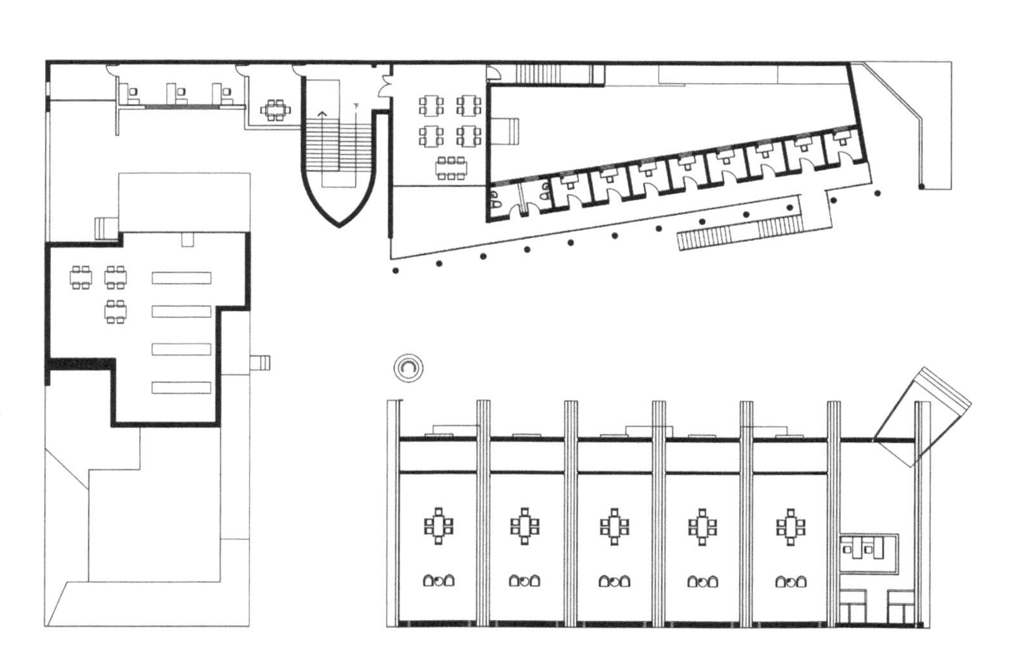

二层平面图 2F Floor Plan

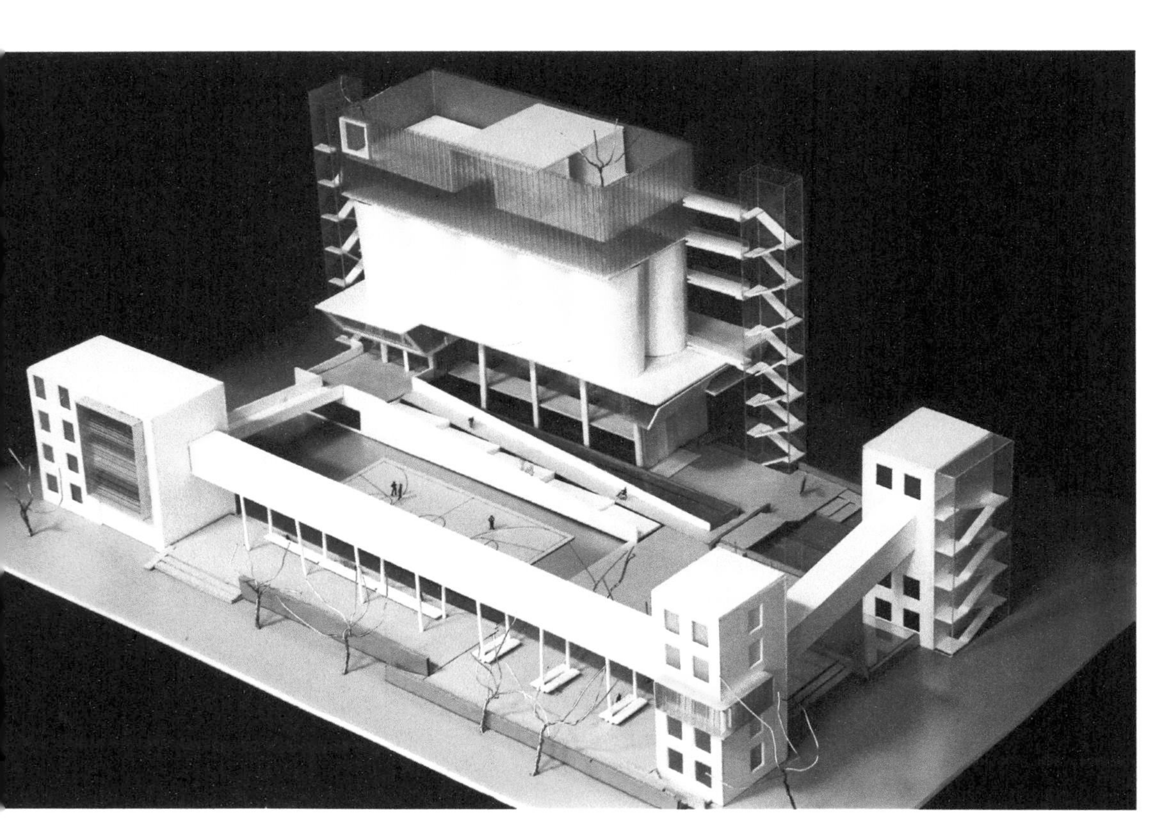

运动体验店

GO SPORTS

方案设计：李睿卿
指导教师：程晓喜
完成时间：2009年

[教师点评 COMMENT]

焦化厂的工业遗迹保留了鲜明的造型特色。该方案将一组建筑改造为运动品牌体验店，兼有商业、展览和运动的属性，不仅巧妙利用了10个圆筒的特色高空间，也将裙房中原有的物资传送坡道改造为连续的坡道流线，同时围合了运动主题的庭院空间。

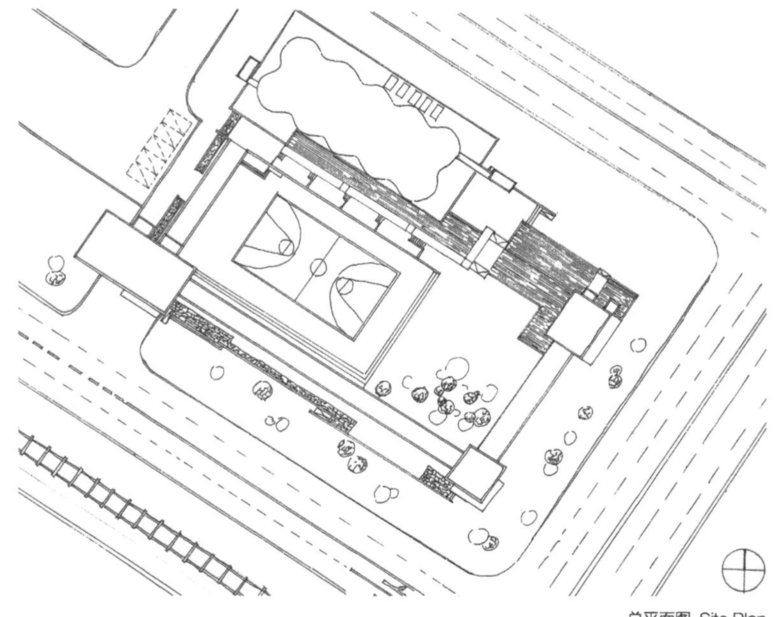

总平面图 Site Plan

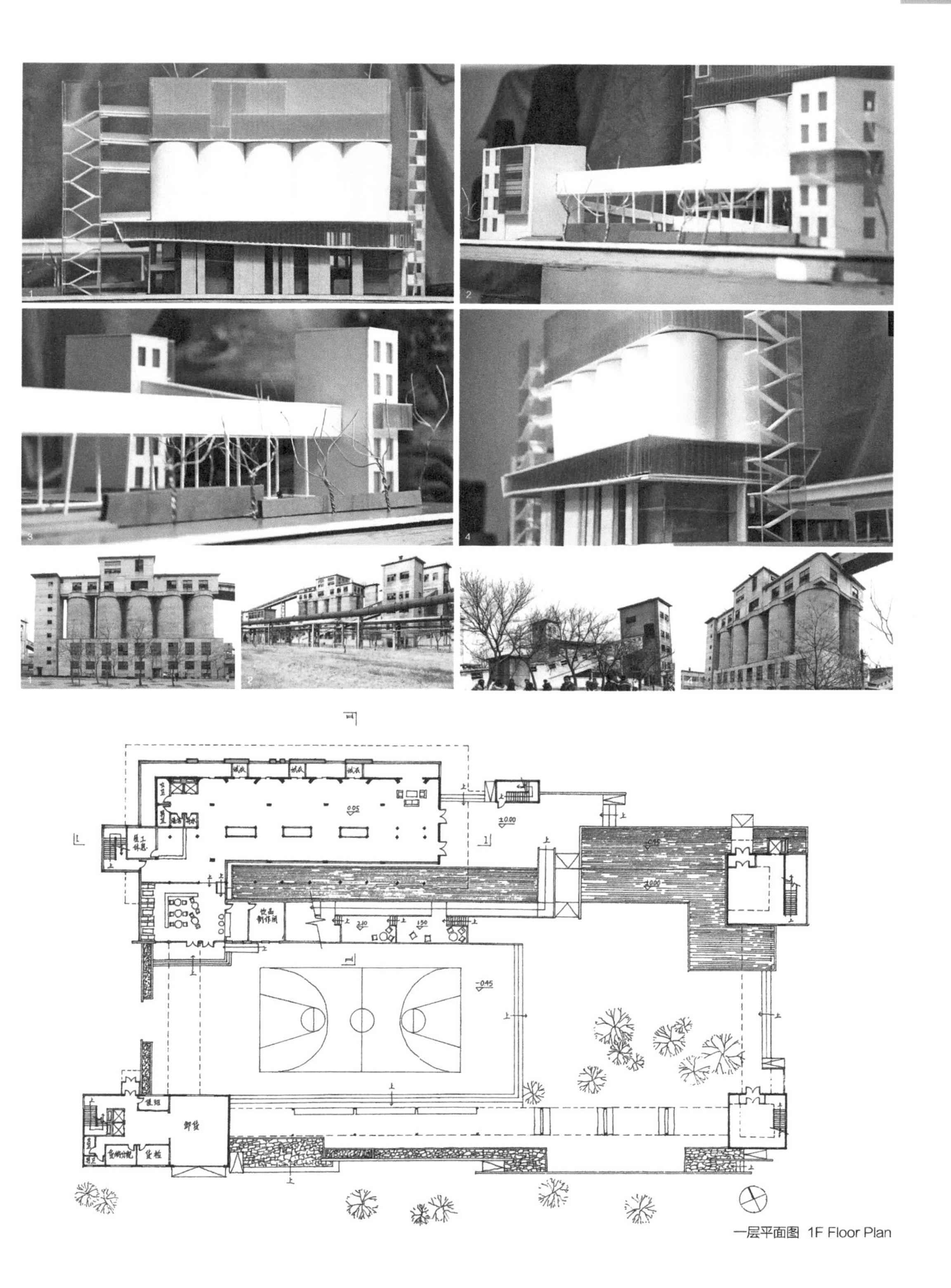

一层平面图 1F Floor Plan

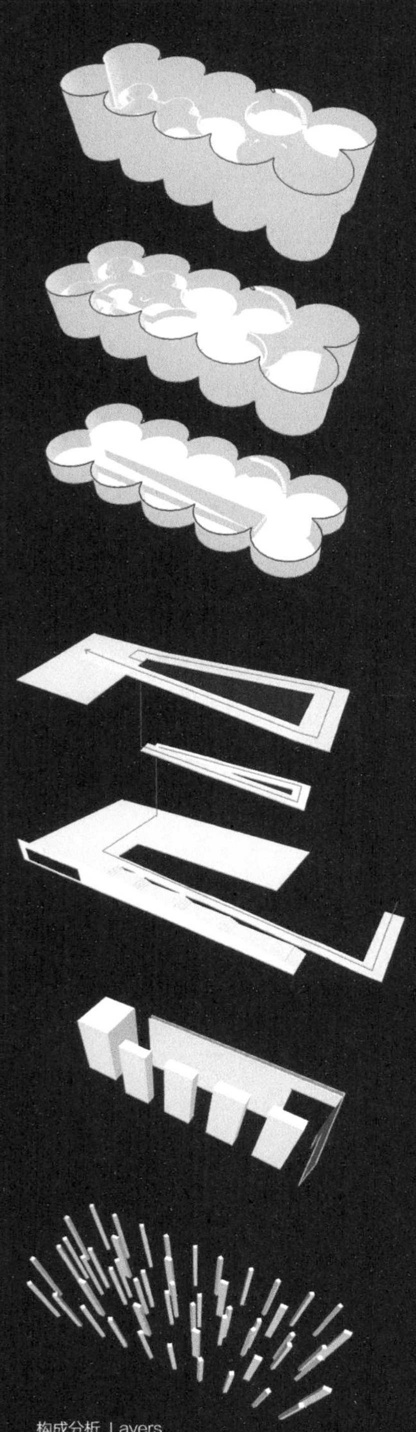

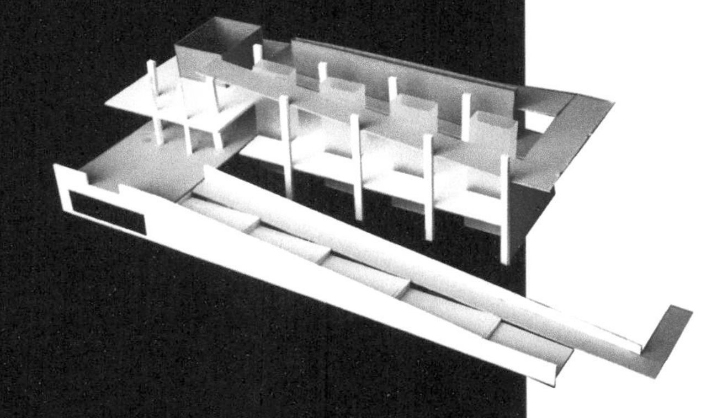

构成分析 Layers

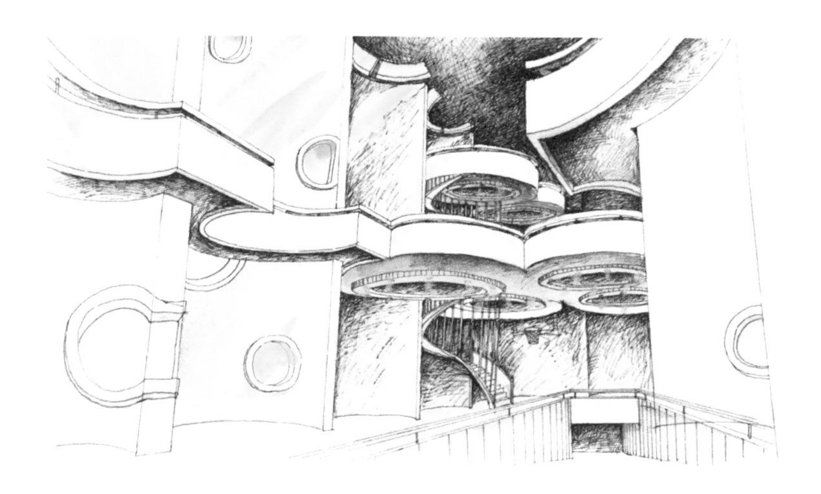

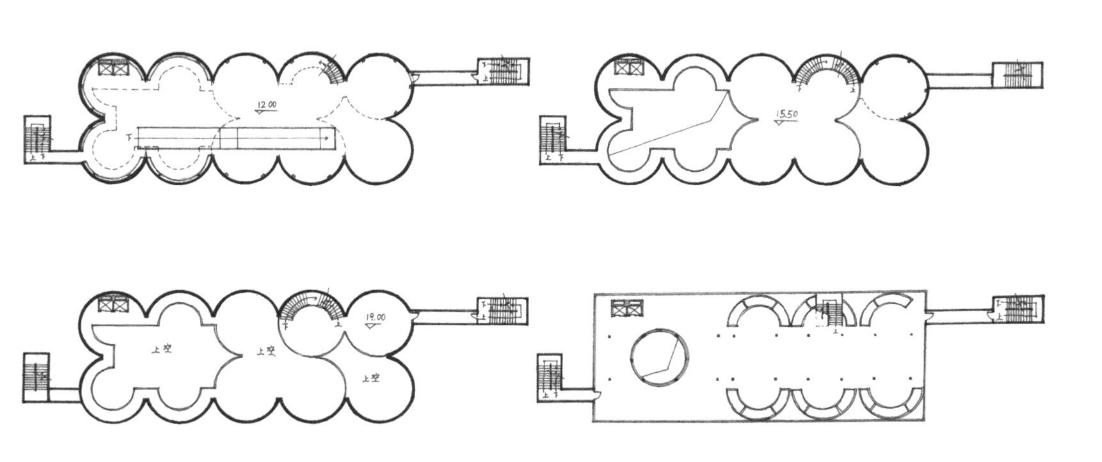

四－七层平面图 4-7F Floor Plans

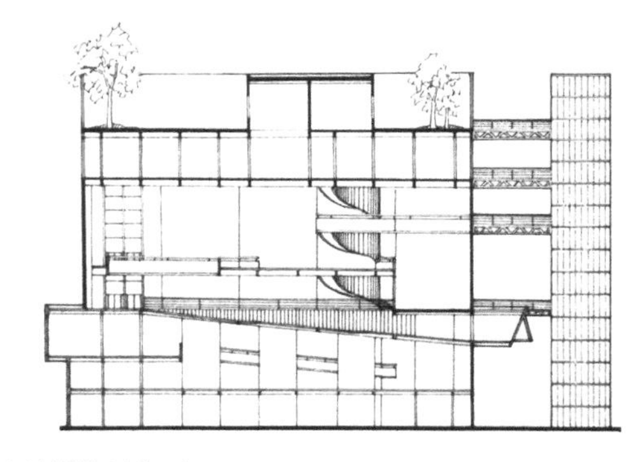

I-I 剖面图 I-I Section

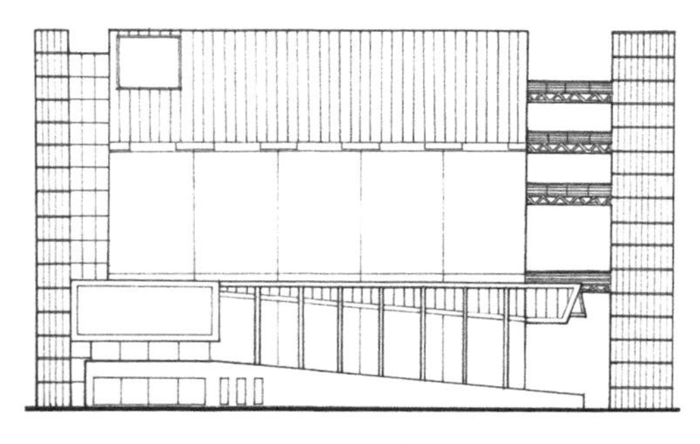

西南立面图 Southwestern Elevation

青年旅社

YOUTH HOSTEL

方案设计：陈洸锐
指导教师：王丽方
完成时间：2009年

[教师点评 COMMENT]

旧工业厂房改建为青年旅社，原有的冷却塔成为独特的交流场所，它的造型也给建筑的造型、色彩、材质与空间环境带来了丰富性。青年人的活力与激情借旧工业厂房的奇特生动的形式得到了较好的表达。

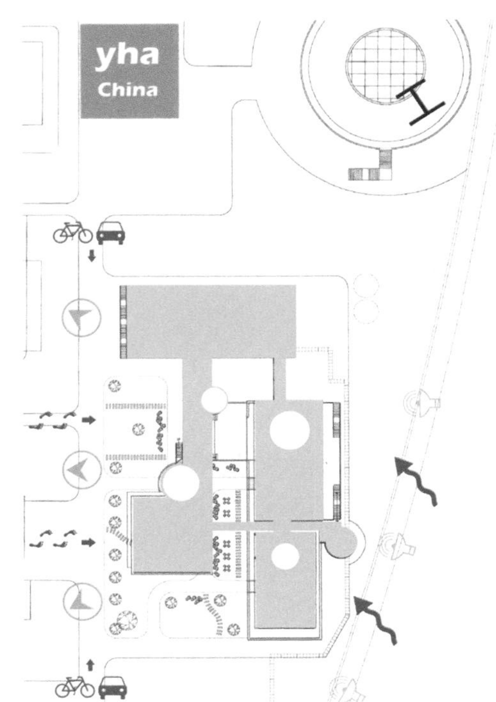

行人流线

游客从西侧到达地段

车辆、自行车流线

南北向道路为车辆流线

良好景观（旧工厂）

改造后厂区为良好景观

日照方向

南侧有良好日照

噪声来源

高速公路的噪声来源

根据地段分析，利用旧厂房的保留形成一个L字形围合的区域，在此空间里设计底层架空的新建筑、下沉的表演空间以及各种绿化，创造了一个丰富而又活泼的空间。

总平面图 Site Plan

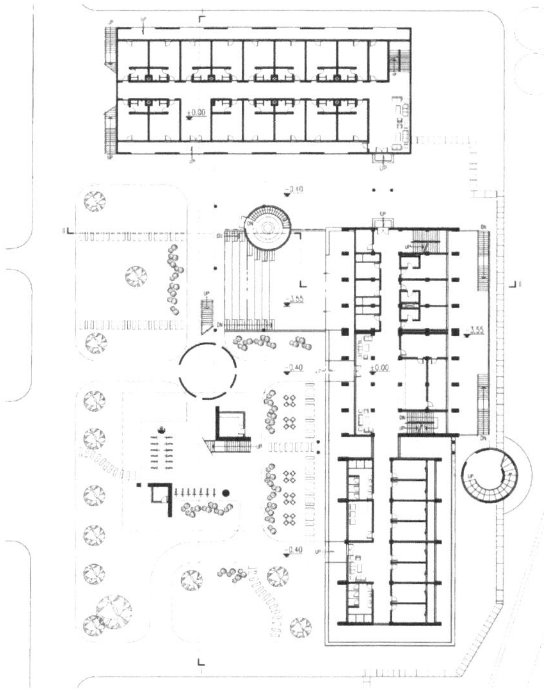

一层平面图 1F Floor Plan

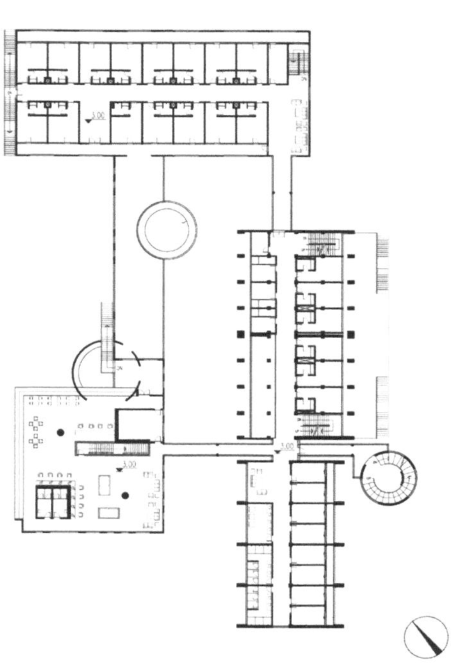

二层平面图 2F Floor Plan

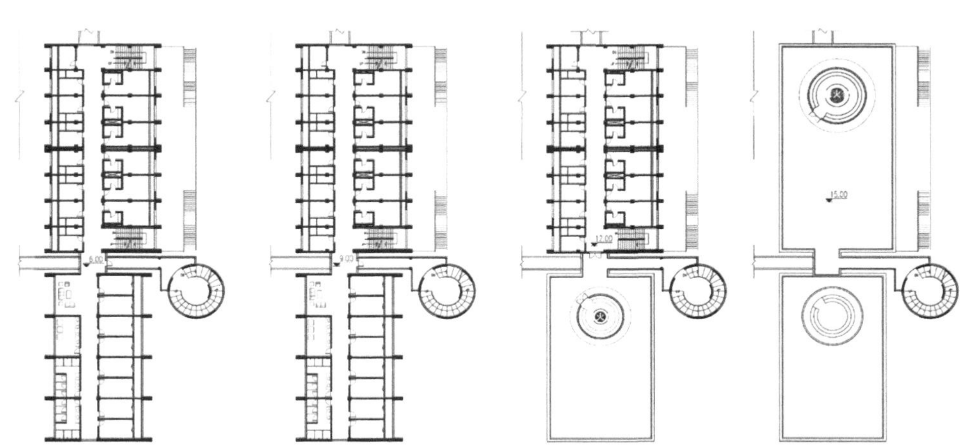

三－六层平面图 3-6F Floor Plans

西立面图 West Elevation

北立面图 North Elevation

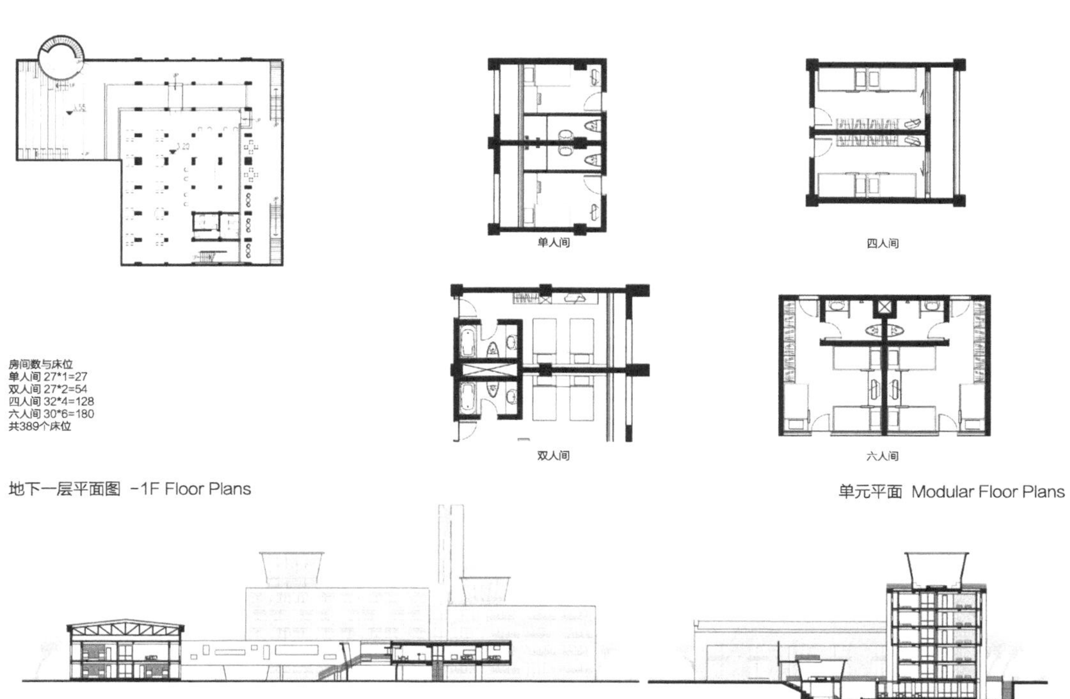

地下一层平面图 -1F Floor Plans

单元平面 Modular Floor Plans

I-I 剖面图 I-I Section

II-II 剖面图 II-II Section

绿色栖居

GREEN INHABITAT

方案设计：杨君然
指导教师：邹欢
完成时间：2009年

[教师点评 COMMENT]

方案将厂房改造为文体活动中心，在保留原有厂房结构的基础上巧妙地将新的使用功能安排在内，交通流线合理，空间变化灵活。同时在立面设计中利用新旧建筑材料的对比，彰显历史建筑的岁月痕迹，使老建筑焕发新生。

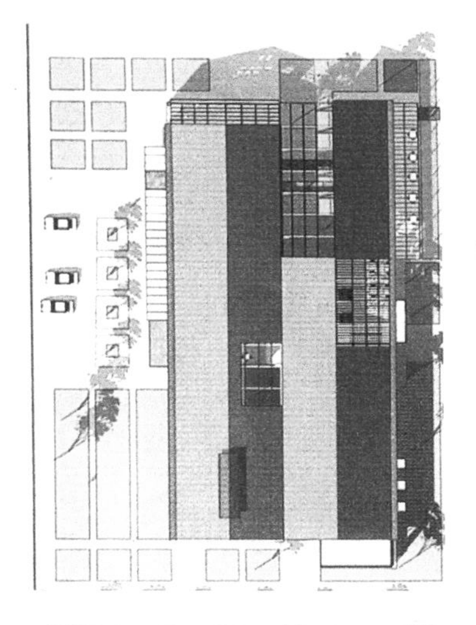

地段位于天津滨海区规划区范围海河沿岸，现周围为工业用地和港口集散区，交通主要依靠河运，道路及人流稀少，地段平坦开阔。

大沽口船厂旧厂址地处滨海区规划CBD核心区对岸，视野良好，交通便利，老工业厂房具有一定的历史价值，改造将成为改善沿河景观及连接商业区和居住区的重要部分。

未来城市的道路肌理大致为网格状，T3处于北边商业区和西南居住区交汇处，将建筑功能定位为公共兼社区性质的会所，入口设置于建筑西北向，场地宽松，且满足人流汇集和疏散的需要

总平面图 Site Plan

西立面图 West Elevation

大沽船厂 Shipyard

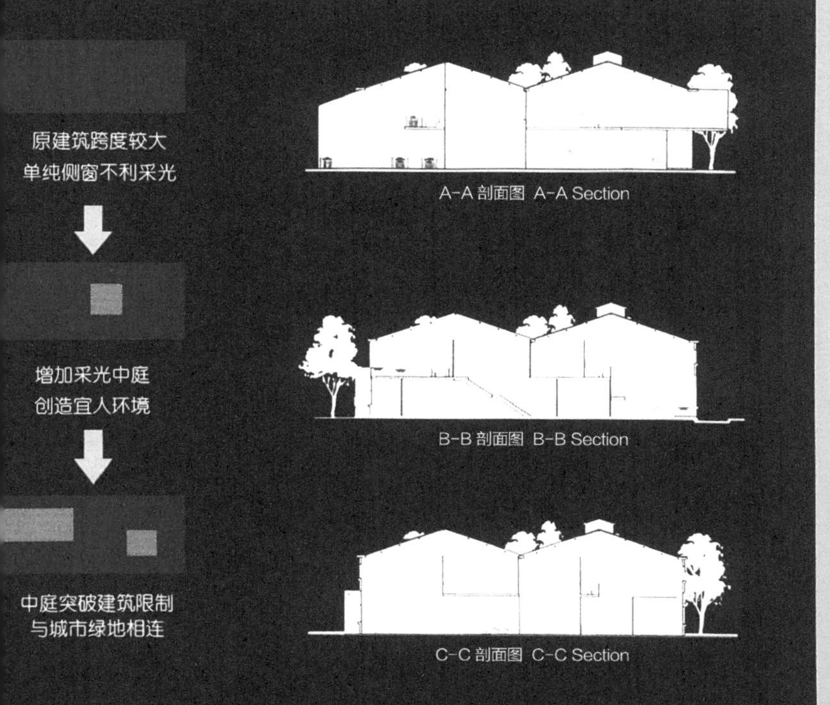

A-A 剖面图 A-A Section

B-B 剖面图 B-B Section

C-C 剖面图 C-C Section

船厂厂房 Factory

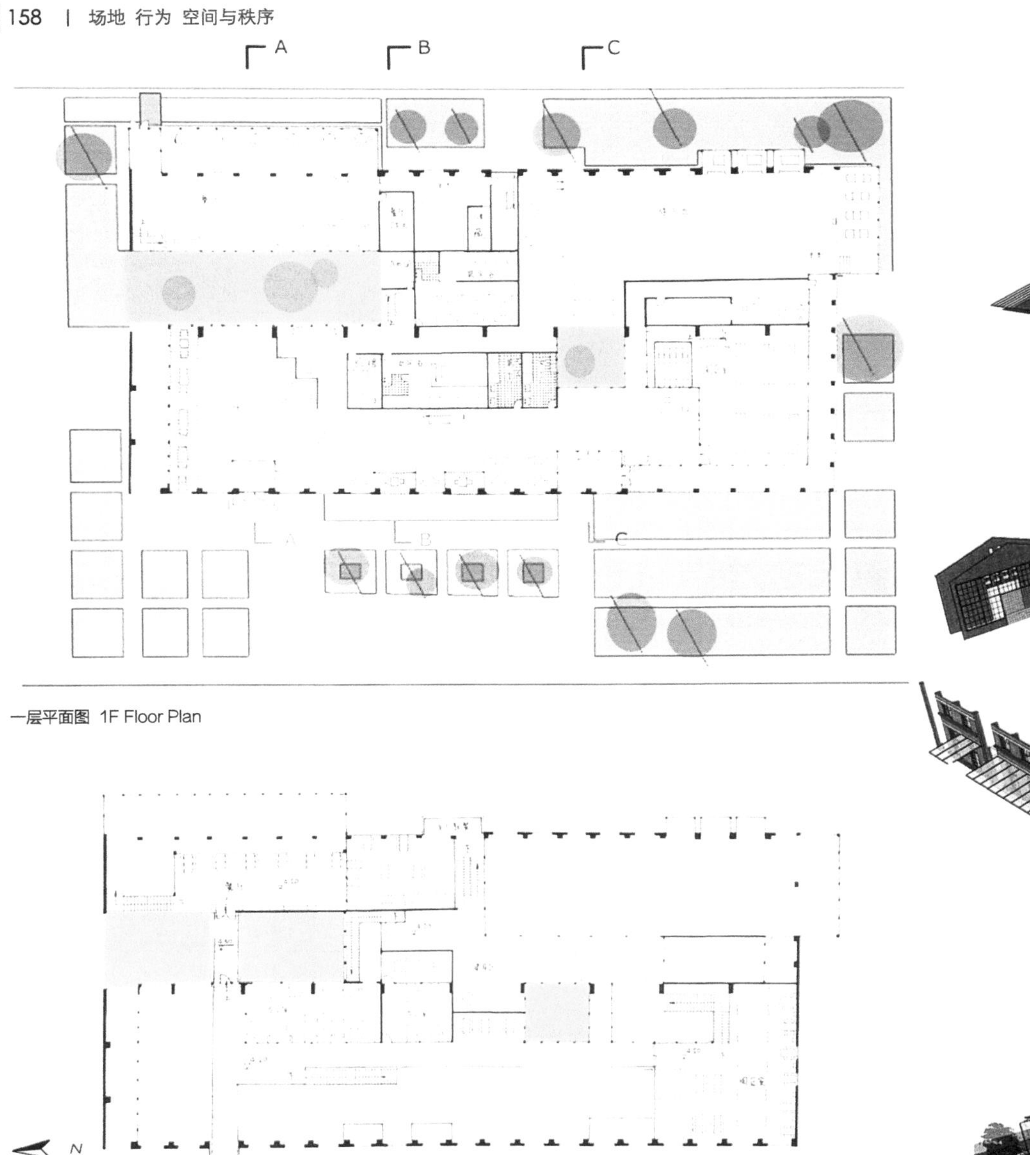

一层平面图 1F Floor Plan

二层平面图 2F Floor Plan

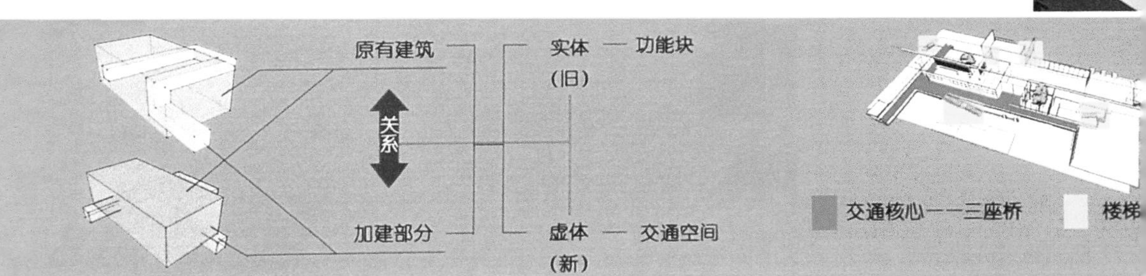

轴测分析 Axonometric Analysis

室内改造 Interior Design

餐厅

室外就餐

健身入口

游泳池

阅览室

社区入口

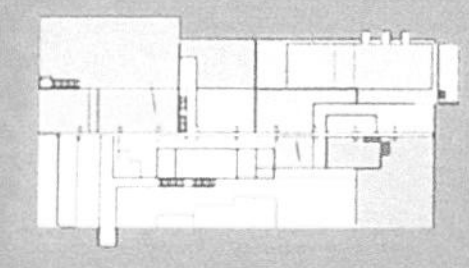

餐厅 健身 公共 阅览 洗浴 绿化

公共空间

小镇印象

IMAGE OF THE TOWN

方案设计：林璐
　　　　　刘淑媛
　　　　　张道琼
指导教师：青峰
完成时间：2015年

[教师点评 COMMENT]

受到西特与凯文·林奇的影响，三位同学准确地把握住密度、边界、线路与纪念物等设计要素，在原本松散的场地中布设出复杂和强烈的城市肌理。她们借用密斯、伊东丰雄、莫奈欧的语汇给予这座城市迷人的偶然性与历史的深度。这是两年专业基础学习总结性的设计作品。

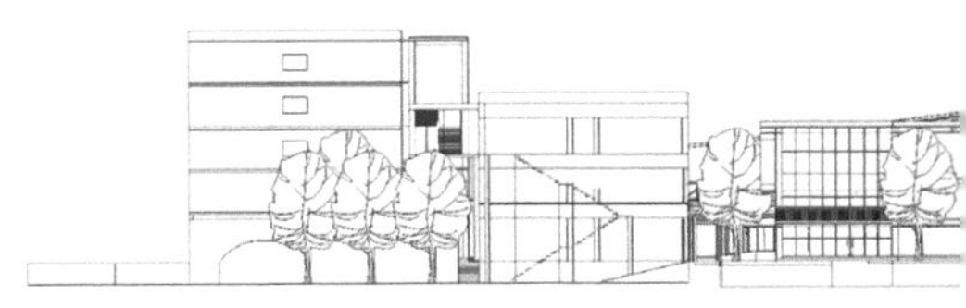

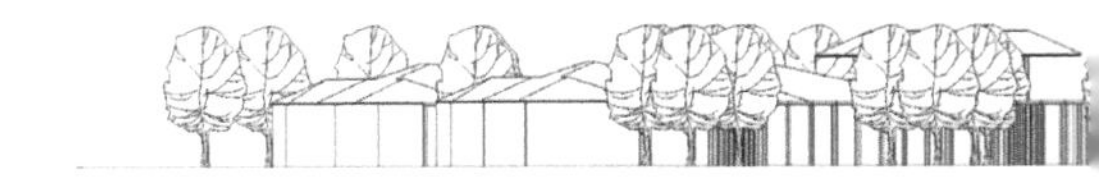

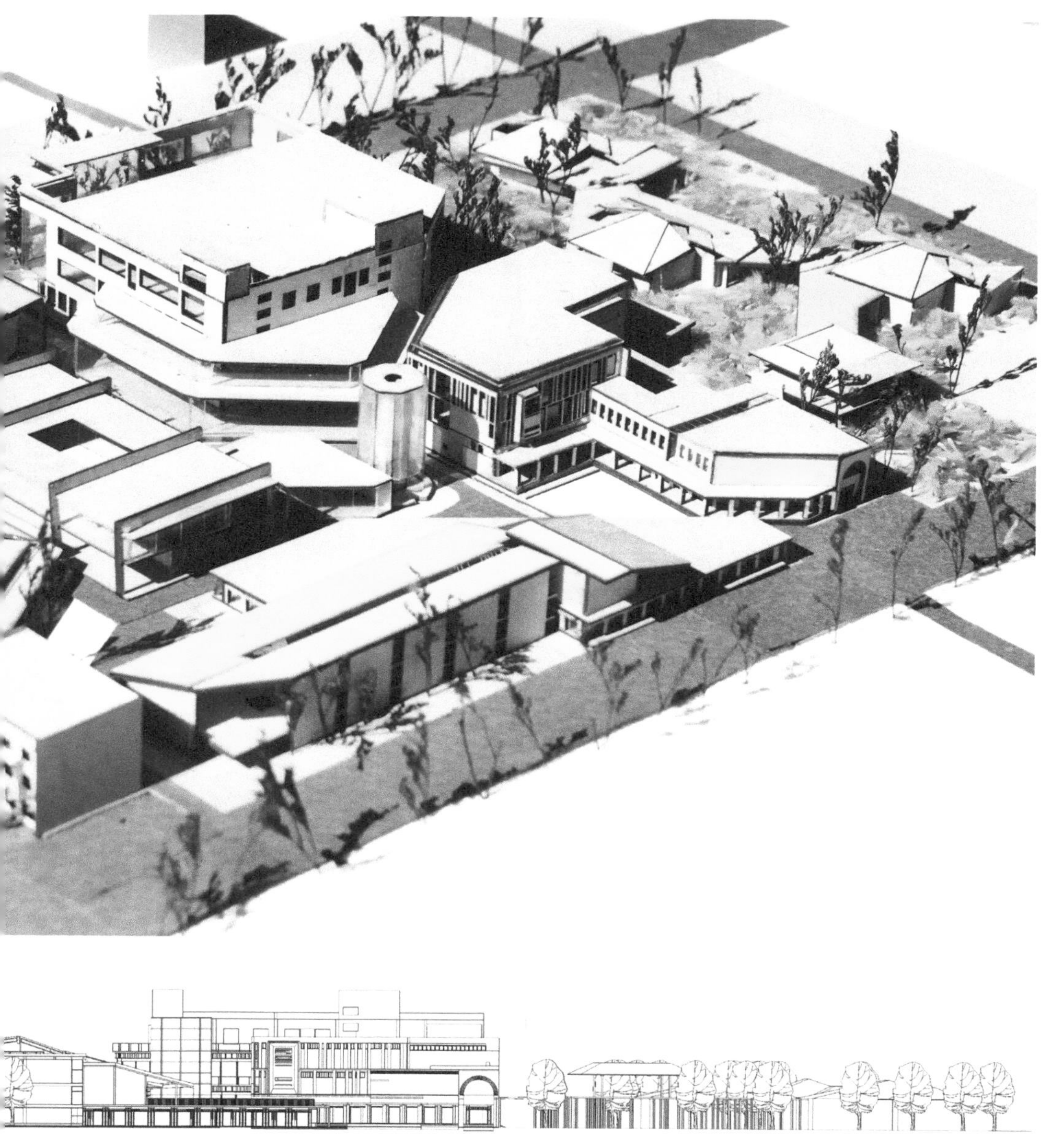

西立面图 West Elevation

东立面图 East Elevation

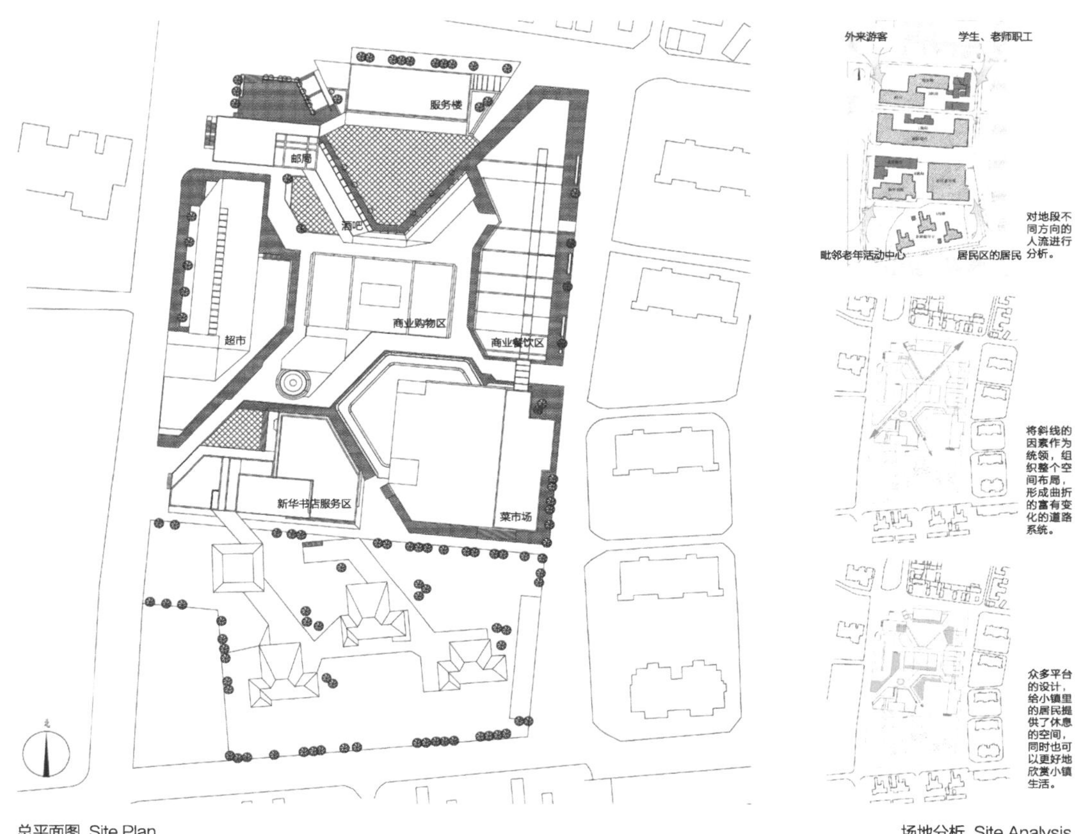

总平面图 Site Plan

场地分析 Site Analysis

新华书店服务区设计 Bookstore

一层平面图 1F Floor Plan

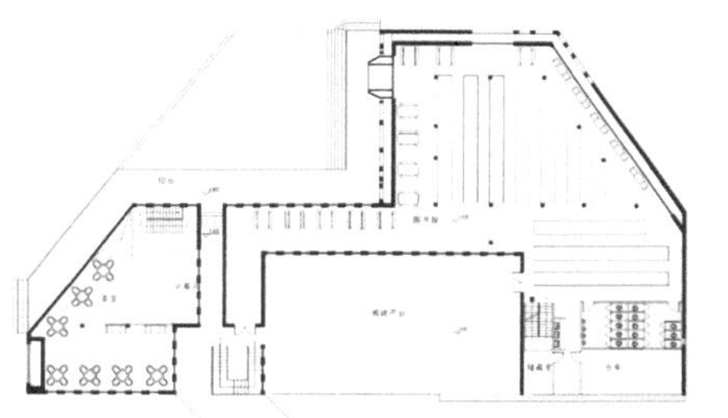

二层平面图 2F Floor Plan

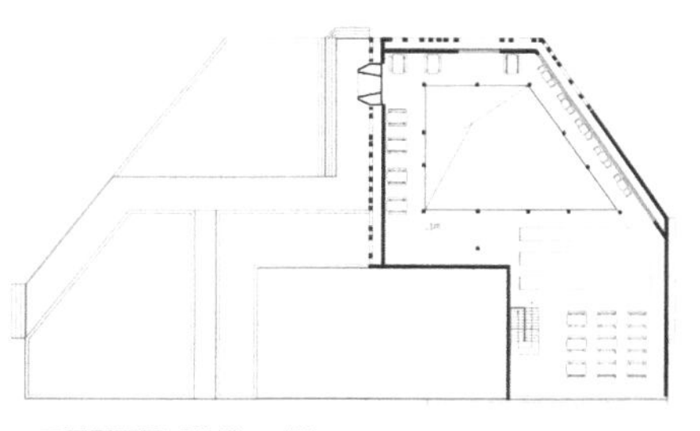

三层平面图 3F Floor Plan

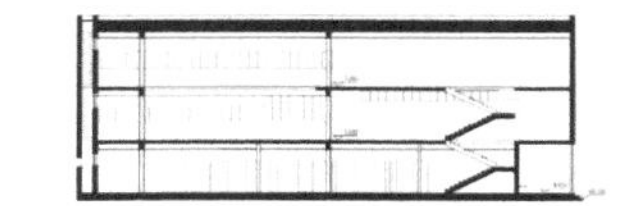

1-1 剖面图 1-1 Section

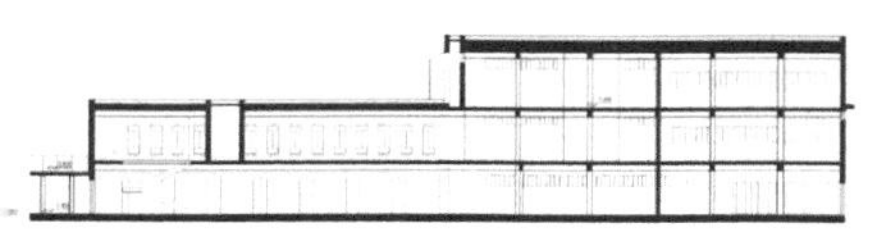

2-2 剖面图 2-2 Section

菜市场设计 Market Hall

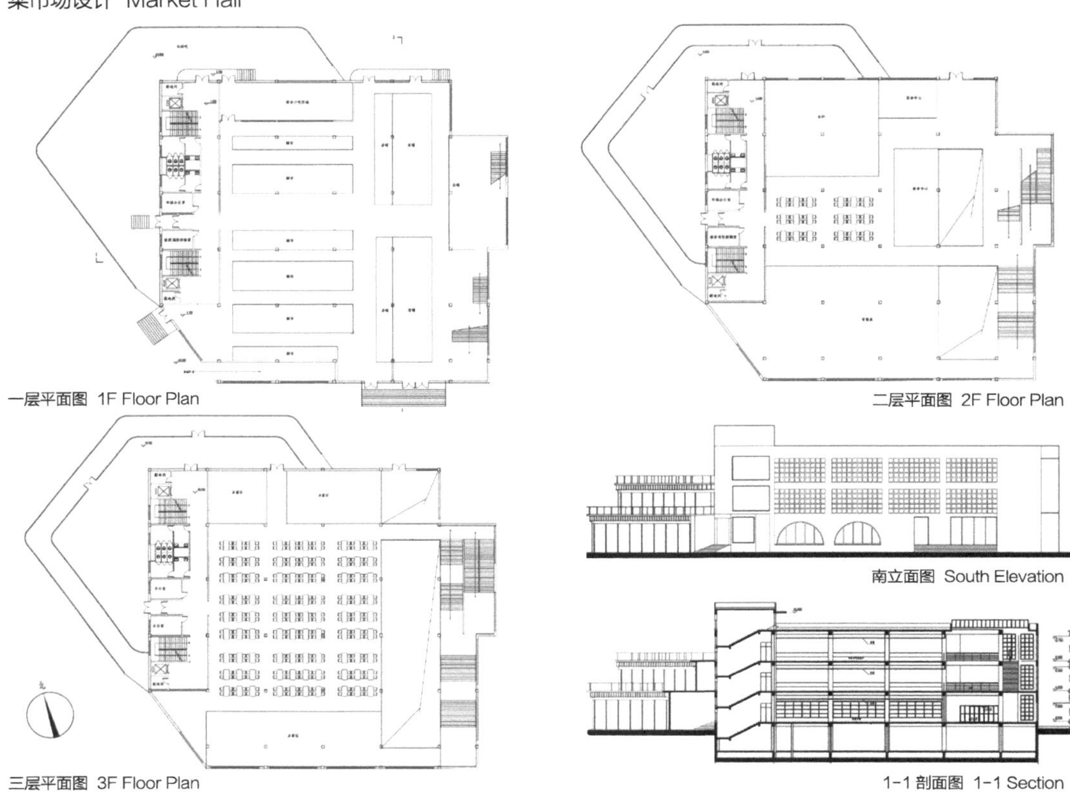

一层平面图 1F Floor Plan

二层平面图 2F Floor Plan

三层平面图 3F Floor Plan

南立面图 South Elevation

1-1 剖面图 1-1 Section

商业区设计 shopping Center

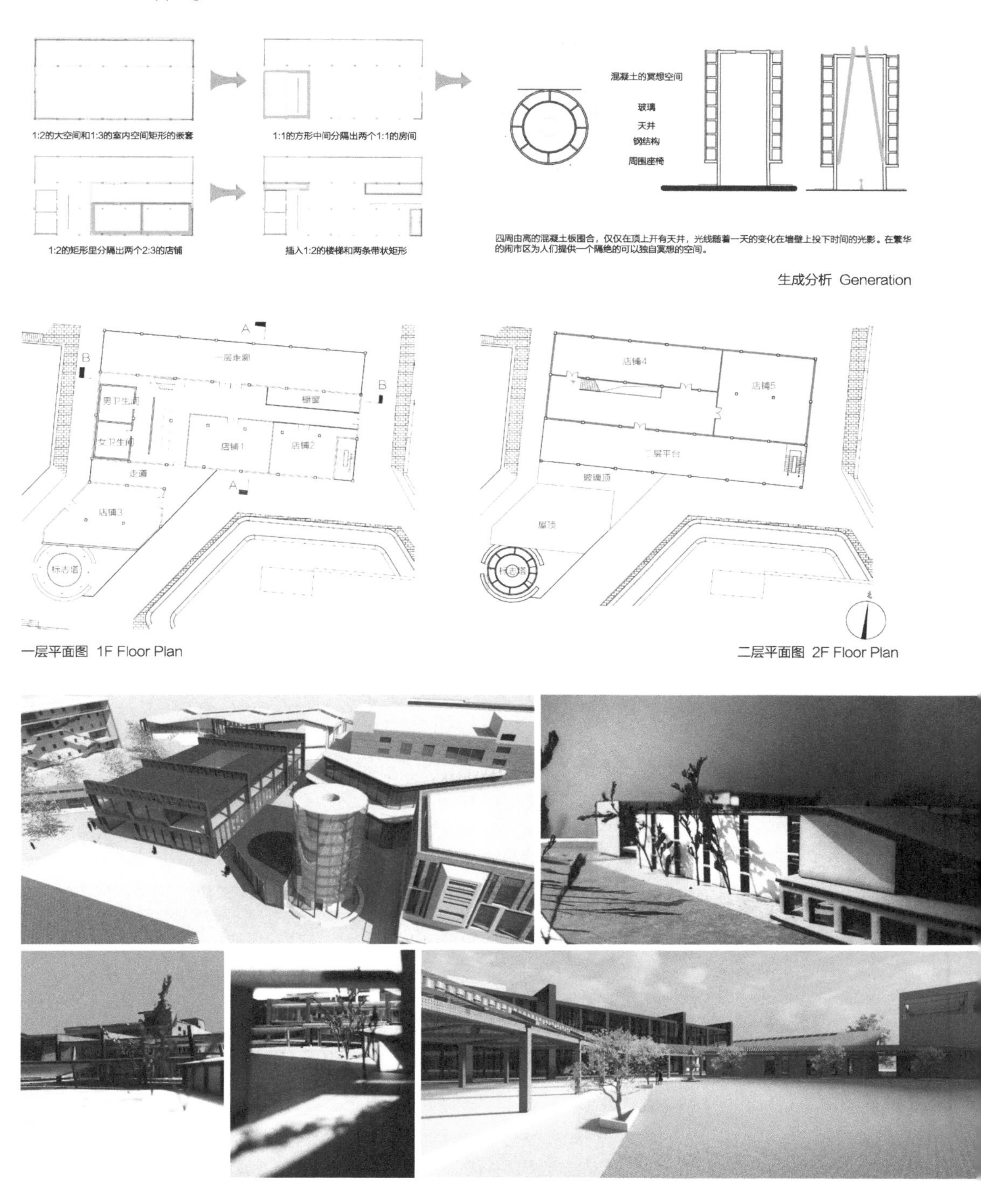

生成分析 Generation

一层平面图 1F Floor Plan

二层平面图 2F Floor Plan

植入

IMPLANT

方案设计：严文欣
丁剑书
龚泽惠
赵书婕
指导教师：王毅
完成时间：2015年

[教师点评 COMMENT]

四位同学密切合作，将四个地块整合在一起，综合解决了现有环境的交通拥堵、尺度失调、环境杂乱等问题。新建筑体系与旧建筑体系合理搭配，通过步行街、广场、空中廊道、下沉广场等手段，为建成环境梳理出体验丰富、尺度宜人的新秩序。

立面图 Elevations

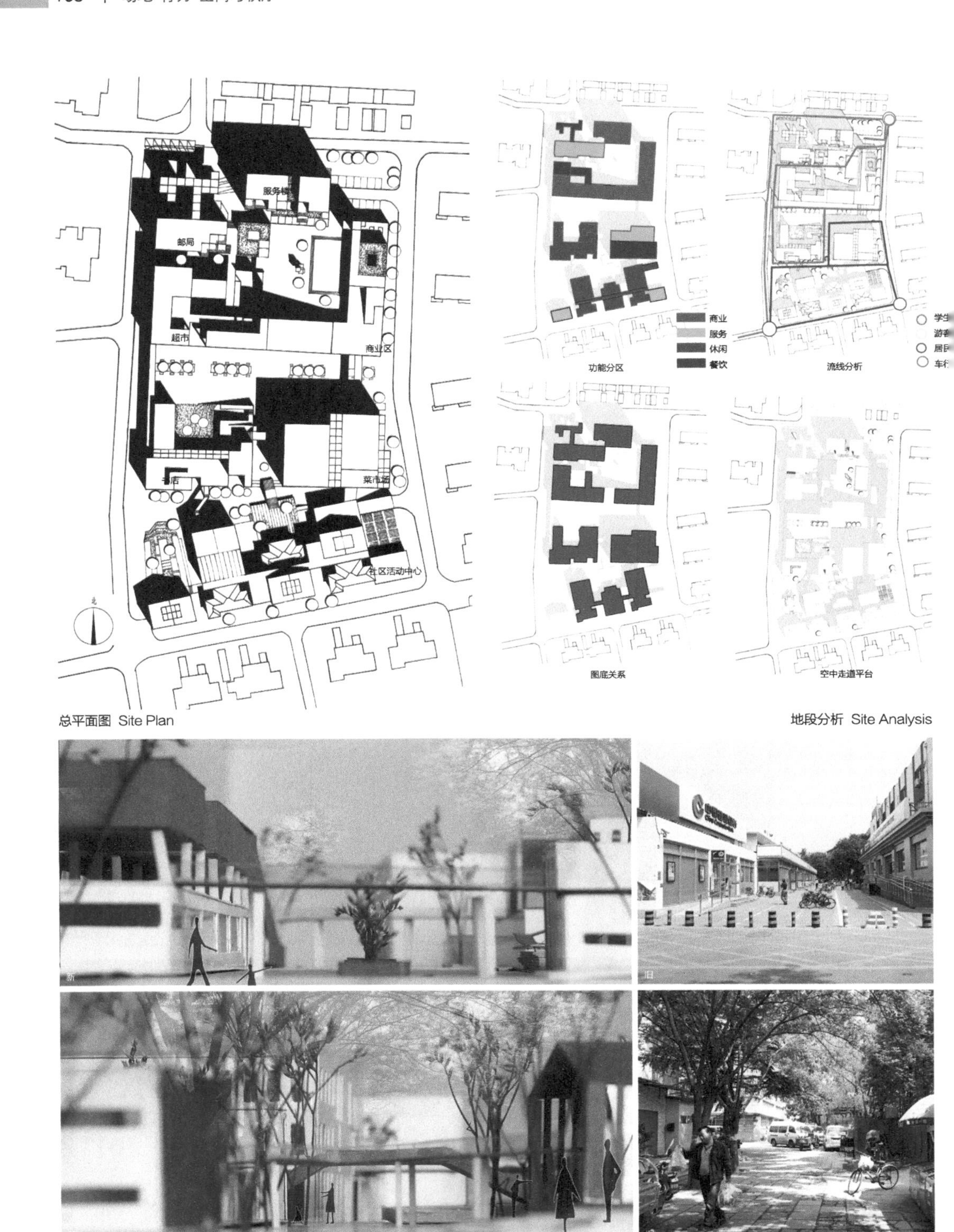

总平面图 Site Plan

地段分析 Site Analysis

社区活动中心设计 Community Center

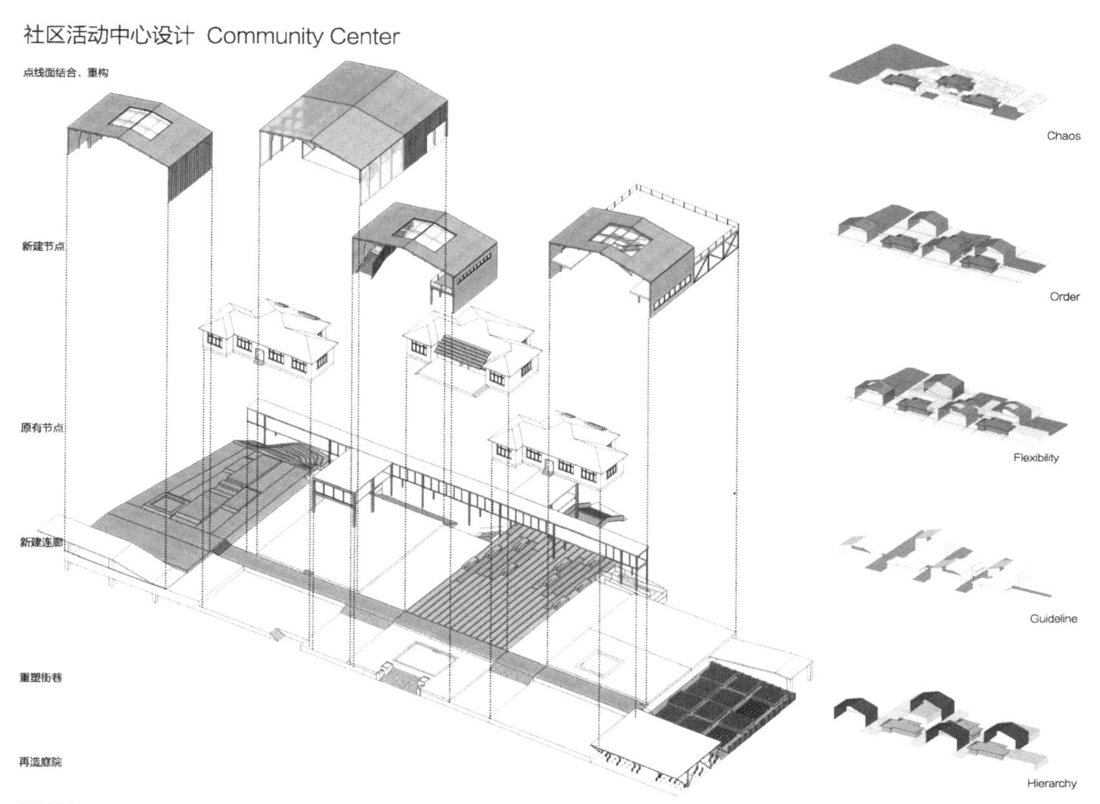

轴测分析 Axonometric Analysis

生成分析 Generation Analysis

社区活动中心设计 Community Center

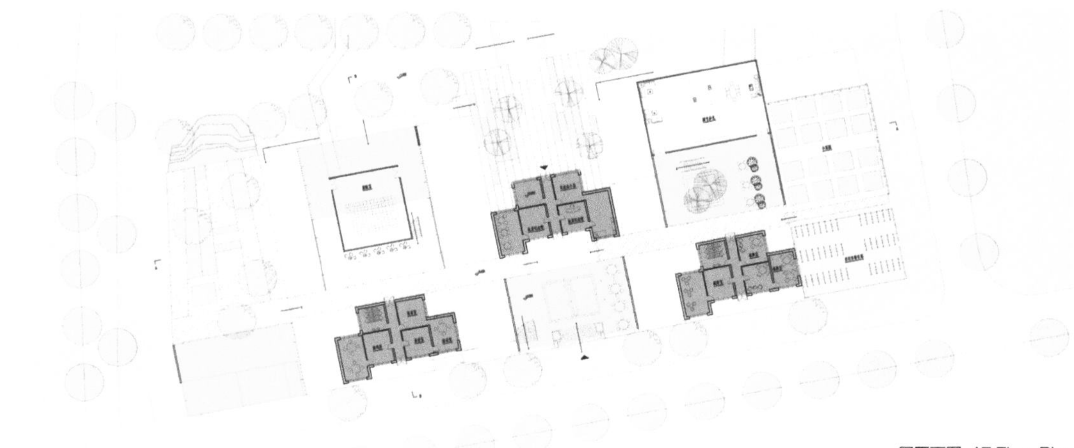

一层平面图 1F Floor Plan

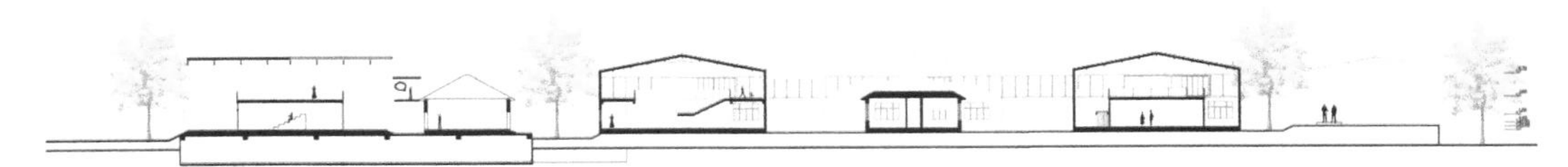

B-B 剖面图 B-B Section

A-A 剖面图 A-A Section

社区活动中心设计 Community Center

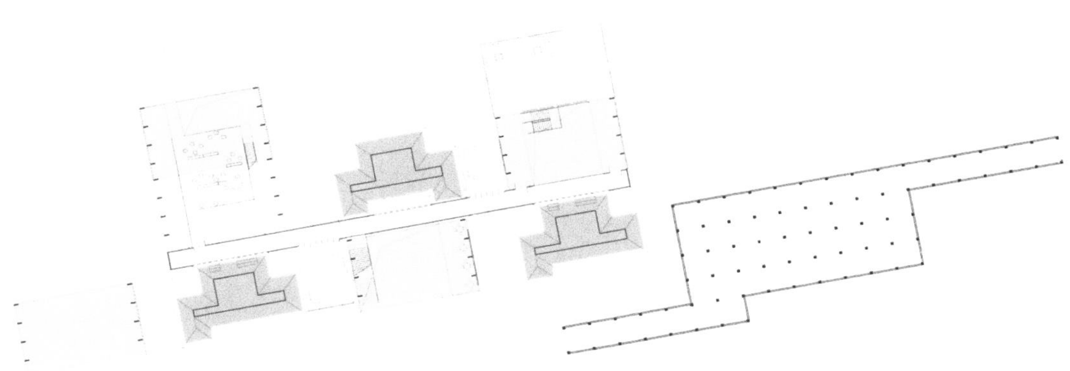

二层平面图 2F Floor Plan

地下一层平面图 -1F Floor Plan

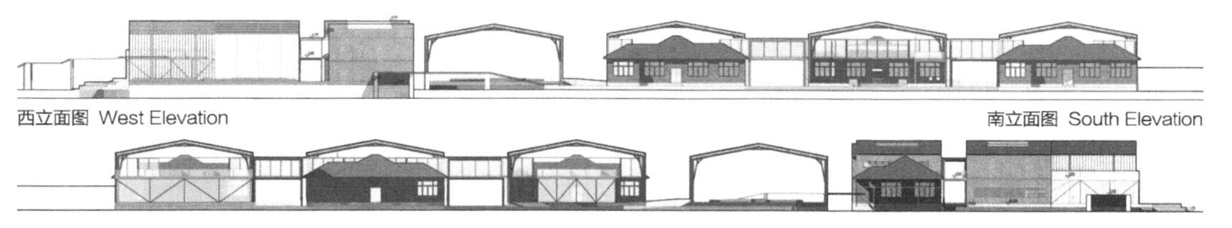

西立面图 West Elevation

南立面图 South Elevation

北立面图 North Elevation

东立面图 East Elevation

书店 / 菜市场设计 Bookstore/Market Hall

一层平面图 1F Floor Plan

二层平面图 2F Floor Plan

邮局 / 服务楼设计 Post Office/Service Center

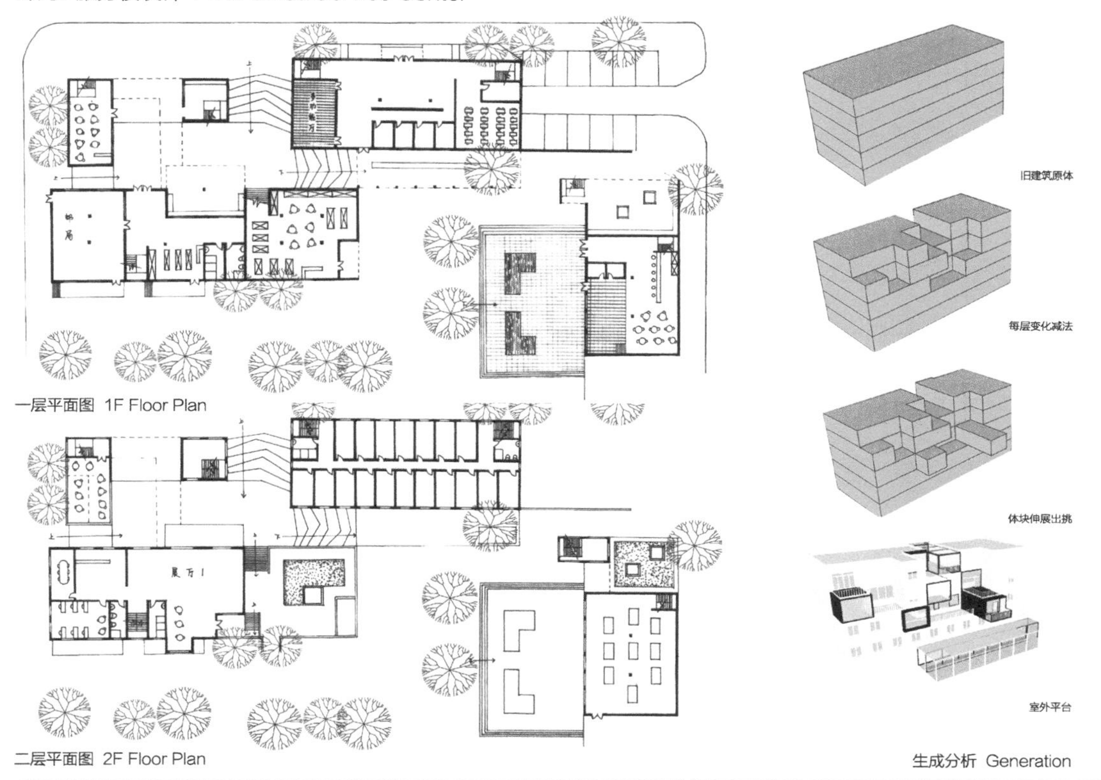

一层平面图 1F Floor Plan

二层平面图 2F Floor Plan

生成分析 Generation